| 资助 | 国家自然科学基金面上项目(项目编号:52474054、42072174)
地球深部探测与矿产资源勘查国家科技重大专项项目(项目编号:2024ZD1003600、2024ZD1003503)
湖北省国际科技合作项目(项目编号:2024EHA026)
中国地质大学(武汉)"地大学者"人才岗位科研启动经费(项目编号:2022161) |

热 储 工 程

RECHU GONGCHENG

张　凯　吴正彬　蒋　恕
谢丛姣　关振良　陈掌星　编著

中国地质大学出版社
ZHONGGUO DIZHI DAXUE CHUBANSHE

图书在版编目(CIP)数据

热储工程/张凯等编著. —武汉:中国地质大学出版社,2025.6. —ISBN 978-7-5625-6181-1

Ⅰ. P314

中国国家版本馆 CIP 数据核字第 2025YW3349 号

热储工程	张　凯 等编著
责任编辑:周　旭	责任校对:宋巧娥

出版发行:中国地质大学出版社(武汉市洪山区鲁磨路388号)	邮编:430074
电　　话:(027)67883511　　传　　真:(027)67883580	E-mail:cbb@cug.edu.cn
经　　销:全国新华书店	https://cugp.cug.edu.cn

开本:787mm×1092mm　1/16	字数:301千字	印张:11.75
版次:2025年6月第1版	印次:2025年6月第1次印刷	
印刷:武汉精一佳印刷有限公司		
ISBN 978-7-5625-6181-1		定价:68.00元

如有印装质量问题请与印刷厂联系调换

前言

地热能是一种绿色低碳、可循环利用的可再生能源，具有储量大、分布广、清洁环保、稳定可靠等特点。我国地热资源丰富，市场潜力巨大，发展前景广阔。开发利用地热能不仅对调整能源结构、节能减排、改善环境具有重要意义，而且对培育新兴产业、促进新型城镇化建设、增加就业也有积极意义，是促进生态文明建设的重要举措。近年来，我国在地热能开发利用方面取得显著成绩，地热直接利用规模多年稳居世界第一。为了实现地热能更大规模和更高质量的开发利用，仍需深化地热资源勘查工作、积极推进浅层地热能利用、稳妥推进中深层地热能供暖、鼓励地方建设地热能高质量发展示范区、稳妥推进地热能发电示范项目建设。油气和地热关系密切。石油和天然气形成的过程中离不开地热的作用，油气资源的勘探开发技术也可以应用于地热资源的勘探开发，有助于我国因地制宜开发利用地热能，实现"油、气、风、光、热、氢"一体化、智能化发展，形成"地热+"多能互补的能源格局，推动地热能产业"热起来"，对于保障国家能源安全，加快实现"双碳"目标，推动人与自然和谐发展，建设美丽中国、宜居地球具有重要的战略意义和现实意义。

本书在编写过程中参考了国内外地热能开发相关教材、期刊等。本书共6章，详细介绍了我国的地热资源量以及地热能开发利用现状，重点讲解了热储温度预测方法、热储储量评估和热储产量预测，系统阐述了国内外地热制冷供暖、水热型地热发电和干热岩地热发电工程实践中遇到的问题和解决方案，充分展望了地热能开发利用前沿。

本书可供从事地热能勘探开发领域的工程技术人员、理论研究学者、相关专业的学生、科技爱好者、地热资源管理者等参考和使用。

感谢所有为本书出版做出贡献的前辈、同仁。特别感谢吴正彬副教授、蒋恕教授、谢丛姣教授、关振良教授、陈掌星院士对本书的大力支持。此外，感谢中国地质大学（武汉）唐宇航博士、刘晃华硕士、何柳硕士、孙昊哲硕士、高旭东硕士、谢林倩硕士、王杰硕士、刘煜、石骏鹏对本书所做的排版、图件清绘、文字校对等工作。

由于作者水平有限，书中难免有不足之处，敬请读者批评指正。

张　凯
油气勘探开发理论与技术湖北省重点实验室
构造与油气资源教育部重点实验室
深层地热富集机理与高效开发全国重点实验室
资源学院，中国地质大学（武汉）
湖北武汉 430074
2024年11月8日

目录

CONTENT

第1章 绪 论 ·· (1)
  1.1 热储工程概述 ·· (1)
  1.2 地热资源的成因及分类 ·· (2)
  1.3 地热资源的分布 ··· (5)
  1.4 地热能开发利用 ··· (10)

第2章 热储资源量评价 ·· (22)
  2.1 热储参数 ·· (22)
  2.2 热储温度预测 ·· (22)
  2.3 热储资源量评价 ··· (35)
  2.4 热储产量预测 ·· (36)

第3章 地热数值模拟 ··· (38)
  3.1 单相流模型 ··· (38)
  3.2 多相流模型 ··· (39)
  3.3 多场耦合 ·· (40)
  3.4 历史拟合 ·· (45)

第4章 地热开发 ··· (48)
  4.1 地热供暖制冷 ·· (48)
  4.2 水热型地热发电 ··· (57)
  4.3 干热型地热发电 ··· (89)

第5章 地热田管理 ·· (136)
  5.1 地热回灌 ·· (136)
  5.2 示踪剂监测 ··· (138)
  5.3 干热岩高效开发 ··· (140)

第6章 地热开发利用展望 ··· (145)
  6.1 地热开发耦合 CCUS ··· (145)
  6.2 地热能多能互补 ··· (153)
  6.3 人工智能在地热勘探开发的应用 ·· (159)

主要参考文献 ·· (162)

第1章 绪 论

本章首先对热储工程进行了概述,然后介绍了地热资源的成因、分类和分布,最后对国内外地热能的开发利用进行了简单的阐述。

1.1 热储工程概述

2020年9月22日,国家主席习近平在第七十五届联合国大会一般性辩论上发表重要讲话:"中国将提高国家自主贡献力度,采取更加有力的政策和措施,二氧化碳排放力争于2030年前达到峰值,努力争取2060年前实现碳中和。"碳达峰是指二氧化碳排放总量在某个时间点达到历史峰值,其间碳排放总量依然会有波动,但总体趋势平缓,之后碳排放总量会逐渐稳步回落。碳中和是指二氧化碳排放量与二氧化碳移除量平衡,简单讲就是指企业、团体或个人测算在一定时间内直接或间接产生的二氧化碳排放总量,通过植树造林、节能减排等形式,抵消自身产生的二氧化碳排放量,实现二氧化碳相对"零排放"。党的二十大报告强调,实现碳达峰碳中和是一场广泛而深刻的经济社会系统性变革。对此,我们要立足于我国能源资源特点,积极推进工业、建筑、交通等领域清洁低碳转型,加快节能降碳先进技术研发和推广应用,推动形成绿色低碳的生产方式和生活方式。地热能是蕴藏在地球内部的热能,地热能已经成为清洁能源领域不容忽视的一员。地热能开发利用对保障国家能源安全、实现"双碳"目标意义重大(窦斌等,2020)。

我国地热资源丰富,资源量约占全球地热资源量的1/6,开发利用潜力巨大。根据地热的温度差异,它的利用方式各不相同。据此,地热能可以分为直接利用和间接利用两大类。地热直接利用包括供暖、制冷等,中低温地热能适宜被直接利用(窦斌等,2020)。2024年发布的《中国的能源转型》白皮书中明确指出,要积极推进北方地区采用清洁取暖措施,促进电力、天然气、生物质、地热、工业余热等清洁低碳能源替代燃煤供暖。中深层地热开发已取得新突破,建成一批以地热能为主的集中供暖项目。地热间接利用是指利用高温地热能发电。地热能作为一种清洁能源,可以有效替代部分化石能源发电,减少二氧化碳排放。李四光教授曾提出,地球是一个庞大的热库,蕴藏着取之不尽、用之不竭的能量。汪集暘院士进一步指出,火山是地球热能的一种表现形式,因此地球不单是一个庞大的热库,也可以被视为一个庞大的储热库。地热能不仅是一种可开发用于供暖发电的新能源,还能通过地下热储层实现热能储存,待需要时再提取利用。此外,地热能源还可以与其他可再生能源协同开发利用,以弥补其他可再生能源受天气等因素影响的不足(孙焕泉等,2024;自然资源部中国地质调查局等,

2018;何治亮等,2017)。

热储工程是一门研究如何以最经济、最有效的方式开发地热资源的现代工艺技术的学科。热储工程作为一门独立的学科首次出现于20世纪70年代,人们融合了地热能开发理论研究和工程实践,使热储概念模型得到了发展,并依据热储的岩石和流体参数进行了地热资源量的评价。20世纪80年代初,热储数值模拟技术逐渐成熟。20世纪末,地热能开发利用已开始基于数值模拟结果来不断优化开发方案。21世纪初,随着地热能开发利用在研究经验、数值模拟、井下探测仪器和钻采设备等方面持续完善,地热能开发利用所带来的环境影响也越来越受到关注,包括水热型地热系统开发过程中尾水回灌问题、干热岩增强型地热系统开发过程中水力压裂诱发的地震等。同时,深层、超深层热储勘探开发受到越来越多的关注。

热储工程的研究内容主要包括:

(1)热储(孔隙热储、裂隙热储、岩溶热储)的基本物理性质,如地层压力、孔隙度、渗透率、流体饱和度等。

(2)地热流体(热水、蒸汽、气体)的物理化学性质,包括温度、矿化度、化学成分等。

(3)地热流体在不同温度、压力条件下的相态特征。

(4)多相地热流体在孔隙、裂隙、岩溶等热储中的渗流和传热规律。

(5)根据地质、地球物理、地球化学、录井、试井等资料,建立热储模型,预测热储开发过程中的产量变化和热储参数变化,优化热储开发方案。

虽然油气资源勘探开发技术可以应用于地热资源勘探开发,但是推进地热能技术研发和应用示范项目,形成有规模的地热能产业,仍面临诸多挑战,如地热资源量勘查不足、中深部储层地热资源开发利用率低、地热资源的开发尚未形成因地制宜的梯级开发模式、地热储层回灌困难、深层和超深层热储地质工程一体化技术尚不成熟、深地深海超高温超高压钻采设备和测量仪器研发滞后、地热勘探开发智能建模和数值模拟软件研发需求迫切等(王贵玲等,2017,2020;汪集旸等,2012;Grant and Bixley,2011)。

1.2 地热资源的成因及分类

与常规油气圈闭成藏不同,地热资源分布广泛且不受圈闭控制,但具有局部富集的特征。地热田是指在目前技术条件下可以采集的深度内,富含可经济开发和利用的地热流体的地域。地热田需要有利的热源、热储和盖层配置。热储是地热田的一部分,而且是地下的热岩石和流体的一部分,由于储层具有较高温度且渗透率较好,它能被经济有效地开发以生产热能。地热田是否存在热储取决于目前的技术和能源价格。

地热资源是指能够经济有效地被人类所利用的地球内部的地热能、地热流体及其有用组分。按照赋存载体划分,可将地热资源分为浅层地热资源、水热型地热资源和干热型地热资源三大类。其中水热型地热资源是常规地热能,浅层地热资源和干热型地热资源是非常规地热能。浅层地热资源是指温度低于25℃的土壤、砂砾层、水体,其深度小于200m;水热型地热资源是指温度高于25℃的地热流体,埋深一般200～3000m;干热型地热资源一般没有或者有少量流体,温度一般高于180℃,埋深一般大于3000m。按照温度划分,可将地热资源分为低温地热资源(温度小于90℃)、中温地热资源(温度处于90~150℃之间)和高温地热资源(温度大于150℃)。根据埋藏深度,可将地热资源分为浅层(小于200m)、中深层(200~3000m)和深层(大于3000m)地热资源。地热能赋存于地球内部岩体、流体和岩浆体中,具有储量巨大、分布广泛和稳定可靠的特点(窦斌等,2020)。

地热资源的形成有多方面的因素。地球的热源可以分为地球外部热源和地球内部热源。外部热源包括太阳辐射热、潮汐摩擦热、宇宙射线和陨石坠落产生的热能;内部热源包括地壳热源(如天然核反应物、放射性衰变产生的热能)、地球内部化学反应热、人类经济活动产生的热能,以及地球的残余热、地球物质的重力分异热和地球转动热。

在地球外部热源中,太阳辐射具有全球性的特点,主要包括太阳、大气的辐射热以及地表的放射热。太阳的辐射热可以用垂直于太阳光大气圈界面上每平方厘米每秒所得到太阳的热量来表示。太阳辐射对陆地和海洋的影响深度有所区别。太阳辐射对海洋的影响深度可达150~500m,但对陆地的影响深度只有10~20m。在此深度下对地温起主导作用的不是太阳辐射热能而是地球内部热能。此外,因月球和太阳对海水的吸引而释放的能量称为潮汐摩擦热,它同样具有全球性的特点,而宇宙射线和陨石坠落产生的热能则属于局部热能(窦斌等,2020)。

在地球内部热源中,放射性衰变热又称放射热或放射能。地球内部岩石和矿物中具有足够丰度、生热率较高、半衰期和地球年龄相当的放射性元素,衰变时会释放大量的能量。该能量也是地球内部的主要热源。在整个地球发展的历史时期中,能为地球提供大量热能的放射性元素仅为少量的长寿命的放射性同位素 U、Th 和 K 等。U 有两种同位素,其中 ^{238}U 通过一系列的中间产物衰变为 ^{206}Pb,而 ^{235}U 衰变为 ^{207}Pb。Th 的同位素 ^{232}Th 通过一系列的中间产物衰变为 ^{208}Pb。钾的同位素 ^{40}K 可衰变为 ^{40}Ca 或 ^{40}Ar。其中同位素 ^{238}U 的生热率最高。这些长寿命的放射性同位素在地球演化、分异过程中集中在地壳以及上地幔的顶部,在大陆地壳上部酸性岩浆岩中富集,而在基性、超基性的玄武岩、橄榄岩中含量较低。除此之外,其他的放射性同位素,如 ^{236}U、^{146}Sm、^{244}Pu、^{247}Cm,具有足够的半衰期,能为地球内部提供热源。地球内部的热量除放射性元素衰变产出的放射热外,地球收缩的重力能也提供长期的热源。地球的半径每收缩1cm,释放的热量为 3.34×10^{23}J。地球转动热也属于地球内部热源之一,它是地球及其外壳物质密度的不均匀分布和地球自转时角速度的变化引起岩层水平位移和挤压所产生的机械热。这一热源在地球内部热源中占比较小。地球内部化学反应热主要包括硫化物和有机物的氧化作用过程中释放的热量。虽然地壳中化学反应分布广泛,但是该热源在地球内部热源中是次要的。天然核反应产生的热源是局部热源。人类经济活动产生的热源、地球的残余热、地球物质的重力分异热等属于混合热源,在地球热源中是次要的。地球内部的热源通过传导释放到地表的热量中,4/5是放射性同位素释放热,1/5是其他热源的总和(窦斌等,2020)。

地球内部的能量可以通过热传导和热对流的方式在地壳处形成地热储层,或沿断层带形成喷出地面的温泉、气泉、间歇喷泉等。地幔的顶部存在一个软流层,这里是放射性物质集中的地方,放射性物质不断分裂释放能量,导致软流层的温度很高,大致在1000℃以上,有些地方可以达到2000℃甚至3000℃,如此高的温度可以使岩石熔化形成熔岩。这部分熔岩可以沿着地壳的裂隙、断裂处不断侵入,并涌向地壳表层。有些熔岩因为压力过高或者没有遇到有效的阻挡而直接碰触地面,大部分熔岩由于地下岩石层的阻挡无法喷出,在地表以下数千米或者数十千米的层位形成岩浆房,将其周边的岩体加热。如果这些被加热的高温岩体内有大量的地下水存在,这些地下水就会被加热成热水或者水蒸气。当这些热水涌上地表时,可以形成温泉。如果水蒸气直接喷出地面,则会形成喷气柱。被加热至180℃以上的超过3000m的深层岩体内如果没有地下水存在,该热储层称其为干热岩(窦斌等,2020)。

地热资源按照地质环境和热量传递的方式可以分为传导型地热系统和对流型地热系统。传导型地热系统是指靠常规的热传导供给热能的地热系统。传导型地热系统大多在沉积盆地和海岸沉积岩之下,包括存在于正常或略高于正常热流值区域内的较高孔隙度和渗透率沉积层中的低温—中低温含水层、高温低渗透率环境中的干热岩体系统、类似于高压油气储层的地压型热储层,这种储层埋藏深且有着较高的压力和温度。传导型地热系统有如下基本特征:地热系统深部不需要大量的额外热源,可出现于地球的任何地方;热储的温度符合一定的地温梯度随着深度增加而增温的规律;流体压力多数处于正常静水压力,偶尔有异常高压;热储层内的流体都是处于液相状态;热储中一般不存在大规模的断裂系统或断层破碎带;流体通常处于静止状态或有非常缓慢的流动,但流体的流动不会给附近的岩层带来很大的热效应。

与传导型地热系统不同,对流型地热系统中热水的流动控制着温度和流体的分布。在低温系统中,储层的流体为液态的水,而在温度较高的热储中,储层中可能存在蒸汽。对流型地热系统是指靠热流体循环和对流供给热能的地热系统,包括与岩浆侵入活动有关并出现在具有较高孔隙度和渗透率的地质环境中的水热系统,以及出现在区域热流值高于正常值的区域内且具有低孔隙度和高渗透率的破碎带环境中的对流系统。对流型地热系统有如下基本特征:出现在断裂系统或断层破碎带中,热量主要是通过循环中的高温流体传输到地面或浅部地层;通常是高温且都伴有地表活动的地热系统,如间歇喷泉、热泉、喷气孔、沸泥塘等可能与这种类型的热储有关,它们是某些自然热流的终端;与传导型地热系统不同,对流型地热系统中热水的流动控制着温度和流体的分布,因此该系统中热储的自然状态是动态的;基本组成部分包括一个含水层或者含有热流体的裂隙网络、冷水补给或者岩浆流体的热源输入通道、热源、低渗透率的盖层(窦斌等,2020)。

地热资源在勘探开发的过程中借鉴了油气藏勘探开发的经验。因此,热储勘探开发和油气藏勘探开发有诸多相似之处。例如:①所开发储层均存在烃源岩或热源岩,开采地层均有储层和盖层;②致密油气藏或页岩油气藏需要水力压裂,而渗透率较低的致密干热岩储层也需要水力压裂;③地热资源与油气资源在开发工艺(如钻井、固井、完井及生产)和勘探方法(如地震、测井、取芯等地球物理技术)上具有相似性;④地热资源与油气资源开发方案的影响因素(如构造深度、渗透率、孔隙度、储层温度、压力、井型、井距、井网布井方式、注采流量等)相似。

地热资源开发过程中存在持续的流体和热量补给,与油气资源开发有明显差异。例如,油气藏的储层温度一般小于100℃且开发过程中通常认为油气藏的温度保持不变;然而在热储开发过程中,储层的温度会随着地热资源的开发而逐渐降低,热储的温度可高达150~

400℃；油气藏开发过程中产水会影响油气的产量，然而热储开发过程中需要大量地开采地下储层的水；油气藏开发过程中矿物质析出沉淀等矿化反应在较低温度下作用微弱，然而在高温地热储层中矿物质析出沉淀等矿化反应可能会形成堵塞从而影响注采；油气井的生产周期一般不超过30年，稠油冷采的井生产周期一般不超过10年，然而热储开发井生产周期可以达到30～100年；油气藏产出的地层水一般经过处理后回灌至地下其他层位（如地下咸水层），然而热储开发过程中往往需要将尾水处理后回灌至热储层以维持热储层压力，保持地下热水水位；油气藏勘探开发过程中钻井、固井、完井、测井等过程所用的材料一般不耐高温，不超过200℃，热储层尤其是高温热储层（热储层温度大于200℃）勘探开发过程中钻井、固井、完井、测井等过程所用的材料需要耐高温。

此外，地热开发具有周期性（供暖季、非供暖季）、大流量（单井注采量大于1000m³/d）、以灌定采的特点。以雄安新区容东安置区为例，地热井在垂直裂缝主方位方向上布井，采灌井距不小于500m，采灌量不大于110m³/h，回灌温度不低于20℃，生产过程中不考虑采灌井别互换，以此保障地热资源长期可持续开发利用（孙焕泉等，2024）。

1.3 地热资源的分布

据《中国地热能发展报告（2018）》，世界地热能基础资源总量为$1.25×10^{27}$J，其中埋深5000m以浅的地热能基础资源量为$1.45×10^{26}$J，折合$4.95×10^7$亿吨标准煤。地热资源可开发利用潜力主要分布在亚洲、北美洲和南美洲，占全球地热资源量的70%（自然资源部中国地质调查局等，2018）。全球的高温地热资源主要分布在环太平洋地热带、大西洋中脊地热带、红海-亚丁湾-东非裂谷地热带、地中海-喜马拉雅地热带等。我国仅青藏高原及周边地区位于地中海-喜马拉雅高温地热带，台湾地区毗邻环太平洋高温地热带。我国的高温地热系统主要分布于这两个地区；其余地区均位于亚洲板块内部，少见火山或岩浆热源。在地壳浅部，观测到的热流值接近或稍高于地壳平均热流值，地温梯度正常，以规模相对较小的局部热异常为主，广泛发育中低温水热系统，高温地热资源多呈点状分布（何治亮等，2017）。

在地球的整个表面几乎都存在穿过地壳和地幔向上传到地球表面的热流，这些热量通过传导方式穿过地壳岩石到达地球表面。地热勘探就是针对无明显地表热显示的地区，通过对浅层或者深层油气井、地下水开采等开展井温测量，确定热流异常区。根据收集及补充测量的全国大地热流值资料，中国大地热流值分布很不均匀，总体上我国藏南地区、滇西、东部沿海最高，平均值为90～150mW/m²，个别地区高达304mW/m²；其次为我国藏北地区和我国台湾地区，平均值为80～90mW/m²；中部鄂尔多斯盆地、四川盆地、南方沿海盆地，以及东部的华北盆地南部、松辽盆地北部、苏北地区、渤海湾盆地等，平均值在55～80mW/m²之间；我国新疆的塔里木盆地、准噶尔盆地，四川盆地北部以及松辽盆地北部和三江盆地等，平均值为30～50mW/m²（王贵玲等，2017）。如图1-1所示，我国存在高温地热资源，但以中低温地热资源为主。我国高温地热资源主要分布在藏南、滇西、川西和台湾地区，已发现高温地热系统200多处；优质地热资源是指埋藏深度浅、温度高、渗透率和孔隙度大的地热储层。熔融体或岩浆的

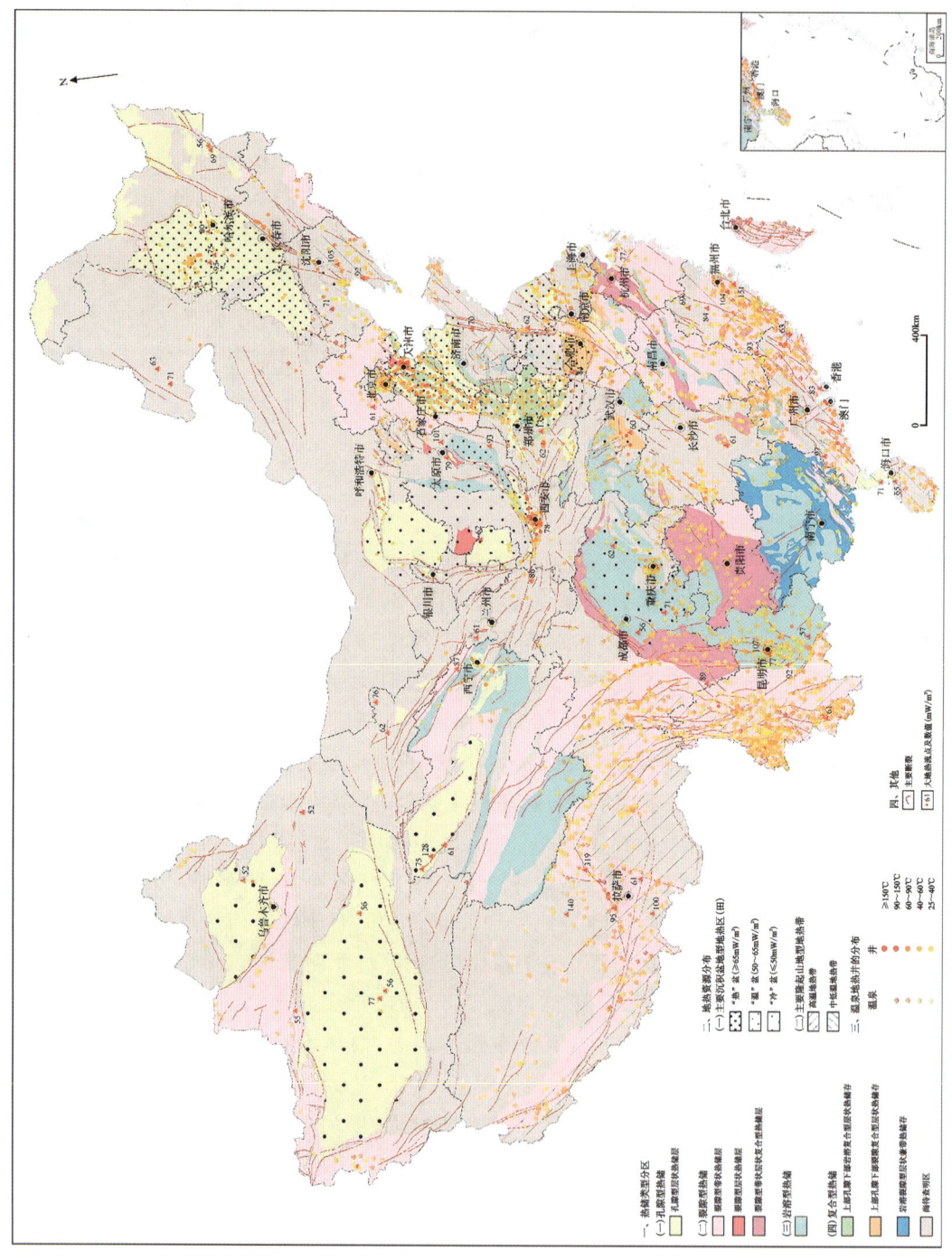

图 1-1 中国地热资源分布示意图 (王贵玲等, 2017)

侵入作用、构造活动的差异性对岩浆活动的影响、区域性深大断裂的导热作用等对优质地热资源形成有重要影响。热储要具有良好的导水导热能力和储水空间。地热水优先向高渗透率部位流动。深大断裂、区域断裂及热储内部储集空间的发育,能够形成良好的水热对流能力,能更好地将深部储层的热量带至浅部。有效盖层是减少热散失和热量保存的必要条件。低热导率岩层作为有效盖层有助于优质地热资源形成。

我国浅层地热资源分布广泛,336个地级以上城市浅层地热资源年可采量折合7亿吨标准煤,其中31个省会城市80%的土地面积适宜利用浅层地热能(孙焕泉等,2024)。水热型地热资源总量约折合1.25万亿吨标准煤,其中沉积盆地型地热资源约折合1.06万亿吨标准煤,主要分布在中东部地区的渤海湾、松辽、华北、关中等沉积盆地,是我国地热资源开发的重点区域;陆域3~10km埋深的干热岩地热资源潜力超过856万亿吨标准煤,西藏南部、云南西部、东南沿海、华北渤海湾盆地、汾渭地堑、东北松辽盆地等地区为有利靶区(王贵玲等,2020;汪集旸等,2012)。

中国沉积盆地平均地温梯度为1.5~4.0℃/100m,平均值约为3.2℃/100m。与大地热流相比,地温梯度受该地区的大地构造影响,同时也与地层岩性及其结构密切相关,导致地温梯度与大地热流呈现不同规律。沉积盆地地温梯度最高值主要分布在云南腾冲、北部湾盆地、厦门市、汕头市、华北平原南部大部分地区、渤海最南端及天津地区、海拉尔盆地、柴达木盆地西部和松辽盆地,其值为3.0~4.0℃/100m。大部分沉积盆地地温梯度分布在2.0~3.0℃/100m之间,其余低于2.0℃/100m,主要分布在塔里木盆地、准噶尔盆地部分地区与四川盆地西北地区(王贵玲等,2017)。

我国地热资源潜力评价包括水热型和干热型地热资源评价。对于水热型地热资源,沉积盆地型地热资源热储面积包含4000m以浅、热储层温度大于25℃、单井出水量大于20m³/h且平均地温梯度大于2.5℃/100m圈闭的范围,将各地热田及地热异常区分界线、热储温度等值线和热储厚度等值线计算机数字化,计算各分区的面积及热储厚度。对于干热型地热资源,根据干热岩开发利用的温度要求及目前的钻探技术,估算范围定为地下3~10km范围内。开展干热岩资源量估算的参数包括大地热流值、岩石热导率、岩石生热率、放射性元素集中层的厚度、地表温度、深部地温等。

我国地热资源丰富,有高温地热资源(≥150℃),但以中温地热资源(90~150℃)和低温地热资源(≤90℃)为主。其中水热型地热资源每年可开采量折合标准煤17亿t,如表1-1所示。由于各个地热田地质条件不同,地热能开发利用模式会有所区别,应该因地制宜开发利用地热能,如高温地热可以发电,中低温地热可以供暖。2023年我国能源消费总量57.2亿吨标准煤,相当于我国2023年能源消耗的30%。

我国水热型中低温地热资源主要分布于华北平原、江淮平原、苏北平原、松辽盆地、辽河平原、汾渭盆地等15个大中型沉积盆地和山地的断裂带。其中,分布在山地的断裂带上的地热资源一般规模较小;而分布在盆地特别是大型沉积盆地的地热资源储集条件好、储层多、厚度大、分布广,且热储温度随深度增加而升高,地热资源储量大,是地热资源开发潜力最大的地区。15个大中型沉积盆地地热资源量折合标准煤10 600亿t,可开采地热资源量折合标准煤17亿t/a。其中可开采地热资源量最多的为四川盆地,折合标准煤5.44亿t/a,其次为华北平原,折合标准煤4.22亿t/a(表1-1)。

表 1-1 我国主要沉积盆地中低温地热资源评价表（王贵玲等，2017）

盆地名称	地热资源量		地热资源可采量				地热流体可开采热量	地热流体折合标准煤热量（万 t/a）	考虑回灌条件下地热流体可开采量（m³/a）	考虑回灌条件下地热流体可开采热量（kJ/a）	折合标准煤（亿 t/a）
	地热资源量（kJ）	折合标准煤（亿 t）	地热资源量（kJ）	折合标准煤（亿 t）	地热流体储存量（m³）	地热流体可开采量（m³/a）	地热流体可开采热量（kJ/a）				
华北平原	7.23×10^{18}	2470	1.46×10^{18}	498	1.34×10^{13}	3.99×10^{9}	5.96×10^{14}	2030	6.84×10^{10}	1.24×10^{16}	4.22
江淮平原	5.33×10^{18}	1820	9.20×10^{17}	314	5.13×10^{12}	7.74×10^{8}	1.52×10^{14}	520	4.05×10^{10}	9.02×10^{15}	3.08
苏北平原	6.75×10^{17}	230	1.52×10^{17}	51.9	1.88×10^{12}	1.98×10^{9}	1.82×10^{14}	620	7.15×10^{9}	9.20×10^{14}	0.31
松辽盆地	1.24×10^{18}	422	1.24×10^{17}	42.2	1.92×10^{12}	2.17×10^{8}	4.86×10^{13}	166	8.45×10^{9}	2.01×10^{15}	0.69
辽河平原	3.95×10^{16}	13.5	3.95×10^{15}	1.35	5.68×10^{10}	2.84×10^{7}	2.31×10^{12}	7.88	9.35×10^{8}	7.52×10^{13}	0.03
汾渭盆地	2.20×10^{18}	749	4.38×10^{17}	149	3.87×10^{12}	1.75×10^{9}	3.44×10^{14}	1170	1.95×10^{10}	3.86×10^{15}	1.32
鄂尔多斯盆地	1.48×10^{18}	503	2.11×10^{17}	72	1.84×10^{12}	5.66×10^{8}	9.03×10^{13}	308	1.73×10^{10}	2.68×10^{15}	0.92
四川盆地	9.62×10^{18}	3280	1.44×10^{18}	493	6.68×10^{12}	3.43×10^{9}	6.93×10^{14}	2370	8.39×10^{10}	1.59×10^{16}	5.44
江汉盆地	2.49×10^{17}	85.1	4.99×10^{16}	17	6.76×10^{11}	2.03×10^{8}	3.73×10^{13}	127	1.94×10^{9}	3.64×10^{14}	0.12
河套盆地	6.61×10^{17}	225	1.65×10^{17}	56.4	1.26×10^{11}	6.29×10^{8}	1.54×10^{14}	527	5.28×10^{9}	9.59×10^{14}	0.33
银川平原	9.37×10^{17}	320	2.32×10^{17}	79.1	1.51×10^{11}	7.45×10^{8}	2.10×10^{14}	717	5.36×10^{9}	1.43×10^{15}	0.49
西宁盆地	1.34×10^{17}	45.7	1.34×10^{16}	4.57	1.17×10^{11}	1.76×10^{8}	5.43×10^{12}	18.5	7.14×10^{8}	2.09×10^{14}	0.07
准噶尔盆地	4.78×10^{17}	163	2.39×10^{16}	8.16	1.78×10^{11}	1.78×10^{7}	6.84×10^{12}	23.3	—	—	—
塔里木盆地	4.83×10^{17}	165	2.42×10^{16}	8.26	—	3.31×10^{6}	1.60×10^{12}	5.46	—	—	—
柴达木盆地	3.04×10^{17}	104	3.04×10^{16}	10.4	1.74×10^{9}	8.80×10^{6}	1.28×10^{14}	437	—	—	—
总计	3.11×10^{19}	1.06×10^{4}	5.29×10^{18}	1.81×10^{3}	3.87×10^{13}	1.44×10^{10}	2.65×10^{15}	9.05×10^{3}	2.59×10^{11}	4.98×10^{16}	17.00

我国高温地热资源主要分布在藏南-川西-滇西水热活动密集带,其高温地热资源发电潜力为 712×10^4 kW(表 1-2),占全国的 84.1%。热储温度高于 150℃的共 139 处,其中,藏南 34 处、川西 56 处、滇西 49 处。东南沿海地区高温地热资源发电潜力为 70×10^4 kW(表 1-2),占全国的 8.27%,热储温度高于 150℃的共 14 处。关中盆地、新疆塔什库尔干地区及吉林长白山地区也有高温地热系统分布。充分开发利用高温地热资源,积极推进我国高温地热发电,因地制宜建立多能互补的能源格局,符合我国当前新能源发展的需求,也是建设美丽中国的重要组成部分。

表 1-2 我国主要水热活动密集带地热资源评价表(王贵玲等,2017)

我国主要水热活动密集带	中低温地热资源						高温地热资源
	地热资源量(kJ)	折合标准煤(亿 t)	地热流体可开采量(m^3/a)	地热流体可开采热量(kJ/a)	折合标准煤(亿 t/a)	热储热能(kJ)	30 年发电潜力(10^4 kW)
藏南-川西-滇西	3.16×10^{17}	108	2.26×10^8	3.61×10^{13}	0.012 3	3.37×10^{17}	712
东南沿海地区	1.17×10^{17}	58.5	2.04×10^8	3.22×10^{13}	0.011	3.56×10^{16}	70
胶辽半岛	2.69×10^{14}	0.091 8	5.37×10^6	1.27×10^{12}	0.000 434		
台湾地区			3.78×10^6	9.40×10^{12}	0.003 21		
合计	4.33×10^{17}	1.67×10^2	4.39×10^8	7.90×10^{13}	2.69×10^{-2}	3.73×10^{17}	782

此外,我国干热岩地热资源潜力巨大,开发前景广阔。经初步测算,地下 3~10km 范围内干热岩地热资源折合标准煤 860 万亿 t,如表 1-3 所示。如果能利用其中 2%,即相当于目前全国能源总消耗量的 3000 倍。干热岩地热资源是最具有潜力的战略接替能源,但是开发难度较大。水热型地热相对于干热岩埋藏浅、开发易、成本低、效率高,应该是目前地热资源开发利用的主力。

表 1-3 我国 3~10km 深部干热岩地热资源(王贵玲等,2017)

计算层位深度(km)	干热岩资源量(J)	折合标准煤(万亿 t)	干热岩可开采量(按 2%可提取)(J)	折合标准煤(按 2%可提取)(万亿 t)
3.0~4.0	1.90×10^{24}	64.8	3.80×10^{22}	1.3
4.0~5.0	2.50×10^{24}	85.3	5.00×10^{22}	1.71
5.0~6.0	3.00×10^{24}	102	6.00×10^{22}	2.05
6.0~7.0	3.60×10^{24}	123	7.20×10^{22}	2.46
7.0~8.0	4.20×10^{24}	143	8.40×10^{22}	2.87
8.0~9.0	4.70×10^{24}	160	9.40×10^{22}	3.21
9.0~10.0	5.30×10^{24}	181	1.06×10^{23}	3.62
合计	2.52×10^{25}	860	5.04×10^{23}	17.2

1.4 地热能开发利用

地热能可以用来制冷、供暖、发电等。地热制冷是指以地热热源(地热蒸汽或地热热水)提供的热能为动力,驱动吸收式制冷设备制冷的过程。吸收式制冷的工作流体是二元溶液,以溶液中沸点较低、受热易挥发的组分为制冷剂,而沸点较高的组分为吸收剂。地热蒸汽或地热水在发生器内加热一定浓度的溶液,使较低沸点的制冷剂蒸发为蒸汽。同时溶液浓度发生变化,进入冷凝器后,在冷凝器中被冷却水冷凝为制冷剂液体,再经减压阀减压送到蒸发器,而后吸取热量而气化达到制冷的目的。此外,地热空调制冷可以通过安装在地下的地温收集器,从土壤中吸收能量,经过能量转换实现空调调节功能。地热空调有两种,一种是利用热泵技术,把恒温层的地下水抽出来,经热量交换后再排回去;另一种是土壤源热泵系统,利用浅层常温土壤或地下水中的能量作为能源,在地下埋管吸收热能。在地下恒温层,温度一般稳定在18℃左右,地源热泵利用埋管温差传递,通过压缩机启动,能送上60℃的热水和8℃的冷水。地热空调系统由压缩机、水泵、制冷剂—水(或制冷剂—空气)热交换器、节流装置和电气控制设备等部件组成。地热供暖指的是以地热能为主要热源进行供暖。地热供暖系统按照地热流体进入供热系统的方式可分为直接供热和间接供热。直接供热即把地热流体直接引入供热系统,间接供热即地热流体通过换热器将热能传递给供热系统的循环水。地热发电是利用地下热水和蒸汽为动力源的一种新型发电技术,基本原理与火力发电类似,也是根据能量转换原理,首先把地热能转换为机械能,再把机械能转换为电能。地热发电技术包括干蒸汽发电、闪蒸蒸汽发电和双循环地热发电。干蒸汽发电是指干蒸汽从蒸汽井中产出,经过分离器分离出固体杂质后,进入汽轮机驱动发电机发电,蒸汽凝结后可回注到地层中。闪蒸蒸汽发电技术基于扩容降压的原理,通过降低压力从地热水中产生蒸汽,以推动汽轮机转动发电。双循环地热发电又称有机朗肯循环发电,是一种利用地下热水来加热某种低沸点工作流体,使其沸腾进入汽轮机工作的地热发电系统(窦斌等,2020)。

我国是世界上开发利用地热资源最早的国家之一,温泉利用可追溯至先秦时期。20世纪70年代以来,我国开始将地热作为能源进行开发利用,最初借鉴国外经验重点探索地热发电技术,使我国成为世界第8个采用地热发电的国家。20世纪末开始,基于我国地热资源禀赋,地热直接利用产业逐渐形成,供暖利用得到快速发展(王贵玲等,2020;汪集旸等,2012)。21世纪以来,我国地热产业进入快速发展期,根据历次世界地热大会的统计数据,中国地热直接利用规模自2004年以来一直稳居世界第一,且所占份额不断增加(图1-2)。在我国"双碳"战略推进和清洁供暖需求导向下,逐渐形成了以供暖(制冷)为主的发展路径,成为国际地热产业发展的新样板。截至2022年底,我国地热直接利用折合装机容量100 219.8MW。其中,中深层水热型地热供暖利用折合装机容量占比49.94%,成为我国最主要的地热利用方式;浅层地热供暖利用折合装机容量占比42.24%。年利用热量达828 882TJ,相当于替代标准煤2832万t,减排二氧化碳7052万t,占我国一次能源消费比重达5‰,地热能利用在能源结构转型、绿色低碳发展中的作用日益凸显。我国建立了全城地热供暖的"雄县模式",替代了县城100余座燃煤供热锅炉,打造了我国第一座地热清洁供暖无烟示范城。雄安新区成为中国地热能利用的全球样板,已建成供暖能力超1000万m^2(孙焕泉等,2024)。

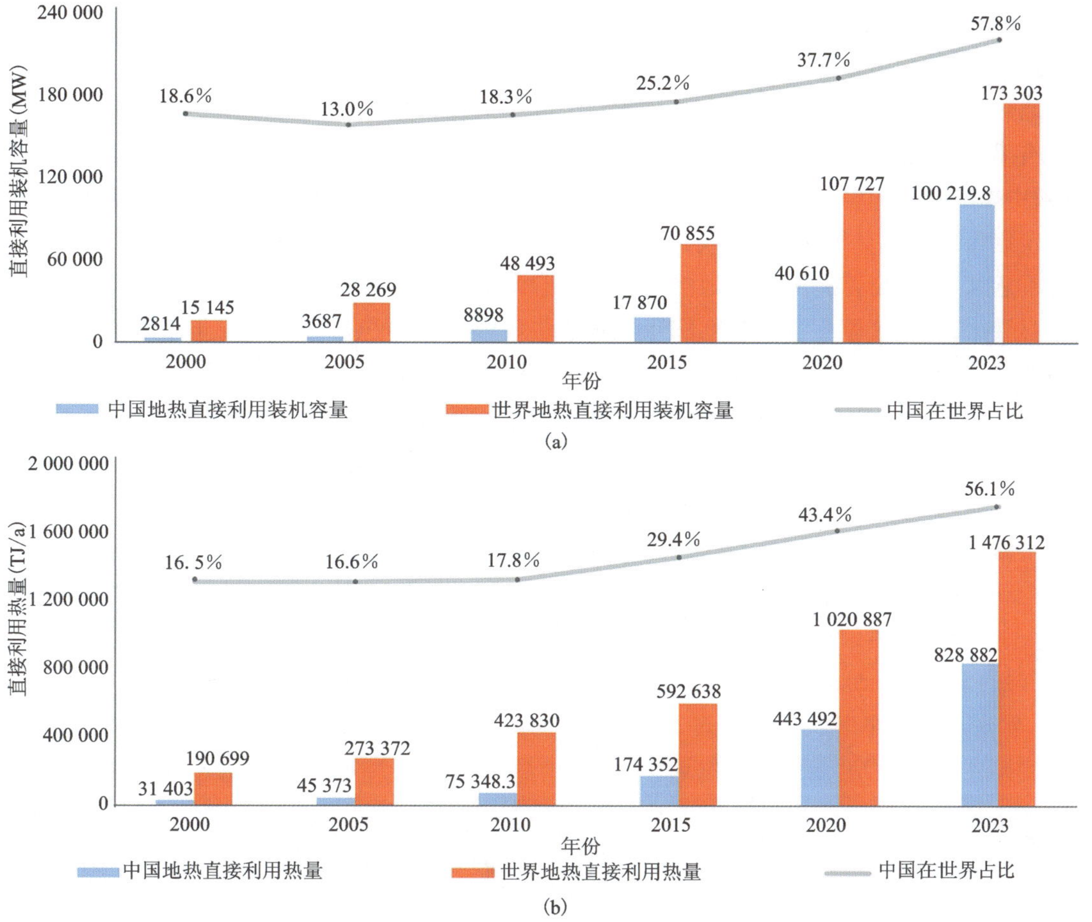

图 1-2　21 世纪以来中国地热直接利用装机容量变化(a)和地热直接利用热量变化(b)(孙焕泉等,2024)

截至 2022 年底,我国浅层地热供暖(制冷)能力累计达到 8.1 亿 m²,如图 1-3 所示。我国已基本形成完善的技术体系,进入规模化应用阶段,主要利用区域分布在中国东部平原地区,以环渤海地区发展最好,其次为长江中下游平原。中深层地热供暖面积累计达到 5.82 亿 m²,其中 70% 以上集中在河北、河南、山东、天津、陕西、山西等省(市),在北方清洁供暖和大气污染防治中发挥了重要作用(孙焕泉等,2024)。

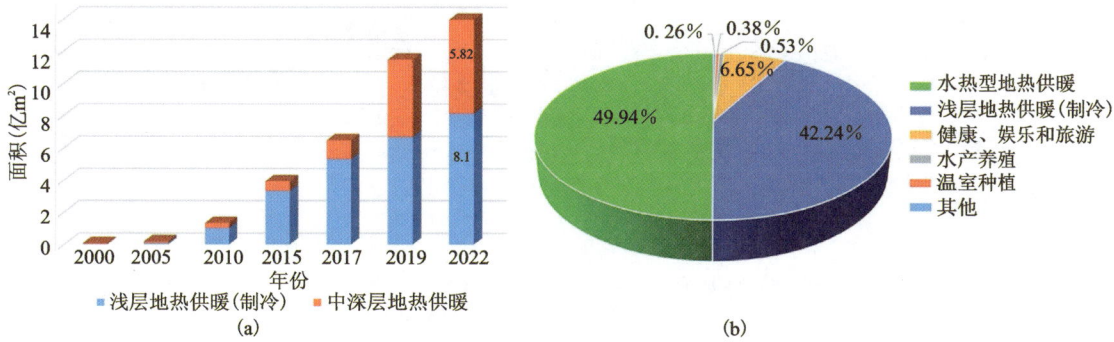

图 1-3　中国地热供暖(制冷)面积历年变化(a)和 2022 年中国地热直接利用结构图(b)(孙焕泉等,2024)

我国地热资源丰富,但资源探明率和利用程度较低,开发利用潜力大。近年来,我国地热能勘探、开发及利用技术持续创新,地热能装备水平不断提高;浅层地热能利用快速发展,水热型地热能利用持续增长,干热岩地热能资源勘探开发开始起步,地热能产业体系初步形成。2021年我国非化石能源占一次能源消费比重为16.6%,国务院印发的《2030年前碳达峰行动方案》中提出到2030年非化石能源消费比重达到25%左右。为此我国已将地热能开发纳入实现碳达峰碳中和目标的战略行动中。2021年国家能源局印发的《关于促进地热能开发利用的若干意见》中提出,到2025年地热能供暖(制冷)面积比2020年增加50%,全国地热能发电装机容量比2020年翻一番;到2035年地热能供暖(制冷)面积及地热能发电装机容量力争比2025年翻一番的目标。2022年1月,习近平总书记在十九届中共中央政治局第三十六次集体学习时指出,要加快发展有规模有效益的风能、太阳能、生物质能、地热能、海洋能、氢能等新能源。同年6月,国家发展和改革委员会、国家能源局等九部委联合发布的《"十四五"可再生能源发展规划》中提出积极推进地热能规模化开发,涉及中深层地热能供暖制冷、浅层地热能开发和地热能发电等方面(孙焕泉等,2024)。

全球189个水热型地热发电站主要分布在环太平洋地热带、大西洋中脊地热带、红海-亚丁湾-东非裂谷地热带、地中海-喜马拉雅地热带,如图1-4和表1-4所示。在这些地热电站中,美国的Geysers地热田是以蒸汽为主的地热系统,该地热田地热发电已经成功运行超过30年,实现地热发电装机容量超过1000MW,地热电站的实际发电量与额定最大可发电量的

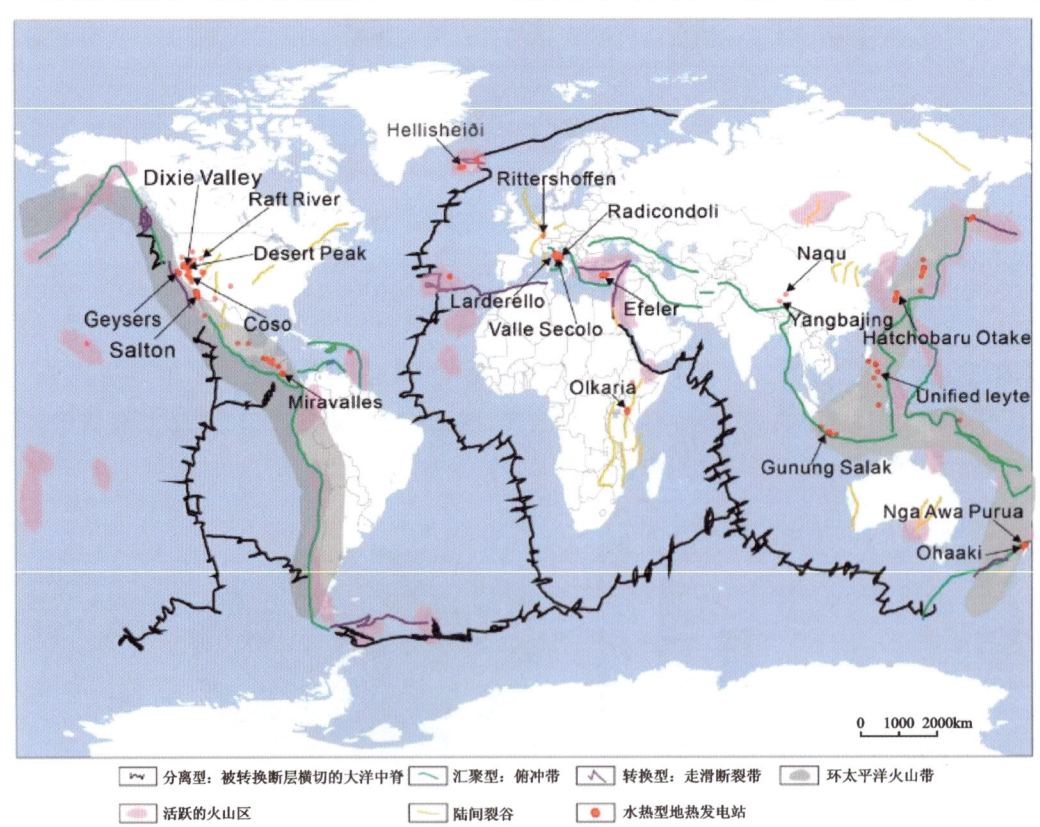

图1-4　全球水热型地热发电图示(Jiang et al.,2023)

比率(容量因子)达到90%。我国羊八井地热田是裂缝型地热储层,热储层温度高达248℃。该热储利用8口生产井和8口注入井,可产出400kg/s的高温流体,实现装机容量25.1MW(Byers et al.,2018;Jiang et al.,2023)。

表1-4 全球189个水热型地热发电站(Byers et al.,2018;Jiang et al.,2023)

国家	地热电站名称	装机容量(MW)
中国	Nagqu Geothermal	1
	Yangbajing Geothermal	25.1
哥斯达黎加	Boca de Pozo Geothermal Power Plant Costa Rica	5
	Miravalles Ⅰ and Ⅱ Geothermal Power Plant Costa Rica	115
	Miravalles Ⅲ Geothermal Power Plant Costa Rica	27.5
	Miravalles Ⅴ Geothermal Power Plant Costa Rica	15.45
	Pailas Geothermal Power Plant Costa Rica	36
丹麦	Amager	14
萨尔瓦多	Ahuachapan Geothermal Power Plant El Salvador	95
	Berlin Geothermal Power Plant El Salvador	109
埃塞俄比亚	Aluto-Langano	7.3
法国	Bouillante	4.5
危地马拉	不详	25.2
	Zunil	28.6
洪都拉斯	Platanares	39
冰岛	Bjarnarflag	3
	Hellisheiði	213
	Krafla	60
	Nesjavellir	120
	Reykjanes	100
	Svartsengi	76
印度尼西亚	Darajat 1	55
	Darajat 2-3	215
	Dieng	60
	Gunung Salak	375
	Kamojang 1-3	140
	Kamojang 4	60
	Lahendong (Binary Cycle)	20
	Lahendong Ⅳ	80
	Ulubelu 1-2	110
	Wayang Windu	227

续表 1-4

国家	地热电站名称	装机容量（MW）
意大利	Bagnore 3	19
	Bagnore 4	39
	Carboli 1	19
	Carboli 2	19
	Chiusdino 1	17
	Cornia 2	17
	Farinello	54
	Lagoni Rossi	20
	Le Prata	20
	Monteverdi 1	17
	Monteverdi 2	17
	Nuova Castelnuovo	15
	Nuova Gabbro	19
	Nuova Lago	11
	Nuova Larderello	17
	Nuova Molinetto	18
	Nuova Monterotondo	11
	Nuova Radicondoli	59
	Nuova San Martino	39
	Nuova Sasso	17
	Nuova Serrazzano	49
	Pianacce	18
	Piancastagnaio 3	20
	Piancastagnaio 4	20
	Piancastagnaio 5	20
	Rancia 1	18
	Rancia 2	18
	Sasso 2	20
	Selva 1	19
	Sesta 1	18
	Travale 3	20
	Travale 4	39
	Valle Secolo	114

续表 1-4

国家	地热电站名称	装机容量(MW)
日本	Hachijojima	3.3
	Hatchobaru Otake	110
	Kakkonda	80
	Matsukawa Geothermal	23.5
	Mori	50
	Ogiri	35
	Onikobe	15
	Onuma Plant	9.5
	Otake	12.5
	Sumikawa Akita	50
	Takigami	25
	Uenotai	27.5
	Yamagawa	30
	Yanaizu-Nishiyama	65
肯尼亚	Olkaria Ⅰ	45
	Olkaria units 2 & 3	185
	Olkaria I units 4 & 5	140
	Olkaria Ⅱ	105
	Olkaria Ⅲ（Orpower 4）	139
	Olkaria Ⅳ	140
墨西哥	Cerro Prieto	570
	Cerro Prieto Ⅰ	30
	Las Tres VÃrgenes	10
	Los Azufres	225
	Los Humeros	68.6
新西兰	Kawerau	100
	Nga Awa Purua	138
	Ohaaki	122
	Rotokawa	34
	Te Huka Binary	28
	Wairakei	132
	Mokai	112

续表 1-4

国家	地热电站名称	装机容量(MW)
尼加拉瓜	Momotombo Geothermal Power Plant Nicaragua	77
	San Jacinto-Tizate Geothermal Power Plant Nicaragua	82
巴布亚新几内亚	Lihir	30
菲律宾	Bacman	130
	Leyte Gpp	112.5
	Makban	442.8
	Makban-binary	15.7
	Manito-lowland	1.5
	Mt Apo	109
	PalinpinonGpp	192.5
	Tiwi	234
	Unified Leyte	610.2
葡萄牙	Pico Vermelho	13
	Ribeira Grande	15.8
俄罗斯	Mutnovskaya GeoPP	50
	Pauzhetskaya GeoPP	12
	Verkhne-Mutnovskaya GeoPP	12
土耳其	Alaşehir	45
	Deniz	24
	Dora 3	34
	Dora 4	17
	Efeler	114
	Galip Hoca Germencik	47
	不详	13
	Kizildere 2	80
	不详	15
	不详	68
	不详	23
美国	Aidlin Geothermal Power Plant	25
	Amedee Geothermal Venture Ⅰ	3
	Beowawe Power	20.6
	Blundell	44.8
	Bottle Rock Power	55

续表 1-4

国家	地热电站名称	装机容量(MW)
美国	Brady	21.5
	CE Leathers	45.5
	CE Turbo LLC	11.5
	Calistoga Power Plant	176.4
	Coso Energy Developers	90
	Coso Finance Partners	92.2
	Coso Power Developers	90
	Del Ranch Company	45.5
	Desert Peak Power Plant	26
	Don A Campbell 1 Geothermal	22.5
	Don A Campbell 2 Geothermal	25
	Enel Salt Wells LLC	23.6
	Elmore Company	45.5
	Enel Cove Fort	25
	Galena 2 Geothermal Power Plant	13.5
	Galena 3 Geothermal Power Plant	30
	Geo East Mesa Ⅱ	21.6
	Geo East Mesa Ⅲ	29.6
	不详	110
	不详	110
	Geysers Unit 5-20	1163
	Heber Geothermal	81.5
	Jersey Valley Geothermal Power Plant	23.5
	John L. Featherstone Plant	55
	Lightning Dock Geothermal HI-01 LLC	19.2
	Mammoth Pacific Ⅰ	10
	Mammoth Pacific Ⅱ	15
	McGinness Hills	100
	McGinness Hills 3	74
	NGP Blue Mountain Ⅰ LLC	63.9
	Neal Hot Springs Geothermal Project	33
	North Brawley Geothermal Plant	80
	Ormesa Ⅰ	26.4

续表 1-4

国家	地热电站名称	装机容量（MW）
美国	Ormesa Ⅱ	24
	Paisley Geothermal Generating Plant	3.7
	Patua Acquisition Project LLC	58.6
	Ples Ⅰ	15
	Puna Geothermal Venture Ⅰ	51
	Raft River Geothermal Power Plant	18
	Richard Burdette Geothermal	30
	Salton Sea Power Gen Co-Unit 2	20
	Salton Sea Power Gen Co-Unit 3	53.9
	Salton Sea Power Gen Co-Unit 4	47.5
	Salton Sea Power Gen Co Unit 1	10
	Salton Sea Power LLC-Unit 5	58.3
	San Emidio	11.8
	Second Imperial Geothermal	80
	Soda Lake 3	26
	Soda Lake Geothermal No Ⅰ Ⅱ	21
	Sonoma California Geothermal	78
	Steamboat Hills LP	21.8
	Steamboat Ⅱ	18.2
	Steamboat Ⅲ	18.2
	Stillwater Facility	69.2
	Terra-Gen Dixie Valley	70.9
	Thermo No 1	14
	Tungsten Mountain	44.3
	Tuscarora Geothermal Power Plant	32
	Vulcan-BN Geothermal Power Company	39.6
	Whitegrass No. 1	6.4

干热岩是指地下不含流体或者含少量流体的高温岩体（大于 180℃），赋存于干热岩中可以开采的地热能称为干热岩地热资源。全球目前开展的 42 个干热岩地热发电项目分布如图 1-5 和表 1-5 所示。其中，法国 Soultz 干热岩项目利用有机朗肯循环装置建成了 1.5MW 增强型地热系统示范电厂。我国在青海共和盆地地下 3705m 深处首次探获温度达到 200℃ 以上的干热岩，经初步测定钻孔温度为 236℃（Byers et al.，2018；Jiang et al.，2023）。

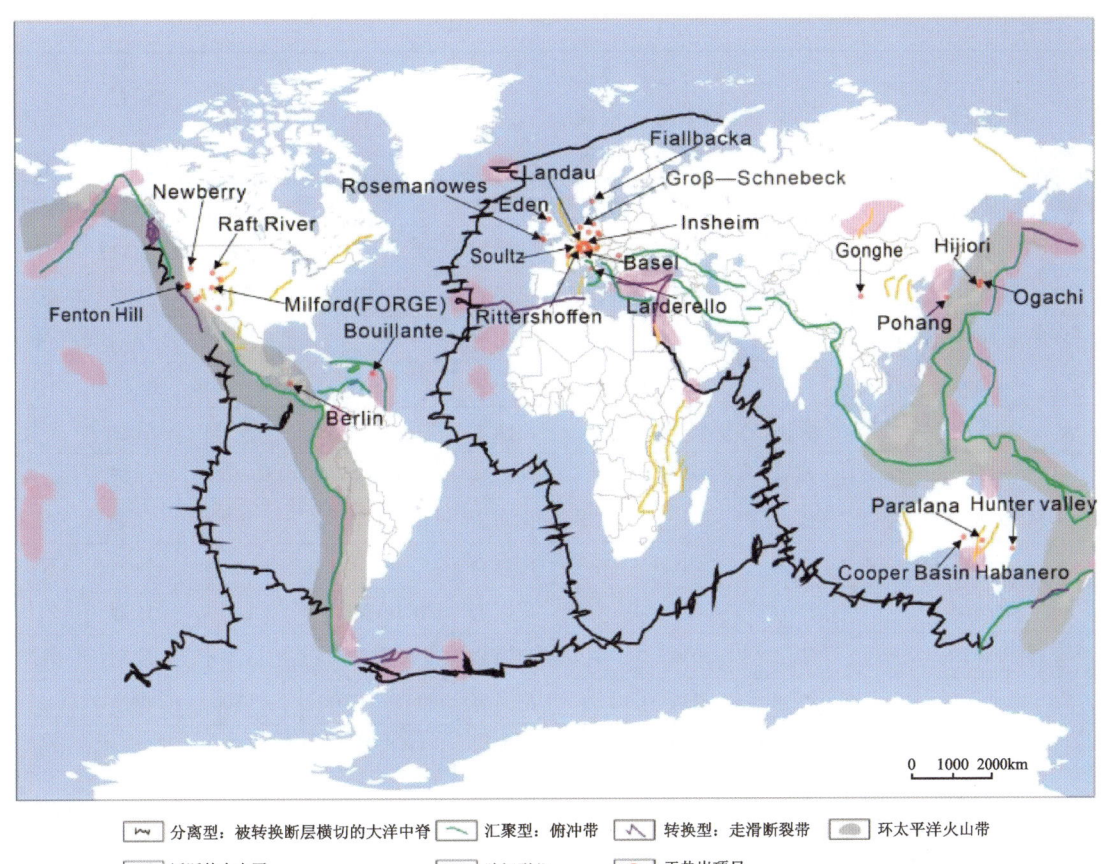

图 1-5 全球干热岩地热发电分布图（Jiang et al.，2023）

表 1-5 全球干热岩地热发电项目（Breede et al.，2013；Sigfússon and Uihlein，2015；毛翔等，2019；Barrios et al.，2002；Zhang et al.，2019；Song et al.，2015；U.S. Department of Energy，2024）

项目名称	国家	运行起始时间（年）	装机规模（MW）	岩石类型	深度(m)	温度（℃）	运行状态	生产流速（L/s）
Lardarello	意大利	1970	不详	变质岩	2500～4000	不详	运行	不详
Bruchsal	德国	1983	0.5	砂岩	1930～2540	123～130	运行	24
Neustadt-Glewe	德国	1984	0.2	砂岩	2320	99	运行	不详
Soultz-sous-Forêts	法国	1984	1.5	花岗岩	3600～5000	165	运行	30
Altheim	奥地利	1989	1	碳酸岩	2165～2306	105	运行	70
Bouillante	法国	1996	<2	火山岩	1000～1500	250～260	运行	不详
Groβ-Schnebeck	德国	2000	1	砂岩	4309～4400	145	运行	20
Berlin	萨尔瓦多	2001	<2	火山岩	2000～2380	183	运行	不详
Unterhaching	德国	2004	3.4	碳酸岩	3350～3380	123	运行	150
Insheim	德国	2007	4	花岗岩	3600～3800	165	运行	50

续表 1-5

项目名称	国家	运行起始时间（年）	装机规模（MW）	岩石类型	深度(m)	温度（℃）	运行状态	生产流速（L/s）
Raftriver	美国	2009	5	变质岩	不详	150	运行	不详
Northwest Geysers	美国	2009	3.5	变质岩	3058～3396	400	运行	9.7
Redruth	英国	2009	<2	花岗岩	不详	190	计划	不详
Newberry Volcano	美国	2010	<2	火山岩	3066	315	计划	4
Gonghe	中国	2011	<2	花岗岩	2927～3705	150～236	建设中	不详
Milford	美国	2015	<2	花岗岩	2134～3854	175～230	建设中	不详
GeneSys Hannover	德国	2015	<2	砂岩	2900～3800	150～160	计划	2.5
Mauerstetten	德国	2015	<2	花岗岩	4080	130	计划	不详
Eden	英国	2010	4	花岗岩	4000	180～190	计划	不详
Szeged	匈牙利	2016	5	花岗岩	2900～3500	175	计划	2.8
Geostras	法国	2012	5	花岗岩	不详	150	计划	不详
Landau	德国	2013	2.9	花岗岩	3170～3300	159	暂停	8
Paralana	澳大利亚	2014	3.8	花岗岩	4003	170	暂停	3
Fenton Hill	美国	1974	0.06	花岗岩	2932～4390	200～327	废弃	18.5
Falkenberg	德国	1977	不详	花岗岩	500	13.5	废弃	7
Le Mayet	法国	1978	不详	花岗岩	800	22	废弃	7
Fjallbacka	瑞典	1984	不详	花岗岩	500	16	废弃	1.8
Rosemanowes	英国	1984	不详	花岗岩	2600	100	废弃	25
Hijiori	日本	1985	0.13	花岗岩	2300	270	废弃	17
Ogachi	日本	1989	不详	花岗岩	1100	60	废弃	6.7
Coso	美国	2002	5	花岗岩	2430～2956	300	废弃	不详
GeneSys Horstberg	德国	2003	不详	砂岩	3800	150	废弃	10
Bradys	美国	2008	不详	花岗岩	1320	200	废弃	不详
Desert Peak	美国	2002	1.7	火山岩	1000	210	废弃	不详
Bad Urach	德国	1977	1	变质岩	4300	170	废弃	不详
Hunter valley	澳大利亚	1999	不详	花岗岩	5000	275	废弃	不详
Cooper Basin Habanero	澳大利亚	2003	1	花岗岩	4420	243	废弃	35
Basel	瑞士	2005	3	花岗岩	2700	200	废弃	70
Southeast Geysers	美国	2008	5	花岗岩	1341	不详	废弃	不详
St. Gallen	瑞士	2009	不详	碳酸岩	4450	150	废弃	不详
Pohang	韩国	2010	1.5	花岗岩	4348～4362	180	废弃	47
Utah Forge	美国	2018	不详	花岗岩	不详	不详	计划	不详

我国与国际深层地热领域前沿技术现状对比如表 1-6 所示，我国在地热供暖领域处于全球领先地位，但在地热能发电装机容量方面仍有进一步发展的空间。我国的地热勘探开发领域在深地深海超高温超高压钻采设备、地热勘探开发智能建模、数值模拟软件研发等方面仍有待进一步的突破。

表 1-6　我国与国际深层地热领域前沿技术现状对比（孙焕泉等，2024；Friðleifsson et al.，2017）

机构名称	研究计划/前沿研究内容	国际前沿技术	国际成果现状	我国研究现状对比
美国国家实验室和犹他大学等	FORGE 计划和干热岩开发	热储预测技术、高效钻井技术及工具、超临界 CO_2 等干热岩压裂新技术和工具，地下-地面监测技术、干热岩建模和数值模拟技术等	已步入干热岩全面评价和试验阶段	跟跑。在青海共和盆地初步开展了干热岩钻井和压裂先导性试验
冰岛地质调查局	冰岛深部钻探计划（IDDP）	深层超临界地热资源成因、深层岩浆型高温高压地热钻完井技术等	超高温岩浆型地热钻探，已证实成功钻遇超临界地热流体（427℃，34MPa）	并跑/跟跑。初步结合地质、地球物理和地球化学开展了超临界地热资源机理研究，但在测量仪器与井筒工具耐温研究方面需要进一步加强
新西兰奥克兰大学	热储工程基础理论、地球物理、地球化学	智能热储工程技术等	广泛应用于地热资源开发利用与管理	并跑。中深层地热供暖企业积累了一定技术，深层地热热储工程有一定研究基础，但尚无系统应用
美国哈里伯顿公司	相关软硬件产品和工程服务	地质导向地热钻井系统、随钻测井工具、压裂技术及工具、分布式光纤温度传感及应变传感技术等	耐高温工具和工艺在地热钻采井中应用及试验	跟跑。油气企业在深层油气钻井技术与工具上有一定积累，但耐温等指标尚不满足深层地热需求
加拿大 Eavor 公司	干热岩商业开采技术	非压裂、多井对接直接取热技术等	初步试验	跟跑。中深层有少量研究和应用，深层及干热岩地热资源开发利用初步现场试验

第 2 章　热储资源量评价

本章介绍了热储参数、热储温度预测、热储资源量评价以及地热产量预测等方面的内容。

2.1　热储参数

热储参数与地热资源量、地热产出流体质量流量、热储开发寿命息息相关。热储主要由岩石和流体组成。热储参数包括孔隙度、渗透率、流体饱和度、深度、岩性、热导率、比热容、压力、温度等。与油气勘探开发储层参数获取类似，这些热储参数需要通过取芯、地震勘探、测井、泥浆分析、实验测量、随钻测量、生产试验等方式获取。

在地热资源量评价时应取得下列参数：地热井参数，包括地热井位置、深度、生产层位、温度、压力、流体化学成分等；热储几何参数，包括热储面积、顶板深度、底板深度和热储厚度等；热储物理性质，如热储温度、压力、岩石的密度、比热容、热导率和压缩系数等；热储流体性质，如热流体的组成、饱和度、密度、黏度、比热容、热导率和压缩系数等；热储渗透性和储存流体能力的参数，如渗透率、孔隙度等；监测资料，包括地热井的生产量、回灌量、温度、压力、化学成分等随时间的变化；热储的边界条件，包括边界的位置、热力学和流体动力学特征等（王贵玲等，2020；徐世光和郭远生，2009）。

地热资源量评价参数应尽可能通过试验和测试取得。对难以通过试验和测试得到的参数或勘查工作程度较低时，可采用人工智能或者经验值来预测热储参数。在以上这些热储参数中，热储温度是评价热储资源量、决定热储开发利用方式的关键参数。

2.2　热储温度预测

2.2.1　大地热流

大地热流简称热流，是地球内部热能传输至地表的一种现象。它表示从地球内部向地表传播的热量，这种传播量可以用大地热流值表示，常用单位是毫瓦每平方米（mW/m^2）。大地热流值是地球内部在地表唯一可以测量的物理量。

大地热流的测试工作始于 20 世纪 30 年代末，早期进展缓慢，到 1955 年全球收集到的热流数据不足 100 个。随着板块学说的兴起及测量方法的改进，热流数据的收集进度大幅加快，1965 年全球热流数据已达到 2000 个，1970 年又增至 3127 个，1990 年已增至 24 639 个，且此后每年以大约 450 个新数据的速度增长。我国热流测试工作始于 20 世纪 50 年代末。1979 年,中国科学院地质与地球物理研究所正式公布了我国华北地区第一批热流数据(25 个)。截至 2016 年,我国已报道的热流值有 1230 个(姜光政等,2016)。

地温梯度的平均值一般为 25~30℃/km,在火山或者岩浆活动区等异常高温区,地温梯度可超过 60℃/km。地热异常是地壳深部热流在上升过程中相对集中,并在地表或近地表所形成的异常现象。通常表现形式包括地温异常、热流值异常、物理异常、化学异常、地震异常、岩浆及火山活动异常等。我国的大地热流测点地理分布如图 2-1 所示,由图可知全国平均大地热流值为 60mW/m²,当大地热流在 80~100mW/m² 之间时,即可显示出明显的地热异常,详细的大地热流数据可参照《中国大陆地区大地热流数据汇编》(姜光政等,2016;胡圣标等,2001;汪集暘和黄少鹏,1990,1988;潘桂棠等,2009)。我国地处环太平洋板块地热带的西太平洋岛弧型板缘地热带以及地中海-喜马拉雅陆陆碰撞型板缘地热带的交会部位,受构造热活动控制,大地热流呈现东高、中低、西南高、西北低的分布格局。

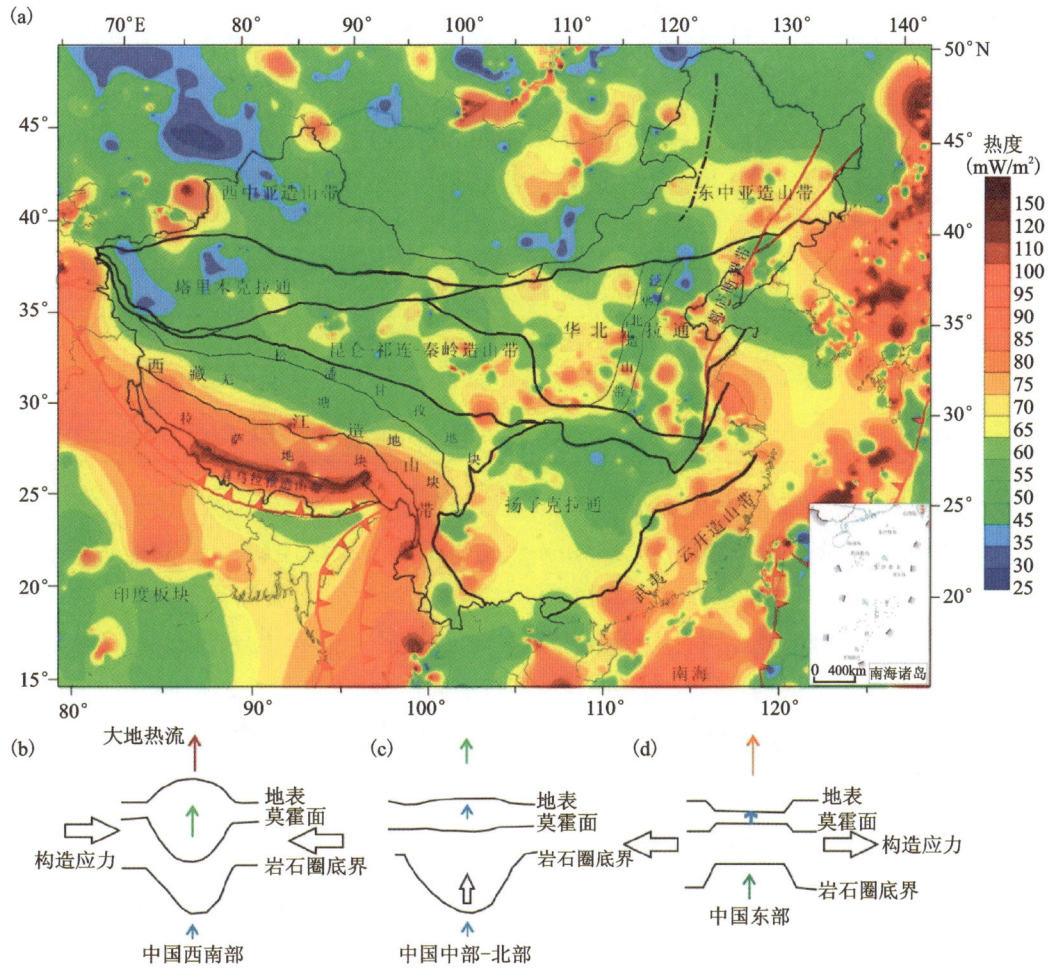

图 2-1 大地热流测点地理分布图(饶松等,2023)

大地热流等于岩石热导率与垂向地温梯度的乘积,即(徐世光和郭远生,2009)

$$q = K \frac{dT}{dz}$$

式中:K 为岩石热导率[W/(m·℃)];dT/dz 为地温梯度(℃/km);q 为热流(mW/m²)。

大地热流的计算首先需要钻探一定深度的钻井,完井之后在井内测量地温随地层深度的变化情况,并采集相应储层的岩样。通过实验测定岩石样品的热导率,计算该区域的大地热流。常见的岩石和物质的热物性参数如表2-1所示。

表2-1 几种常见岩石和物质的比热容、密度和热导率(王贵玲等,2020)

岩石名称	密度(kg/m³)	比热容[J/(kg·℃)]	热导率[W/(m·℃)]
花岗岩	2250~2740	600~900	2.2~3.2
玄武岩	2500~3100	850~900	1.6~2.4
片麻岩	2600~2950	700~980	2.0~4.5
石灰岩	2400~2870	680~950	1.8~3.8
白云岩	2670~2880	750~930	2.5~6.2
砂岩	2200~2750	730~1200	1.7~4.3
泥岩	2200~2750	760~1200	1.2~3.2
细沙	1800~2200	1100~1400	1.7~2.4
粉质黏土	1600~2200	1300~1700	1.2~1.7
空气	1.205	1005	0.026
水	998.2	4183	0.60
冰	917	2065	2.22

注:冰温度为0℃,其余均为20℃。

已知某地有一口地下水井深度为386.8m,该地下水井上覆岩层皆为玄武岩,玄武岩的热导率为2.1W/(m·℃),地下水井的井底温度为23℃,该地区多年饮用水井的出水井口平均温度为14℃。在该地区热储钻井不同深度获取的岩石样品岩性和热导率如表2-2所示。该地区2000m深处存在热储层,该热储层上覆地层为不同厚度、不同岩性的地层,其中砂岩地层厚度1500m,泥岩地层厚度200m,灰岩地层厚度200m,花岗岩地层厚度100m,估算2000m深度热储层的温度。

表2-2 钻井岩石热导率

样品	样品深度(m)	岩石热导率[W/(m·℃)]	岩性
1	1200	2.63	砂岩
2	1305	1.22	泥岩
3	1320	2.17	砂岩

续表 2-2

样品	样品深度(m)	岩石热导率[W/(m·℃)]	岩性
4	1325	2.36	砂岩
5	1329	2.76	砂岩
6	1335	1.46	泥岩
7	1345	3.34	花岗岩
8	1350	3.75	花岗岩
9	1370	1.02	泥岩
10	1372	1.40	泥岩
11	1375	3.73	灰岩
12	1380	3.65	灰岩
13	1395	1.00	泥岩
14	1400	1.23	泥岩
15	1420	2.66	砂岩
16	1465	2.46	砂岩
17	1480	2.87	砂岩

首先估算该地下水井的地温梯度

$$\frac{dT}{dz}=\frac{(23-14)℃}{386.8m}=0.023℃/m$$

已知该地下水井上覆岩层皆为玄武岩,玄武岩的热导率为 2.1W/(m·℃),故该地区大地热流

$$0.023℃/m \times 2.1W/(m·℃)=48.3mW/m^2$$

泥岩平均热导率

$$\frac{1.22+1.46+1.02+1.4+1+1.23}{6}W/(m·℃)=1.22W/(m·℃)$$

灰岩平均热导率

$$\frac{3.73+3.65}{2}W/(m·℃)=3.69W/(m·℃)$$

砂岩平均热导率

$$\frac{2.63+2.17+2.36+2.76+2.66+2.46+2.87}{7}W/(m·℃)=2.56W/(m·℃)$$

花岗岩平均热导率

$$\frac{3.34+3.75}{2}W/(m·℃)=3.55W/(m·℃)$$

地层平均热导率为

$$K = \frac{\sum h_i}{\sum \frac{h_i}{K_i}} = \frac{1500+200+200+100}{\frac{1500}{2.56}+\frac{200}{1.22}+\frac{200}{3.69}+\frac{100}{3.55}} \text{W/(m} \cdot \text{℃)} = 2.40 \text{W/(m} \cdot \text{℃)}$$

热储层的地温梯度

$$dT/dz = \frac{48.3 \text{mW/m}^2}{2.40 \text{W/(m} \cdot \text{℃)}} = 20.125 \text{℃/km}$$

该热储层的温度

$$T = 2000\text{m} \times \frac{20.125\text{℃}}{1000\text{m}} + 14\text{℃} = 54.25\text{℃}$$

大地热流是地球内部的一种物理量,也是在地表可以测量到的反映地球内部热能的唯一参数。由于岩石热导率的影响,大地热流与地温梯度的区域分布可能会有一定的差异。大地热流通常被用作推算热储温度的方法,在没有地温测井、热储层水化学样品等数据的情况下,可以估算地温梯度。然而该方法的缺点是不够直观,适用于以热传导为主的地温梯度计算。

2.2.2 地热温标法

地热流体由地热水、蒸汽和伴生的少量不凝结气体组成。地热水中除了水之外,还含有各种化学元素,如 K、Na、Ca、Mg 等;不凝结气体指地热流体降温过程中无法随水蒸气凝结为液态的气体,主要成分有 CO_2、H_2S、CH_4、N_2、He、Ar 等,一般采用体积百分比来表示其含量。

地热温标是一种评估深部热储系统是否处于局部平衡或平衡状态的手段,具体来说,它利用流体化学组分浓度、比值、热力学平衡矿物组成、气体或同位素来估算热储温度。通常采用二氧化硅温标、阳离子温标、同位素温标和气体温标等方法来进行热储温度的估算。这些方法可以为我们提供有关地下热储温度的定量或定性信息(徐世光和郭远生,2009)。

常见的二氧化硅温标包括石英二氧化硅温标、玉髓温标、非晶质二氧化硅温标、α-方石英温标、β-方石英温标(徐世光和郭远生,2009)。

各类二氧化硅温标中,石英二氧化硅温标的温度值最高。如果地热流体运移过程中没有蒸汽损失,则石英二氧化硅温标表达式为(徐世光和郭远生,2009)

$$t = \frac{1309}{5.19 - \lg w(\text{SiO}_2)} - 273.15$$

式中:$w(\text{SiO}_2)$ 为二氧化硅含量(mg/L);t 为热储温度(℃)。

在沸腾情况下,会导致蒸汽损失以及地热水中二氧化硅浓度增加。当地热流体运移中有蒸汽损失时,石英二氧化硅温标表达式为(徐世光和郭远生,2009)

$$t = \frac{1522}{5.75 - \lg w(\text{SiO}_2)} - 273.15$$

式中:$w(\text{SiO}_2)$ 为二氧化硅含量(mg/L);t 为热储温度(℃)。

pH 对石英溶解度有一定影响,温度一定时,如果 pH 增加,石英溶解度增加。因此,对于酸性热储层,热储温度计算偏大,温标公式的适用性差。所以,二氧化硅地热温标公式有一定的适用条件:①适宜的热水温度范围为 0~250℃,不适用于已被稀释的热水和 pH 值远小于 7

的酸性水;②公式中二氧化硅含量为以溶解的 H_4SiO_4 形式存在的二氧化硅含量,当热水的 pH 大于8.5时,水中二氧化硅不全是以 H_4SiO_4 形式存在,此时计算结果的准确性会受影响。

此外,玉髓温标也可以用来预测热储温度。当热水到达地面时没有发生蒸汽损失,其热储温度计算表达式为(徐世光和郭远生,2009)

$$t=\frac{1032}{4.69-\lg w(SiO_2)}-273.15$$

如果热水到达地面时已发生蒸汽损失,则玉髓温标温度预测计算公式为

$$t=\frac{1263}{5.32-\lg w(SiO_2)}-273.15$$

对于热水中二氧化硅是溶解非晶质二氧化硅的情况,非晶质二氧化硅温标计算表达式为

$$t=\frac{731}{4.52-\lg w(SiO_2)}-273.15$$

对于热水中二氧化硅是溶解 α-方石英的情况,α-方石英温标计算表达式为

$$t=\frac{1000}{4.78-\lg w(SiO_2)}-273.15$$

对于热水中二氧化硅是溶解 β-方石英的情况,β-方石英温标计算表达式为

$$t=\frac{781}{4.51-\lg w(SiO_2)}-273.15$$

式中:$w(SiO_2)$ 表示二氧化硅含量(mg/L);t 表示热储温度(℃)。

除了二氧化硅温标之外,地热流体中的阳离子含量也可以作为地热温标用于预测热储温度。在具备钠长石、钾长石平衡环境的天然水中,钠、钾的含量比值是温度的函数且不受温度降低或蒸汽损失等影响,地热流体中的钠、钾离子可以作为地热温标,其计算表达式为

$$t=\frac{1390}{1.75-\lg \frac{w(Na)}{w(K)}}-273.15$$

式中:$w(Na)$、$w(K)$ 分别表示钠、钾离子的含量(mg/L);t 表示热储温度(℃)。

在具备钠、钾长石平衡环境的条件下,热储温度 t 大于150℃时,也可选用

$$t=\frac{1217}{\lg \frac{w(Na)}{w(K)}+1.483}-273.15$$

$$t=\frac{885.6}{\lg \frac{w(Na)}{w(K)}+0.8573}-273.15$$

当热储温度 t 在25~250℃之间时,可选用

$$t=\frac{933}{\lg \frac{w(Na)}{w(K)}+0.933}-273.15$$

当热储温度 t 在250~350℃之间时,可选用

$$t=\frac{1319}{\lg \frac{w(Na)}{w(K)}+1.699}-273.15$$

钠、钾地热温标公式不适用于不同地热成因混合的热水,也不适用于pH值远小于7的酸性水。

来自深部热储的地下热水,其镁含量一般极低。高温时镁以固相保留,随着温度的降低以及地下冷水的掺入,水中镁的含量会增加。钾镁地热温标代表了不太深处热储层中的热动力平衡条件,尤其适用于中低温地热田,其计算式为(徐世光和郭远生,2009)

$$t=\frac{4410}{13.95-\lg\frac{w^2(\mathrm{K})}{w(\mathrm{Mg})}}-273.15$$

式中:$w(\mathrm{K})$、$w(\mathrm{Mg})$分别表示钾、镁离子的含量(mg/L);t表示热储温度(℃)。

富含钙离子的热水,钠、钾温标可能会显示出异常高的结果,其计算公式为(徐世光和郭远生,2009)

$$t=\frac{1647}{\lg\frac{w(\mathrm{Na})}{w(\mathrm{K})}+\beta\left[\lg\left(\frac{\sqrt{w(\mathrm{Ca})}}{w(\mathrm{Na})}\right)+2.24\right]}-273.15$$

式中:$w(\mathrm{K})$、$w(\mathrm{Mg})$、$w(\mathrm{Ca})$分别表示钾、镁、钙离子含量(mg/L);t表示热储温度(℃);β表示校正系数,若$t<100℃$或$\lg\left(\frac{\sqrt{w(\mathrm{Ca})}}{w(\mathrm{Na})}\right)>0$,$\beta$取4/3;若$t>100℃$或$\lg\left(\frac{\sqrt{w(\mathrm{Ca})}}{w(\mathrm{Na})}\right)<0$,$\beta$取1/3。

沸腾的热水和温度较低的水混合所导致的浓度变化,都会影响钠、钾、钙地热温标的计算精度。沸腾使CO_2逸出,从而引起$CaCO_3$沉淀,而水中Ca^{2+}的损耗一般会导致钠、钾、钙地热温标的计算温度偏高。当有温度较低的水混合时,如果沸腾的热水含量小于20%,则需考虑不同的水混合对钠、钾、钙温标的影响,可通过选择β值来控制。

除了地热水中二氧化硅和阳离子地热温标外,地热流体元素中的同位素也可以作为温标用于预测热储温度。可以用同位素分馏平衡与温度的相关关系,计算地热系统的深部温度。同位素分馏达到平衡的时间要比化学平衡的时间长得多,因此同位素地热温标可指示地热系统的深部温度。同位素地热温标是地热蒸汽系统唯一可用的温标,因为热水含气量很低,尤其是CH_4,采集和分离都很困难,因此目前它还很难应用于热水系统。热水系统的最佳同位素温标是水和水溶SO_4^{2-}的氧同位素分馏,分馏平衡在低达95℃的热储中即可达到,而且在超过300℃的热储中达成氧同位素分馏平衡的热水,在上升至地表的过程中也不容易出现再平衡。沸腾的热水或蒸汽由于存在蒸汽损耗,应用氧同位素地热温标时需进行校正(王贵玲等,2020;徐世光和郭远生,2009)。

除此之外,根据钻孔排放气体浓度与测量所得的热储层温度之间的相关关系,可以采用不同的气体地热温标。气体地热温标用于预测高温地热系统中的地下温度。其中CO_2、H_2S和H_2的浓度为喷气孔蒸汽中的浓度。在热储流体中气体的质量摩尔浓度b(单位为mol/kg)与温度(单位为℃)的函数关系式为

$$\lg[b(\mathrm{H_2S})]=-11.8-\frac{0.06035}{T+273.15}-\frac{17691.09}{T+273.15}+27.163\lg(T+273.15)$$

$$\lg[b(\mathrm{H_2})]=11.98-\frac{0.08489}{T+273.15}+\frac{8254.09}{T+273.15}-27.58\lg(T+273.15)$$

$$\lg[b(\mathrm{H_2})] = -3.04 - \frac{10\,763.54}{(T+273.15)} + 7.003\lg(T+273.15)$$

对于300℃以上的地热流体,如果$w(\mathrm{Cl}) > 500 \times 10^{-6}$,关系式为

$$\lg[b(\mathrm{CO_2})] = -1.09 - \frac{3\,894.55}{(T+273.15)} + 2.532\lg(T+273.15)$$

对于200℃以下的水,如果$w(\mathrm{Cl}) < 500 \times 10^{-6}$,关系式为

$$\lg[b(\mathrm{H_2S})] = -1.24 - \frac{4\,691.84}{(T+273.15)} + 2.830\lg(T+273.15)$$

地热温标法的推算过程简单,但是对于多层混采、地层水pH变化较大的情况不适用,并且经验公式的适用性不容易拓展至其他地区。以我国青海省恰卜恰地区新近系的深部热储为例,钻孔W1、W2水化学数据如表2-3所示,热水中二氧化硅的含量主要是由石英控制的,石英温标估算接近取样时测得的水温,热储温度在86~107℃之间,地温梯度大约为6℃/100m(李永革等,2021)。

表2-3 钻孔W1、W2水化学数据(李永革等,2021)

编号	井深(m)	pH	K^+(mg/L)	Na^+(mg/L)	Ca^{2+}(mg/L)	Mg^{2+}(mg/L)	Cl^-(mg/L)	SO_4^{2-}(mg/L)	HCO_3^-(mg/L)	CO_3^{2-}(mg/L)	NO_3^-(mg/L)	H_2SiO_3(mg/L)	石英温标(℃)	Na-K-Ca温标(℃)
W1	1852	8.8	5.37	698	12.7	1.1	306	315	852	49.3	2.4	56.3	104	186
W2	1502	7.9	3.45	516	9.08	1.55	325	243	510	26.7	2	44.2	85	176

2.2.3 钻孔实测法

钻孔温度测量是开展地温场和岩石圈热结构研究的首要工作。钻孔温度测量实际是指利用测温设备来对钻井液介质(泥浆或水)的温度进行测量。根据钻孔静井时间的长短,钻孔温度数据可以分为系统稳态测温数据、静井温度数据、准稳态测温数据、瞬态测温数据4类(徐世光和郭远生,2009)。

钻井过程中使用的钻井液会干扰钻孔附近的温度场,因此在停钻时间尚不足以使井温和围岩温度趋于平衡的情况下,所测得的地温未必真实反映了热储温度的实际状况。很多钻井停钻后,钻孔中温度达到平衡所需要的时间长达几个月,甚至更久。冰岛Tungudalar H2、Sugandafjordur 2号地热钻孔测温曲线清晰地反映了这一特征(图2-2)。

假定钻进时间持续t_0,其间从岩石中带走的热量速率恒定为q,则根据线性热源积分的瞬时响应方程可得(徐世光和郭远生,2009)

$$T(t) - T_\mathrm{f} = \frac{q}{4\pi K_\mathrm{r}} \ln \frac{t}{t-t_0}$$

式中:t表示从开钻起算的测温时间(d);$T(t)$表示对应于测温时间t的地温(℃);T_f表示热储层实际温度(℃);K_r表示岩石热导率[W/(m·℃)]。

已知某热储层持续钻进时间10d,停钻第11~226d钻孔温度测量如表2-4所示。请预测该热储层的温度?

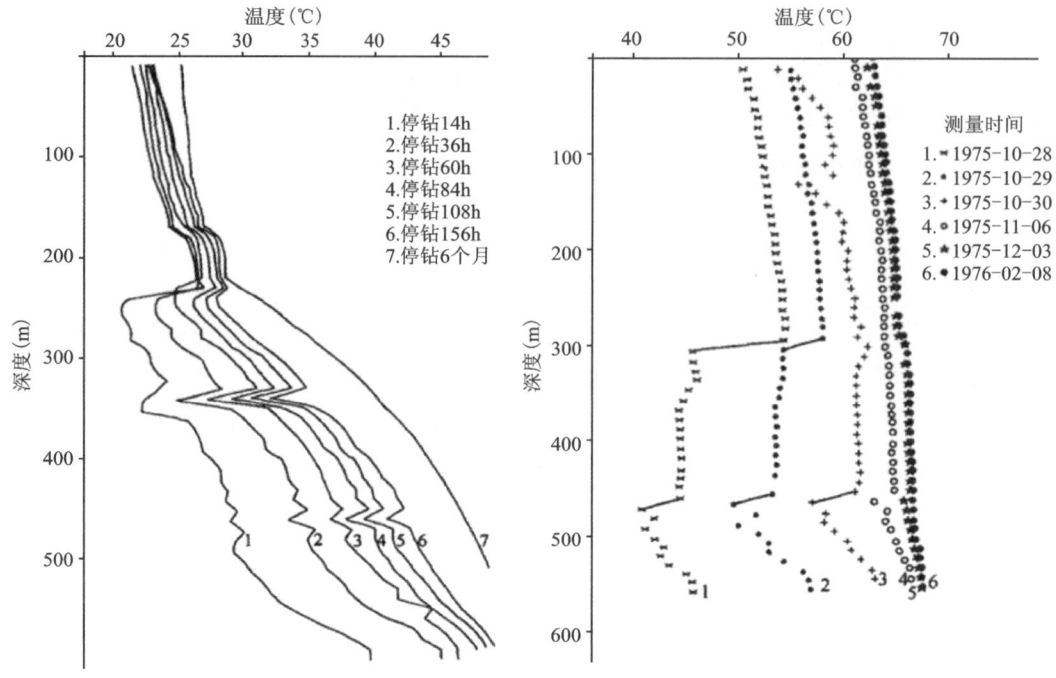

图 2-2　冰岛 Tungudalar H2、Sugandafjordur 2 号地热钻孔测温曲线(徐世光和郭远生,2009)

表 2-4　钻孔温度测量(徐世光和郭远生,2009)

钻进日期	时间 $t(d)$	$\ln\dfrac{t}{t-t_0}$	温度(℃)
1976-09-26	11	2.397 895	42.4
1976-09-29	14	1.252 763	76.0
1976-10-02	17	0.887 303	106.4
1976-10-08	23	0.570 545	172.5
1976-10-10	25	0.510 826	176.0
1976-10-15	30	0.405 465	188.0
1976-11-01	46	0.245 122	198.0
1977-04-28	226	0.045 257	229.7

以所测温度为纵坐标,$\ln\dfrac{t}{t-t_0}$ 为横坐标作图,钻孔所测温度与钻进时间的对数关系如图 2-3 所示。如果停钻时间足够长,$\ln\dfrac{t}{t-t_0}$ 趋近于 0,得到的纵截距即为热储层稳定条件下的地温。图 2-3 中纵截距即为稳定的地层温度 240℃。

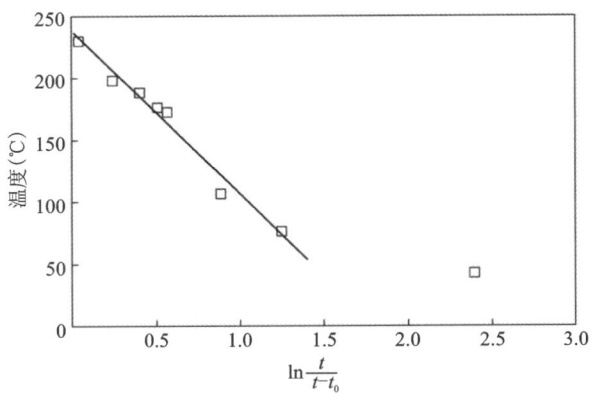

图 2-3 钻孔所测温度与钻进时间的对数关系

2.2.4 钻井液温度预测法

在钻井过程中获取正确的地层温度资料对钻井施工非常重要,它不但关系到固井时注水泥的质量,而且与井内压力平衡、井壁稳定、钻柱强度设计等方面有关。由于钻井施工过程的特点,施工作业过程中难以使用井下测量工具对地层温度进行实时连续测量。

钻井过程中,以泥浆为主的钻井液将会与地层围岩或地热流体发生热交换,致使返出的钻井液温度相较于注入的钻井液温度明显升高。当钻进地层为弱透水层时,热交换作用表现为热传导,此时钻井液基本不会漏失。如图 2-4 所示假定钻井液注入温度为 T_0,流出温度 T_n,流量为 Q,对于具有一定厚度的热储层,可以通过能量平衡,计算出地温梯度,为预测深部热储温度、调整钻井设计施工方案,提供较为可靠的科学依据。

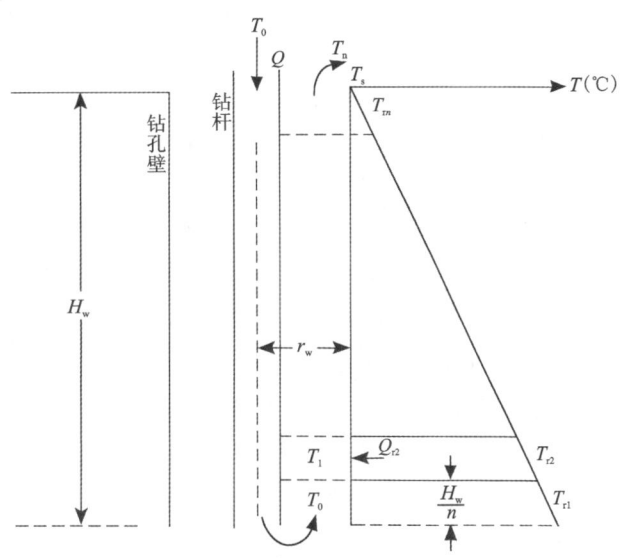

图 2-4 利用钻井液温度预测地温模型图(徐世光和郭远生,2009)

根据热传导方程,对于每一段高度,从径向距离为 r 的围岩向钻孔传导的热流量为(徐世光和郭远生,2009)

$$Q_{ri} = -K_r(2\pi r \Delta z)\frac{dT}{dr} = \frac{2\pi r_w K_r (T_{ri} - T_{i-1})}{\ln\frac{R_i}{r_w}}\Delta z, i=1,2,3\cdots,n$$

引入参数 b，令

$$b = \frac{1000 C_l \rho_l Q_l}{2\pi r_w K_r}\ln\frac{R_i}{r_w}$$

$$T_r = T_s + G(t)z$$

代入 b、T_r，可得

$$T(z) = bG + T_s + Gz - (T_s + bG + GH_w - T_0)e^{(z-H_w)/b}$$

式中：K_r 为热导率[W/(m·℃)]；r 为围岩向钻孔传导热量的径向距离(m)；$\frac{dT}{dr}$ 为地温在以钻孔中轴线为中心向四周增加的水平梯度(℃/m)；$2\pi r \Delta z$ 为每一个高度段上钻井液进行热交换的面积(m²)；T_{ri} 为第 i 围岩高度段岩石的温度(℃)；r_w 为钻孔半径(m)；R_i 为第 i 段围岩高度段岩石热传导的影响半径(m)，可采用经验值 0.25；$G(t)$ 为地温梯度(℃/100m)；T_r 为围岩温度(℃)；T_s 为常温层地温(℃)；H_w 为钻孔深度(m)；T_0 为参考温度(℃)，通常用当地年平均气温表示；C_l 为钻井液的比热容[kJ/(kg·℃)]；ρ_l 为钻井液的密度(kg/m³)；T_i 为钻井液温度(℃)；z 为深度(m)；Q_l 为钻井液的流量(m³/s)；Q_r 为钻孔中自下而上不同深度的围岩传导热流量(kJ/s)；b 为综合参数。

该方法的优点在于计算的准确度较高，但也存在一些不足，如计算过程相对复杂，地温的获取不够直观，且产出钻井液的温度容易受到外界环境的干扰等。

2.2.5 地温测井法

油气测井技术同样可以用于地热井。测井以不同岩石的物理特性差异为基础，通过相应的地球物理方法及相关仪器在钻孔内进行测量，从而反映岩石某种物理特性参数随深度的变化特征。随着地热田的勘探、开发和投入生产，测井的目的也随之改变。在勘探阶段，测井的目的是了解天然情况下热储资源范围、深度、厚度、温度、压力分布、油气水分布、岩体特性(渗透率、孔隙度、裂缝等)，具体的参数包括温度分布、压力分布、渗透率和孔隙度分布、储层流体(以液态为主，以蒸汽为主，单相/两相)特征、流体化学特征、非凝气体饱和度、热储深度和厚度、井径尺寸变化、岩性分布。

当热储开始生产时，随着地热开发过程中地层参数的变化进行测井，可预测地热田的生产动态和地热资源量的动态变化，具体的参数包括生产井温度变化、热储压力变化、产出的流体组成和生产热焓、产出流体的化学成分和气体含量的变化，同时可分析地热开发对热储水位的影响，地热生产和注水回灌对地层渗透率的影响，以及堵塞、流量降低、套管损坏等问题对地热开发的影响。

温度测井可以获得井内温度曲线，而井温曲线的各种形态有助于分析地质构造特征。目前国内常用的测井仪器所能承受的耐温指标多在 150～180℃ 之间，对于温度超过 180℃ 的高温地热井，常规的温度测井难以满足热储层耐高温的测井需求(张松等，2023)。鉴于我国西藏高温地热资源的特性，我国自主研制了一套适应我国西藏高原环境的存储式高温地热测井装备(耐温350℃、耐压60MPa),该装备可对高温地热井井下的温度、压力、伽马等参数进行采集和存储,其中包括一套可记录深度的钢丝绳绞车系统,用于仪器的下放和上提。同时,还研制了一套可在低温(≥-30℃)户外使用的测井地面系统,用于测井数据的校深、曲线显示、回放和处理(孙国强等,2023)。以我国西藏谷露地热田为例,我国自主研制的耐高温测井装备,配备测井防喷装置,成功完成了关井状态下(静态)及放喷状态下(动态)的测井工作。本次研制的高温测井装备系统正常连接,数据获取及处理准确,绞车控制器及电驱钢丝绞车无失灵卡顿现象,制动灵活,可靠性高。静态和动态测试数据如表2-5和表2-6所示。

表2-5 测井仪器静态测试数据(孙国强等,2023)

测试名称	测试深度(m)	温度(℃)		压力(MPa)	
		下放	上提	下放	上提
静态测试	0	11.2	50.0	0.84	0.79
	50	160.1	160.6	1.01	0.99
	100	176.8	176.8	1.46	1.44
	150	181.7	181.7	1.90	1.88
	200	184.6	184.6	2.34	2.32
	250	186.4	186.4	2.78	2.76
	300	187.4	187.4	3.22	3.21
	350	187.9	187.9	3.66	3.65
	400	188.1	188.1	4.10	4.09

表2-6 测井仪器动态测试数据(孙国强等,2023)

测试名称	测试深度(m)	温度(℃)		压力(MPa)	
		下放	上提	下放	上提
动态测试	0	161.7	162.5	1.17	1.25
	50	183.7	184.0	1.51	1.52
	100	185.1	185.3	1.76	1.77
	150	186.0	186.3	2.03	2.07
	200	186.6	186.8	2.38	2.40
	250	187.1	187.2	2.77	2.77
	300	187.5	187.5	3.16	3.17
	350	187.7	187.7	3.58	3.6
	400	187.8	187.8	4.01	4.02

在静态测试环境下,随着测试深度的增加,仪器在下放和上提状态下所承受的温度和压力数值均呈现上升态势。该仪器在400m深度下,下放状态与上提状态的温度分别为188.1℃、188.2℃,压力分别为4.10MPa、4.09MPa,且误差值均在允许范围内。在动态测试环境下,仪

器随着测试深度的增加,在400m深度下的下放与上提的温度分别为187.8℃、187.8℃,压力分别为4.01MPa、4.02MPa,其最高温度和最高压力仍高于185℃和4MPa。该测井仪器运行4个半小时,耐高温性能表现突出,运行稳定。

此外,共和盆地东部扎仓地热田ZR2井开展了测井工作,井温测量采用搭载铂电阻传感器、斯伦贝谢260℃超高温温度计和204℃高温温度计的测温序列井下仪器。ZR2钻孔测井综合解释(4170~4460m)如图2-5所示。在4210~4220m井深段,井温182℃。热储层内发育裂缝6条,裂缝倾角在30.8°~85°范围内,裂缝倾向以264°~301°为主,裂缝宽度为0.96~

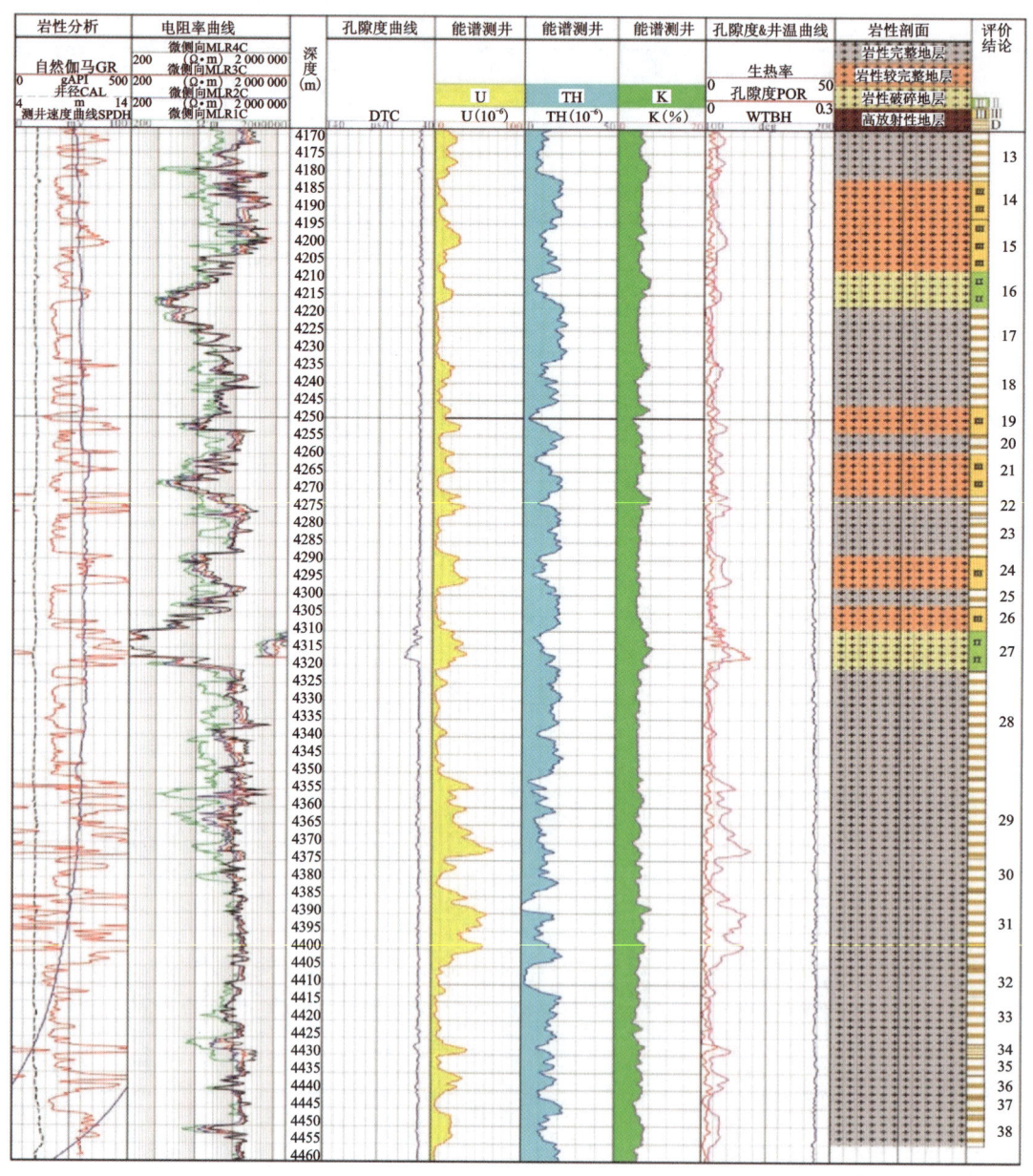

图2-5　ZR2钻孔测井综合解释成果图(4170~4460m)(雷玉德等,2023)

2.02mm,每平方米井壁所见到的裂缝总长度为 1.63~4.90m,层内裂缝张开程度较好。在 4310~4320m 井深段,井温 186.5℃。层内发育裂缝 7 条,裂缝倾角在 36.1°~69.8°范围内,裂缝倾向以 275°~325°为主,裂缝宽度为 1.1~2.64mm,每平方米井壁所见到的裂缝总长度为 1.30~2.55m,层内裂缝张开程度较好(雷玉德等,2023)。

2.3 热储资源量评价

采用容积法估算地热资源量时,应首先确定地热田的面积和基准面深度。地热田的面积最好依据热储的温度划定。地热田温度的下限标准应根据当地的地热可能用途而定,或根据规划的利用方式确定。在勘查程度比较低、对热储温度的分布情况不清楚时,可采用浅层温度异常范围、地温梯度异常范围大致圈定地热田的范围,也可结合地球物理勘探方法圈定地热田的范围。评价的下限深度应综合考虑当地的经济发展状况、地热资源的开采技术条件、地热开发利用的经济效益等因素。

待评价的热储范围确定之后,应根据热储的几何形状(顶板埋深、底板埋深和厚度)、温度、孔隙度的空间变化,以及勘查程度的高低,将热储范围划分成若干个子区,为每个子区的各项参数分别赋值,然后计算出每个子区的热储资源量。最后,把各子区的计算结果累加,就得到了地热田的热储资源量。热储资源量包括岩石和流体两部分,其计算表达式为(王贵玲等,2020)

$$R_{th} = R_r + R_f = \rho_r V(1-\varphi)C_r(T_r - T_0) + \rho_f V\varphi C_f(T_f - T_0)$$

式中: R_{th} 为地热储量(J); R_r 为岩石的地热能(J); R_f 为流体的地热能(J); ρ_r 为岩石密度,其中砂岩密度 $2.2 \times 10^3 \text{kg/m}^3$,碳酸岩密度 $2.8 \times 10^3 \text{kg/m}^3$; ρ_f 为流体密度,其中水的密度 1000kg/m^3; V 为岩体的体积(m^3); φ 为地层孔隙度(%); C_r 为岩石的比热容,指单位质量物质的热容量,即单位质量物体改变单位温度时吸收或释放的热量,其中砂岩的比热容 740.5 J/(kg·℃),碳酸岩的比热容 818.8 J/(kg·℃); C_f 为流体的比热容[J/(kg·℃)],水的比热容 4225J/(kg·℃); T_r 为储层岩石温度(℃); T_f 为储层流体温度(℃),通常认为储层流体温度与储层岩石温度相同; T_0 为参考温度(℃),通常用当地年平均温度来表示。

热储地热能采收率应根据热储的岩性、有效孔隙度和渗透率、热储温度、开采回灌技术条件、经济条件合理确定。勘查程度较低、资料较少时,可取经验值。孔隙度大于 20% 时,地热采收率可取 25%;岩溶裂隙类热储回收率可取 15%~20%;砂岩、花岗岩、火成岩等裂隙类热储,其采收率可取 5%~10%(王贵玲等,2020)。

现有砂岩热储层,砂岩热储的面积为 1km^2,厚度为 100m,孔隙度 30%,砂岩热储温度为 150℃,砂岩热储层中含水 100%。已知砂岩岩石密度 $2.2 \times 10^3 \text{kg/m}^3$,水的密度为 1000kg/m^3,砂岩的比热容 740.5J/(kg·℃),水的比热容 4225J/(kg·℃),求该热储层的地热资源量?

热储层的地热资源量为

$$R_{砂岩} = \rho_{砂} AHC_{砂}(1-\varphi)(T_{砂}-T_0) + \rho_{水} AH C_{水}\varphi(T_{砂}-T_0)$$
$$= 2.2 \times 10^3 \times 1 \times 10^6 \times 100 \times 740.5 \times (1-0.3) \times (150-15.6) +$$
$$1000 \times 4225 \times 1 \times 10^6 \times 100 \times 0.3 \times (150-15.6) = 3.23 \times 10^{16}(J)$$

2.4 热储产量预测

与油气开发试采类似,通过试采产出的蒸汽与热水量可以预测热储的生产热焓。生产热焓是指生产的地热流体所含有的热量。为了进一步预测一口地热井的产量,需要收集的数据包括分离出的蒸汽流量、分离出的水的流量、总流量、流体的热焓、热流量、干度,以及非凝气体的质量百分数。

已知某热储层生产试验过程中分离器压力1MPa,分离出蒸汽产量为7.5kg/s,热水产量为48kg/s,如图2-6所示。请计算该热储层产出流体的干度。由蒸汽表压力1MPa对应液态水的热焓为763kJ/kg,蒸汽的热焓为2777kJ/kg,请计算该热储层的生产热焓值。

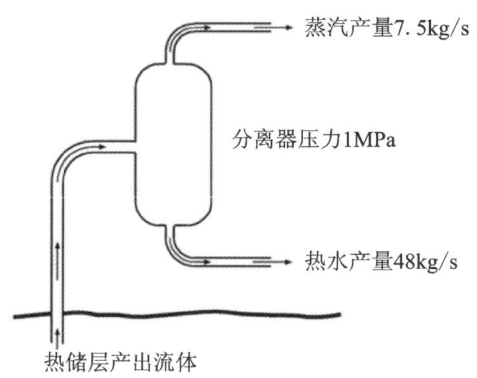

图2-6 热储试采流体(Grant and Bixley,2011)

已知水质量流量$W_w=48$kg/s,水蒸气质量流量$W_s=7.5$kg/s,水的热焓$H_w=762.5$kJ/kg,蒸汽的热焓$H_s=2777$kJ/kg。
热储系统试采过程中总质量流量为

$$W = W_w + W_s = (48+7.5)\text{kg/s} = 55.5\text{kg/s}$$

有$W_s = WX$,则干度为

$$X = \frac{W_s}{W} = \frac{7.5}{55.5} = 0.135\ 1$$

其中$X = \dfrac{H-H_w}{H_{sw}} = \dfrac{H-H_w}{H_s-H_w}$,则该热储的生产热焓值为

$$H = X \cdot H_{sw} + H_w = [0.135\ 1 \times (2777-763)+763]\text{kJ/kg} = 1035\text{kJ/kg}$$

按照生产热焓值可以把热储划分成以下几种类型,如表2-7所示。上述案例属于低焓热储(以液体为主的汽-液两相),热储温度范围可能在220~250℃之间。

表 2-7 按照生产热焓划分热储(曹倩等,2021)

类型	温度范围(℃)	生产热焓(kJ/kg)
中低温水热型	<120	<504
高温水热型	120~220	<943
低焓(以液体为主的汽-液两相)	220~250	943~1100
中焓(以液体为主的汽-液两相)	250~300	1100~1500
高焓(以液体为主的汽-液两相)	250~330	1500~2600
以蒸汽为主的汽-液两相	220~300	2600~2800

第3章 地热数值模拟

本章介绍单相流动和多相流动模型,包括质量守恒方程和能量守恒方程,以及地热开发过程中温度场-渗流场-力学场-化学场(热流固化)多场耦合、历史拟合的基本概念和基本原理。

3.1 单相流模型

质量守恒,也可以称为渗流的连续性方程,可以简单表述为某单元体(图 3-1)在一定时间内,渗流流入与流出的质量差等于单元体内质量的变化量(Chen,2007)。

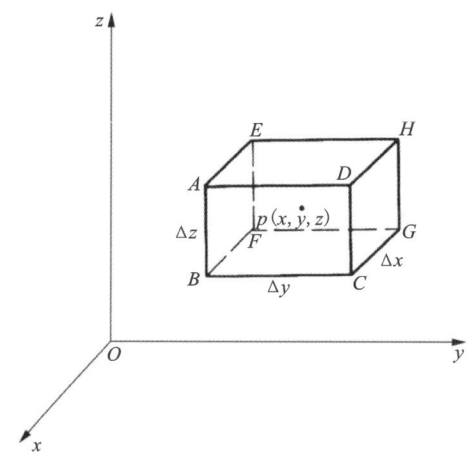

图 3-1 典型单元体示意图

图 3-1 为渗流区域内的典型单元体示意图,首先对单相流体沿 x 方向的一维流动进行描述。假设该流体从 $ABCD$ 面流入,达西流速为 u_1,密度为 ρ_1,从 $EFGH$ 面流出,达西流速为 u_2,密度为 ρ_2,单元体孔隙度为 φ,经过 Δt 时间之后,根据质量守恒定律可以得到

$$\varphi \Delta \rho_0 \Delta x \Delta y \Delta z = (\rho_1 u_1 - \rho_2 u_2) \Delta y \Delta z \Delta t$$

其中,密度单位为 kg/m^3;达西流速单位为 m/s;时间单位为 s。需要注意的是,达西流速表示的是通过整个横截断面的平均流速,它与孔隙中的流速 v 之间的关系为 $v = u/\varphi$。对上述公式两端同时除以 $\Delta x \Delta y \Delta z \Delta t$,可得

$$\varphi \frac{\Delta \rho}{\Delta t} = \frac{(\rho_1 u_1 - \rho_2 u_2)}{\Delta x}$$

当所取的典型单元体足够小且时间足够短时,则可以将上述公式中的差分格式转化为微分格式,据此可得到 x 方向的一维流动控制方程为

$$\varphi \frac{\partial \rho}{\partial t} = -\frac{\partial (\rho u)}{\partial x}$$

在笛卡尔直角坐标系下,将上述公式推广到 y 和 z 方向,同时考虑可能存在的源汇项,如流体的注入或开采,则可以得到

$$\varphi \frac{\partial \rho}{\partial t} = -\nabla \cdot (\rho u) + q$$

以上公式即为多孔介质中单组分单相流体质量守恒的基本微分方程。其中,从左至右的 3 项分别被称为质量变化项、通量项和源汇项。需要注意的是,在单组分单相流体质量守恒方程的推导过程中,假设流体密度可变、单元体大小不变,即岩石骨架不可收缩或膨胀。

对于以上质量守恒方程中速度 u 的计算,在多孔介质中一般采用达西定律进行刻画,其关系式为

$$u = -\frac{k}{\mu} \frac{\partial p}{\partial x}$$

在考虑重力的因素下,可以得到

$$u = -\frac{k}{\mu}(\nabla p - \rho g \nabla z)$$

在考虑储层岩石和流体的可压缩性的情况下,单相流的质量守恒方程为(Chen,2007)

$$\varphi \rho C_t \frac{\partial p}{\partial t} = \nabla \cdot \left[\frac{\rho}{\mu} k (\nabla p - \rho g \nabla z) \right] + q$$

$$C_t = C_f + \frac{\varphi_0}{\varphi} C_R$$

式中: k 为储层渗透率; μ 为流体黏度; p 为储层压力; g 为重力加速度; z 为储层深度; C_t 为总压缩系数; C_f 为流体压缩系数; C_R 为岩石压缩系数; φ 为储层孔隙度; φ_0 为参考压力条件下的储层孔隙度。

3.2 多相流模型

当储层中存在多组分多相流体时,如油、气、水三相流体共同存在,多相流体在储层中的渗流依然满足质量守恒定律(Chen,2007)。

其中油、气、水三相流体的分子摩尔密度为

$$\xi_\alpha = \sum_{m=1}^{N_c} \xi_{m\alpha}$$

油气水多相多组分中,某相 $\alpha = o, g, w$ 中某一组分 $m = 1, \cdots, N_c$ 的摩尔分数为

$$x_{m\alpha} = \frac{n_{m\alpha}}{n_\alpha}$$

油气水多相多组分的质量守恒方程为(Chen,2007)

$$\frac{\partial}{\partial t}\sum_{\alpha=w}^{g}x_{m\alpha}\xi_{\alpha}S_{\alpha} + \nabla \cdot \sum_{\alpha=w}^{g}x_{m\alpha}\xi_{\alpha}u_{\alpha} = \sum_{\alpha=w}^{g}x_{m\alpha}q_{\alpha}$$

$$\sum_{m=1}^{N_c}x_{m\alpha} = 1$$

$$S_o + S_g + S_w = 1$$

$$p_{cow} = p_o - p_w$$

$$p_{cgo} = p_g - p_o$$

油气水多相多组分的达西方程为

$$u_{\alpha} = -\frac{kk_{r\alpha}}{\mu_{\alpha}}(\nabla p_{\alpha} - \rho_{\alpha}g\nabla z)$$

上述单相流和多相流模型既适用于油气开发，又适用于地热开发。在地热开发的过程中，除了流体的渗流之外，还有岩石和流体之间的传热。热储注采过程中需要满足能量守恒，其表达式为(Chen, 2007)

$$\frac{\partial}{\partial t}\left(\varphi\sum_{\alpha=w}^{g}\rho_{\alpha}S_{\alpha}U_{\alpha} + (1-\varphi)\rho_s C_s T\right) + \nabla \cdot \sum_{\alpha=w}^{g}\rho_{\alpha}u_{\alpha}H_{\alpha} - \nabla \cdot (k_T \nabla T) = q_c - q_L$$

式中：α 为油、气、水（o、g、w）三相；ρ 代表岩石和流体的密度；S 为多相流体的饱和度；U 为单位质量的物质内能；φ 为孔隙度；C 为比热容；T 为温度；u 为流速；H 为热焓；k_T 为热导率；q_c 为一定时间内注入系统的热能；q_L 为一定时间内上覆盖层和下部岩层的热交换；t 为时间。

3.3 多场耦合

热储开发过程涉及温度场、渗流场、力学场、化学场（热流固化）等多场耦合。热储开发过程中的流体注采会破坏热储层内部原有的温度平衡、应力平衡、化学平衡(Gan et al., 2021; Li et al., 2016; Li et al., 2022; Yin et al., 2011)。如图3-2所示，流体注入到热储层多孔介质中会导致孔隙压力增加，引起热储层岩石有效应力的减少和应力场的变化(Bruno and Nakagawa, 1991)。相反，应力场的变化对热储层的孔隙度、渗透率和毛细管力有很大影响，从而影响深部热储层流体的运移(Ameen et al., 2010; Biot, 1955, 1956; Computer Modelling Group, 2019; Meng et al., 2011)。同时，注入的低温流体和高温热储层之间的温度差异可能会导致热对流、热传导等现象，引起热储层热应力的变化和基质的收缩，从而进一步改变热储层岩石的渗透率和孔隙度，甚至可以在热储层形成垂直于主裂缝的微裂纹（李维特等，2004；周大伟和张广清，2020）。温差应力可能引起温度急剧变化的岩石破裂，还可能引起地应力场的重新定向以及岩石和裂缝的形变（罗天雨和秦大伟，2020；Zhao et al., 2017; Zhao et al., 2015; Zhou et al., 2018）。相应地，应力场也会对温度场产生一定的影响，如应力场变化引起岩体结构改变时的变形生热，同时岩体的结构变形会影响孔隙内部的导热性能（曲占庆等，2019；Hueckel and Borsetto, 1990; Cui et al., 2000）。除此之外，注入流体与热储层流体矿化度差异将导致热储层相应的矿物发生溶解或沉淀(Zhou et al., 2016; Gaus, 2010)，从而改变流体的渗流路径、岩体的物理性质及岩石表面的润湿性，间接地对渗流场和应力场产生影响(Fan et al.,2019;Zhou et al.,2022;Zhang et al.,2015)。地球化学反应可分为地层水相的平衡反应与矿物的动力学反应,主要受温度、离子活度、浓度、电荷、矿物反应表面积、活化能等因素的影响,因此应力场不会直接对化学场产生作用。但应力场可通过改变渗流场中的压力,进而改变离子浓度的方式来影响化学场。

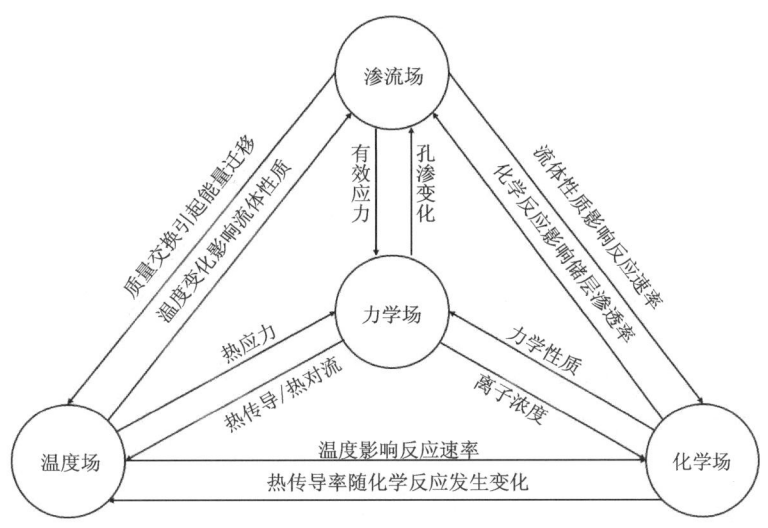

图 3-2 热流固化耦合相互作用示意图

热流固化多场耦合作用的相关研究及程序、软件如表 3-1 和表 3-2 所示。

表 3-1 热-流-固-化(T-H-M-C)多场耦合相关研究

研究	热流固化(THMC)多场耦合	主要研究内容
姜宏,2018	HM	以阿尔及利亚 In Salah 咸水层碳封存项目为例,揭示了力学场和渗流场耦合过程的主控因素
Rutqvist et al.,2002;Rutqvist et al.,2007;Rutqvist,2012;Rinaldi and Rutqvist,2013	HM	基于 TOUGH2 和 FLAC3D 软件,分析碳封存项目中 CO_2 运移和压力上升、盖层力学变化、最大 CO_2 持续注入压力和 In Salah 场地 CO_2 注入后的地表位移
刘夏临等,2022;李静岩等,2019;Chin et al.,2000;Han and Dusseault,2003;Raghavan and Chin,2002;Celis et al.,1994;Minkoff et al.,2003	HM	力学场与渗流场耦合作用会影响基质和裂缝的孔隙度、渗透率,从而影响 CO_2 采热和封存
Varre et al.,2015	MC	由于矿物溶解、沉淀等地球化学过程对储层岩石孔隙度影响不显著,力学场和化学场的耦合对 CO_2 封存的结果没有显著影响

续表 3-1

研究	热流固化(THMC)多场耦合	主要研究内容
Marbler et al.,2013	MC	浸泡过超临界 CO_2 之后,North German 盆地的砂岩岩石强度参数降低,岩石弹性变形行为和有效孔隙度均发生变化
Raza et al.,2016	MC	通过 CO_2 注入 Berea 砂岩样品实验,发现方解石和黏土的溶解/破裂,导致岩石弹性参数降低
Fuchs et al.,2019	MC	超临界 CO_2 咸水体系的岩石样品实验表明,黏土从石英和长石颗粒表面剥离,导致岩石基质的弱化。岩石断裂韧性在 4 周后降低了 32.1%,8 周后降低了 69.5%
Vilarrasa et al.,2017;Segall and Fitzgerald,1998	TM	CO_2 注入储层导致的应力变化线性热弹性力学方程,即多孔介质的线弹性应变是总应力、上覆岩层应力和温度的函数
Roy et al.,2018	TM	即使地层与注入的 CO_2 之间存在较大的温差,具有较大的有效水平应力的地层也可以有效防止泄漏路径的扩展
Tao et al.,2019	TM	注入 CO_2 的初始压力和温度在短期内对渗透率有较大影响。CO_2 注入温度升高可以减少裂缝中的矿物沉淀,增强基质和孔隙中的矿物溶解,但也容易导致裂缝的闭合
唐世斌等,2006	TM	建立了岩石的热破裂模型,该模型可以再现岩石的热破裂过程并用于碳封存裂缝失稳研究
Garcia et al.,2016;Rutqvist et al.,2016	TM	CO_2 提高地热采收率系统中,注入的低温 CO_2 流体的冷冲击、压裂液的压力和原有裂缝的重新打开有助于形成大规模裂缝网络
Tomac and Gutierrez,2014	TM	CO_2 提高地热采收率系统中,注入低温 CO_2 和热储层的温差引起的热应力形成垂直于主裂缝的微裂纹
Wei et al.,2015	TM	在热应力作用下,低温流体的注入有助于近井周围形成微裂缝
郭亮亮,2016	TM	30cm×30cm 增强型地热系统实验表明,采用低温水的剪切刺激更有利于裂缝扩展,增强改造效果
Li et al.,2018	TM	CO_2 压裂起裂产生的热应力与岩石强度相当,有助于诱发微裂缝。高杨氏模量、低泊松比、低渗透率、高温度的储层更有利于开展 CO_2 压裂
谢昕,2020	TM	干热岩生产前期导流能力上升主要受孔隙压力影响,后期主要受热应力影响

续表 3-1

研究	热流固化(THMC)多场耦合	主要研究内容
王慧民,2020	THM	通过耦合两相流、多孔介质变形和传热与焦耳-汤姆森效应,分析了注入 CO_2 的温度变化和流动规律
雷宏武等,2015	THM	基于 Biot 理论在 TOUGH2 中考虑力学影响,分析了由 CO_2 注入引起储层应力、温度及地层位移等的变化
Zhou et al.,2016	HMC	注入 CO_2 后,由于有效围压减小,观察到瞬时体积变化对蠕变应变和渗透率的影响显著
Yin et al.,2011	THMC	有限元结果表明,热流固化耦合模型可以成功地分析受热和化学反应影响的井筒周围岩石的应力与压力变化

表 3-2 热流固化多场耦合程序及软件(Pandey et al.,2018)

程序	多场耦合	适用范围
DuMu^x	TH	地热开发,CO_2 封存
FEFLOW	TH	多孔介质渗流,地热开发
MRST	TH	油气和地热开发,CO_2 封存
TOUGH/TOUGH2	TH	多孔介质渗流,水合物,地热开发
PFLOTRAN	THC	地热开发,CO_2 矿化反应
TOUGHREACT	THC	地热开发,CO_2 矿化反应
COMSOL Multiphysics	THM	多孔介质渗流,地热开发
Fluent	THM	地热开发,多孔介质渗流
FLAC3D	THM	地热开发,CO_2 封存
CMG	THMC	油气和地热开发,CO_2 封存,水力压裂
OpenGeoSys	THMC	地热开发,CO_2 封存
Petrel/Eclipse/Intersect	THMC	多孔介质渗流,CO_2 封存,地热开发
HiSim	THMC	油气和地热开发,CO_2 封存,水力压裂
COMPASS	THMC	页岩油气,CO_2 封存,水力压裂
TIGER	THMC	多孔介质渗流,CO_2 封存,地热开发
tNavigator	THMC	多孔介质渗流,并行计算

以 CO_2 开发地热为例,热流固化多场耦合的数学模型如下(Chen,2007;Computer Modelling Group,2019)。

(1)渗流场模型基于质量守恒方程以及达西定律

$$\frac{\partial}{\partial t}\sum_{\alpha=w}^{g} x_{m\alpha}\xi_{\alpha}S_{\alpha} + \nabla \cdot \sum_{\alpha=w}^{g} x_{m\alpha}\xi_{\alpha}u_{\alpha} = \sum_{\alpha=w}^{g} x_{m\alpha}q_{\alpha}$$

式中：t 为时间；$x_{m\alpha}$ 为摩尔百分比；ξ_α 为分子密度；S_α 为饱和度；u_α 为速度；q_α 为流量；α 为气相、液相。

$$u_\alpha = -\frac{k_{r\alpha}}{\mu_\alpha} k (\nabla p_\alpha - \rho_\alpha g \nabla z)$$

式中：$k_{r\alpha}$ 为相对渗透率；μ_α 为黏度；k 为渗透率；p_α 为压力；ρ_α 为流体密度；g 为重力加速度；z 为深度。

（2）温度场模型基于能量守恒方程

$$\frac{\partial}{\partial t}\left(\varphi \sum_{\alpha=w}^{g} \rho_\alpha S_\alpha U_\alpha + (1-\varphi)\rho_s C_s T\right) + \nabla \cdot \sum_{\alpha=w}^{g} \rho_\alpha u_\alpha H_\alpha - \nabla \cdot (k_T \nabla T) = q_c - q_L$$

式中：φ 为孔隙度；U_α 为内能；ρ_s 为岩石密度；C_s 为岩石比热容；T 为温度；H_α 为热焓；k_T 为热导率；q_c 为热补充；q_L 为热损失。

（3）力学场模型基于应力应变方程

$$\frac{\partial}{\partial t}\left[\varphi \rho_f (1-\varepsilon_v)\right] - \nabla \left[\rho_f \frac{k}{\mu}(\nabla p - \rho_f b)\right] = Q_f$$

$$\varphi_{res} = \varphi(1-\varepsilon_V)$$

式中：ρ_f 为流体密度；ε_v 为体积应变；b 为单位质量的流体所造成的体积力；Q_f 为流量；φ_{res} 为应力变化所造成的体积应变条件下的储层孔隙度；其他字母含义同前。

化学场模型考虑了二氧化碳溶解、盐析以及矿物质的溶解与沉淀。

①CO_2 溶解方程

$$\ln H_i = \ln H_i^* + \frac{\bar{v}_i (p - p^*)}{RT}$$

式中：H_i 为组分 i 在压力 p 和温度 T 条件下的亨利常数；H_i^* 为组分 i 在参考压力 p^* 和温度 T 条件下的亨利常数；$\bar{v}_i$ 为组分 i 的偏摩尔体积；p^* 为参考压力；R 为气体常数。

②盐析方程

$$\ln \frac{H_{salt,j}}{H_j} = k_{salt,j} m_{salt}$$

式中：$H_{salt,j}$ 为盐水中成分 j 的亨利常数；H_j 为盐度为零时成分 j 的亨利常数；$k_{salt,j}$ 为成分 j 的盐析系数；m_{salt} 为溶解的盐的质量摩尔浓度。

③矿化反应方程

$$\gamma_\beta = \hat{A}_\beta k_\beta \left(1 - \frac{Q_\beta}{K_{eq,\beta}}\right)$$

$$k_\beta = k_{0\beta} \exp\left[-\frac{E_{\alpha\beta}}{R}\left(\frac{1}{T} - \frac{1}{T_0}\right)\right]$$

$$\hat{A}_\beta = \hat{A}_\beta^0 \cdot \frac{N_\beta}{N_\beta^0}$$

式中：γ_β 为反应速率；$\hat{A}_\beta$ 为矿物 β 反应表面积；k_β 为矿物 β 的反应常数；Q_β 为溶液化学平衡反应式的活度积；$K_{eq,\beta}$ 为矿物 β 的化学平衡常数；$\frac{Q_\beta}{K_{eq,\beta}}$ 为矿物溶解与沉淀反应的饱和系数，$\frac{Q_\beta}{K_{eq,\beta}} < 1$

为矿物质溶解反应，$\frac{Q_\beta}{K_{eq,\beta}} > 1$ 为矿物质沉淀反应；$E_{a\beta}$ 为活化能；$k_{0\beta}$ 为矿物 β 在参考温度 T_0 的反应常数；$\hat{A}_\beta^0$ 为初始状态的反应表面积；N_β 为矿物 β 随时间变化的摩尔数；N_β^0 为初始时间矿物 β 随时间变化的摩尔数。

$$\hat{\varphi}^* = \varphi^* - \sum_{\beta=1}^{n_m}\left(\frac{N_\beta}{\rho_\beta} - \frac{N_\beta^0}{\rho_\beta^0}\right)$$

$$\varphi = \hat{\varphi}^*\left[1 + c_\varphi(p - p^*)\right]$$

式中：φ 为孔隙度；φ^* 为无矿物溶解、沉淀反应的参考孔隙度；$\hat{\varphi}^*$ 为考虑矿物溶解、沉淀反应的参考孔隙度；ρ_β 为矿物分子密度；ρ_β^0 为初始时间的矿物分子密度；c_φ 为岩石压缩系数；其他字母含义同前。

$$\frac{k}{k^0} = \left(\frac{\varphi}{\varphi^0}\right)^3 \cdot \left(\frac{1-\varphi^0}{1-\varphi}\right)^2$$

式中：k^0 为初始渗透率；φ^0 为初始孔隙度；k 为渗透率；φ 为孔隙度。

3.4 历史拟合

理想状态下，不同深度的热储层渗透率、孔隙度、含水饱和度、热导率、岩性等在各个方向都保持一致，理想模型如图 3-3(a)所示。然而在地热开发过程中，由于地热储层环境复杂，不同岩性在平面和垂向上的分布状况、孔隙度、渗透率、含水饱和度、压力、温度等存在各向异性，实际地质模型如图 3-3(b)所示。因此，在数值模拟过程中，需要构建能够反映地热田真实热储层状况的三维地质模型，以确保模拟结果的准确性。

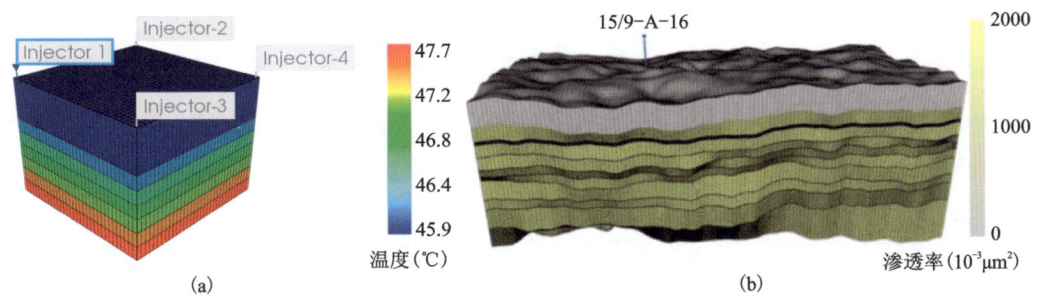

图 3-3 理想模型(a)和实际地质模型(b)（Zhang et al., 2022; Zhang et al., 2023）

以 Petrel 软件和 CMG 软件开展地质建模和数值模拟历史拟合为例，在使用 Petrel 软件完成地质建模的过程中，需要利用地震、测井、岩芯、钻井资料建立构造模型、沉积相模型、属性模型等地质模型。热储层的地质参数包括渗透率、孔隙度、饱和度、压力、温度、热导率等，这些参数存在一定的不确定性。此外，热储开发过程中的工程参数包括注采井之间的井距、井的工作制度，如回灌流体的温度、回灌流量等，也会存在一定的不确定性。这些不确定性会导致热储模型在开展数值模拟的过程中与实测数据存在差异（Franco and Vaccaro, 2014）。将 Petrel 软件所建的三维地质模型以 Rescue 文件格式导出，新建一个 CMG 格式的模型导入 Rescue 格式文件，开展数值模拟，并进行历史拟合验证。数值模拟历史拟合是将已有的三维地质模型中的热储地质参数和工程参数不断地调整的过程,通过模拟热储开发过程中的动态变化,如热储层的压力、温度、产量变化等,与实测数据进行比较。通过数值模拟拟合日本Hatchobaru热储开发30年的热储温度和压力变化(图3-4)可知,每一个热储都有独特的特征。对于地热开发工作者来说,热储模型需要通过拟合长期的历史开发数据来不断地校正热储模型,确保建立的热储地质模型能够反映实际地质特征,进行采灌参数的模拟,确定合理的采灌方式。

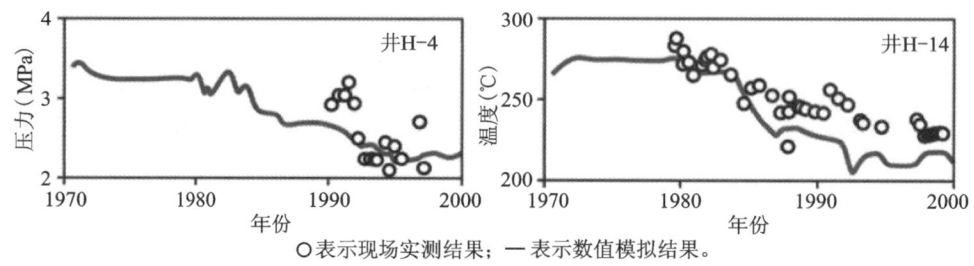

图3-4 Hatchobaru热储开发数值模拟历史拟合(Grant and Bixley,2011)

当根据实际生产数据进行历史拟合时,实际生产数据与数值模拟结果的吻合程度可以用相关系数R^2来评价,R^2值越接近1,表明吻合程度越高,越接近0,则表明吻合程度越低。当$R^2>90\%$时,一般认为数值模拟结果的准确度可以接受,历史拟合的精度需求应当根据拟合井的数量以及拟合曲线的数量(如温度、压力、饱和度、注采量等)适当调整(Zhang and Lau,2022)。

$$R^2 = 1 - \frac{\sum_{i=1}^{n}(Y_i^{数值模拟} - Y_i^{实际生产})^2}{\sum_{i=1}^{n}(Y_i^{数值模拟} - \overline{Y_i^{实际生产}})^2}$$

$$\overline{Y_i^{实际生产}} = \frac{1}{n}\sum_{i=1}^{n}Y_i^{实际生产}$$

在如下的两个热储开发数值模拟案例中,热储实际每天产水量与数值模拟每天产水量的对比结果如图3-5所示。

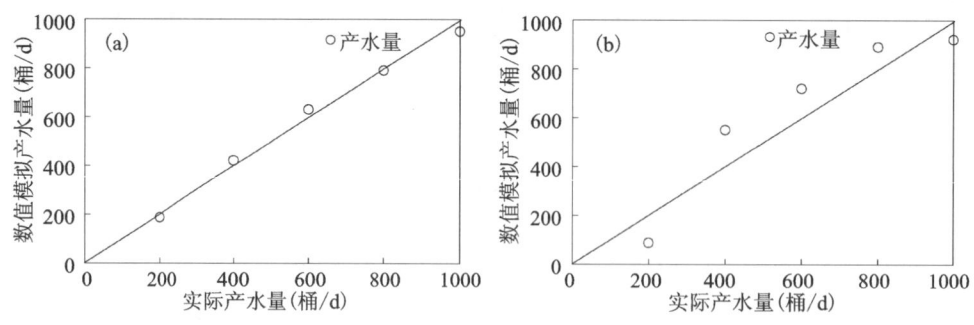

图3-5 热储开发数值模拟历史拟合案例1(a)和案例2(b)(1桶≈158.9L)

案例1和案例2的R^2计算结果如表3-3和表3-4所示,案例1的数值模拟结果较为准确,可以进一步用于热储开发生产预测。

表 3-3 案例 1 历史拟合误差分析

案例 1 历史拟合	实际产水量（桶/d）	数值模拟产水量（桶/d）	计算	（数值模拟产量－实际产量）^{2}	（数值模拟产量－实际产量平均值）^{2}	R^2
1	1000	950		2500	122 500	
2	800	790		100	36 100	
3	600	630		900	900	
4	400	420		400	32 400	
5	200	187		169	170 569	
平均值	600	595.4	总计	4069	362 469	99%

表 3-4 案例 2 历史拟合误差分析

案例 2 历史拟合	实际产水量（桶/d）	数值模拟产水量（桶/d）	计算	（数值模拟产量－实际产量）^{2}	（数值模拟产量－实际产量平均值）^{2}	R^2
1	1000	920		6400	102 400	
2	800	890		8100	84 100	
3	600	720		14 400	14 400	
4	400	550		22 500	2500	
5	200	87		12 769	263 169	
平均值	600	633.4	总计	64 169	466 569	86%

第4章 地热开发

本章主要介绍了地热开发实例。地热供暖制冷案例包括中国雄安地热供暖项目、加拿大 Alderney 地热制冷项目；水热型地热开发案例包括中国羊八井地热田、美国 Geysers 地热田、意大利 Larderello 地热田、肯尼亚 Olkaria 地热田；干热岩地热开发案例包括中国共和盆地恰卜恰干热岩、法国 Soultz 干热岩、美国 FORGE-Milford 干热岩、澳大利亚 Cooper 盆地 Habanero 干热岩。

4.1 地热供暖制冷

4.1.1 雄安地热供暖

雄安新区包括容城地热田、雄县地热田（牛驼镇地热田）、高阳地热田。热储层主要为寒武系—奥陶系砂岩热储、雾迷山组和高于庄组碳酸盐岩热储。就地下3000m以浅的深度而言，存在3类地热资源和热储层可供利用。浅层地热能位于地下200m以浅，可与地源热泵技术相结合，达到节能减排目的。地源热泵供暖效率通常比普通空调高4倍，比空气源热泵高2倍。此类地热资源的利用采用地埋管换热方式，不破坏环境，节电、节煤效果显著。砂岩热储位于地下200~3000m深度范围内，可以采用抽水加回灌的方式加以利用，采出的热水可用于供暖，替代燃煤以减少二氧化碳排放。不过，此类热储层存在一定局限性，主要缺点是在一些地区回灌比较难，甚至有些热储层只有30%的回灌率，即每开采100m³热水，只有30m³左右可以顺利回灌到地下。剩下的部分若排放到地表水体，则会带来污染，达不到清洁能源的要求。因此，此类地热资源应该慎用，可以实行以灌定采的策略加以调控。碳酸盐岩热储位于地下1000~3000m深度范围内，其中中、古元古界岩溶特别发育，形成大型岩溶热储，可用于供暖。在雄安新区，广泛分布着元古宇雾迷山组白云岩热储，总厚度可达数千米，千米深处的地层温度在60℃以上。它最大优点是出水量大，尾水可以100%回灌到地下，实现地热资源的可持续利用。雄安新区以上3种类型地热资源的储量计算结果如表4-1所示（李曼等，2023；庞忠和等，2017）。

以雄安地热供暖项目为例，在开展大量的水文地质、地球物理与地球化学等工作基础上，建立了以牛驼镇地热田为代表的雄安新区地热资源的"二元聚热"成因模式（图4-1）。其中"一元"是岩石热导率因素，另外"一元"是盆地尺度地下水循环因素。渤海湾盆地丰富的地热资源正是在这两种机制耦合作用下,通过地热再分配而聚集形成的。雄安新区地热资源的传热方式在新生界盖层以热传导为主,在基岩储层则以热对流为主,属于对流-传导型地热系统。大型岩溶热储层以蓟县系为主,上覆第四系和新近系为其盖层。其中的地下水循环属于相对独立的系统。

表 4-1　雄安新区地热资源储量估算(庞忠和等,2017)

地热资源参数	浅层地热能	砂岩热储	碳酸盐岩热储
深度(m)	0~200	200~3000	1000~3000
地热资源量(10^{16} kJ)	—	66.6	77.4
折合标煤(10^9 t)	—	227.7	264.1
可回收热量(10^{16} kJ)	0.1	16.65	19.35
折合标煤(10^9 t)	0.4	56.8	66

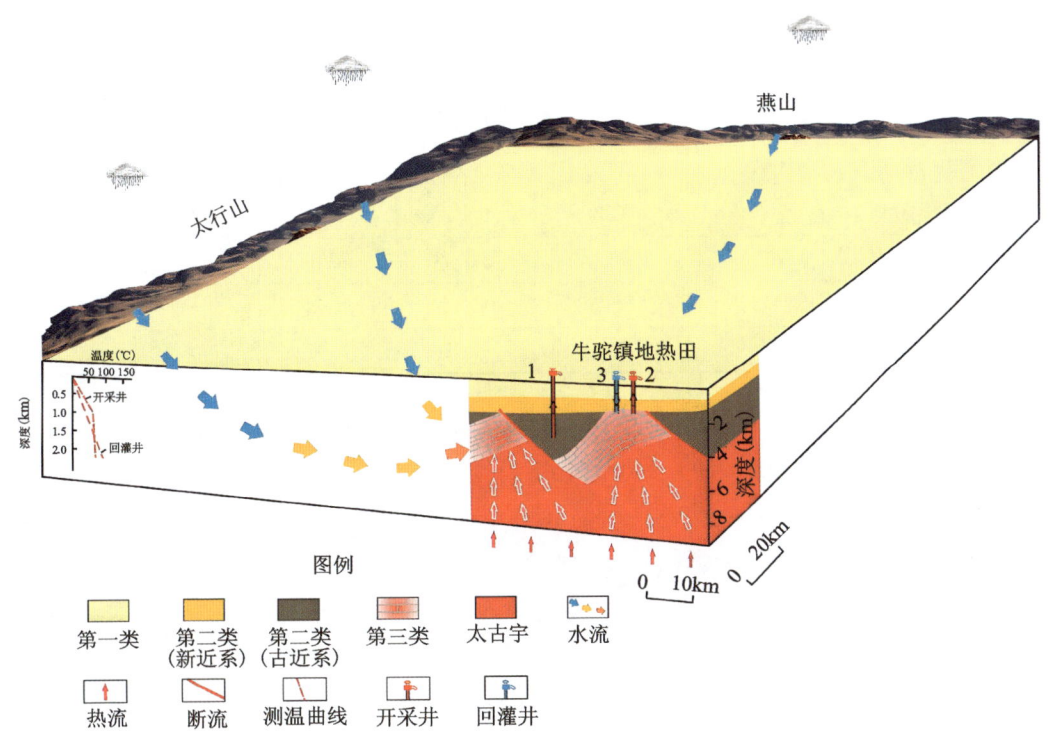

图 4-1　雄安新区深层地热资源"二元聚热"成因模式图(庞忠和等,2017)

雄县 14 口地热井抽水试验资料如表 4-2 所示,雄县范围内的热储具有良好的渗透性,雄县地热井具有良好的出水能力,一般出水量在 50m³/h 以上,有时甚至可以达到 80m³/h 以上(袁清和刘金侠,2015)。

表 4-2 雄县地热井热储出水量(袁清和刘金侠,2015)

井号	热储	热储埋深(m)	热储厚度(m)	降深(m)	出水量(m³/h)	出水温度(℃)	渗透系数(m/d)
94-7	雾迷山组	1073	188	24.2	63.2	68	0.186
				20.1	51.28	66.5	0.220 8
Rn2	明化镇组	590	64	6.22	73.66	55~57	0.648 6
				8.9	91.11	58	0.467 2
94~10	雾迷山组	1056	137	17.2	80.8	67	0.254 9
				14.2	69	66.6	0.304 2
9717	雾迷山组	799	187	11.2	32.51	57	0.378 3
				14.1	40.35	57	0.306 1
世-1	雾迷山组	1026	176	14.48	80	68.5	0.298 7
9903	雾迷山组	1014	12	15.7	60.5	68	0.277 3
				10	42.47	68	0.419 8
0203	雾迷山组	1066	134	34.63	69.74	69	0.133 5
0303	雾迷山组	991	108	16.15	65	70	0.270 2
0307	雾迷山组	881	126	8.16	88	71	0.505 9
0408	雾迷山组	1034	216	9.25	63	69	0.451
R3	雾迷山组	1078	122	9.32	78.84	83.3	0.447 8
R2	雾迷山组	1013	111	10.4	22.6	77	0.405
R1	雾迷山组	971.8	258.38	13	64.11	—	0.329 9
9803	馆陶组	945	306	12.2	50	50.5	0.349 7

雾迷山组碳酸盐岩热储层地热水化学类型为 NaCl 型,气体主要成分为 CH_4、N_2、CO_2,其中 CO_2 为碳酸盐岩热变质的成因。热成因 CO_2 对深部碳酸盐岩储层的岩溶发育起到了促进作用。根据化学热力学地温计算结果,目前开采层位地热水温度为 66~108℃。2016 年,雄县县城人口 9 万,拥有地热井 68 口,其中回灌井 24 口,形成供暖能力 450 万 m^2,基本实现了地热集中供暖全覆盖。雄县地热供暖示范工程是我国第一个用地热供暖替代燃煤实现"无烟城"建设的项目。雄县供暖实现了近 100% 回灌,做到了取热不取水。示范工程的亮点包括地热供暖城区全覆盖,项目规模世界上最大(供暖能力 450 万 m^2,现状运行 280 万 m^2,惠及 9 万人口),单井平均供暖能力高达 10 万~15 万 m^2,尾水原水实现全额同层回灌。雄县地热田回灌始于 2010 年,截至 2016 年底,雄县地热田的累计回灌量已达到 2383 万 m^3。地热尾水的回灌避免了地表排放带来的污染,有效地减缓了热储压力的下降以及热储水位的下降(图 4-2)。采用数值模拟技术,模拟热储的温度和压力对不同采灌情景的响应,以回灌带来的开采水温下降与水位下降所产生的最小损失为目标函数,确定雄县地热田在对井模式下,采灌井最优井距为 400m(庞忠和等,2017)。

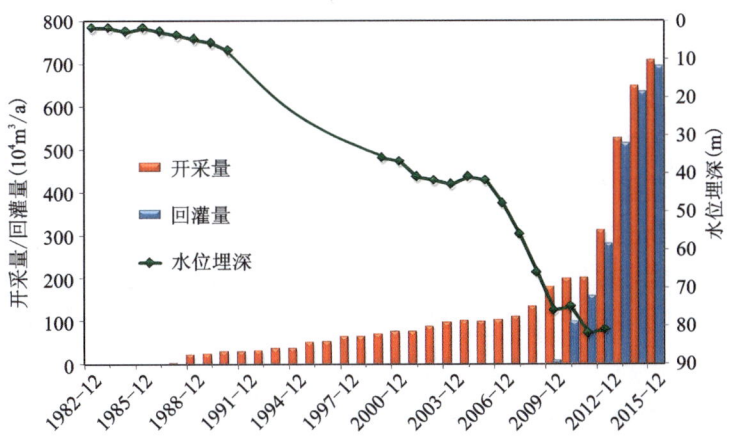

图 4-2 雄县地热田地热水采灌量与地热井水位变化(庞忠和等,2017)

雄安新区岩溶热储层的非均质性强,采灌井之间的连通性不易确定。示踪技术可以量化地热流体运移参数,有效刻画热储层流体运移的特征,并研究回灌井和开采井之间的水力联系。自 2011 年起,雄县地热田共进行了 3 次群井示踪试验,成功获取了试验区内岩溶储层采灌井之间连通性的有效参数。试验结果揭示了回灌井不同方向的渗流速度,并指出了采灌井之间连通性好的方向(图 4-3)。示踪剂回收率较高的地方即为优势通道区位。

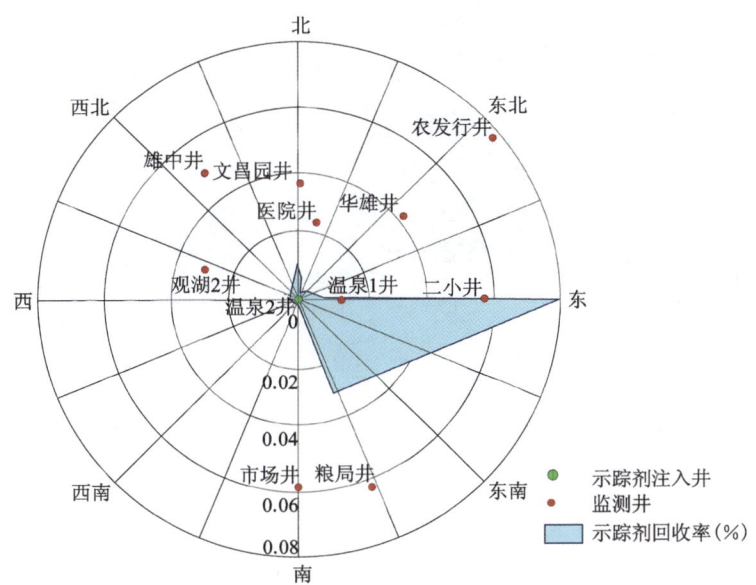

图 4-3 雄县地热田 2013 年示踪试验示踪剂回收率雷达图(庞忠和等,2017)

雄安新区的地热资源丰富,特别是岩溶热储面积广、储量大、水质好、温度高、易采易灌,有利于地热开发利用。在地热资源利用方面,应该根据地热资源条件和供暖需求,采取因地制宜、深浅结合的开发利用策略。对于容积率比较低的住宅区,可采用浅层地热能供暖,地源热泵作为一种新型节能技术,在合理协调地下空间的前提下,应得到充分利用;而在集中办公区域,则更适宜采用中深层地热能供暖。2009—2014年中国石化新星公司累计投入2.7亿元,投资回报率约5%,回收期约为8年。在此期间,雄县地热开发项目每年可替代标准煤9万t,实现碳减排22.5万t,并提供了150个就业岗位。与燃煤供暖相比,地热供暖每年可节省供暖费用1500万元(袁清和刘金侠,2015)。

地热开发数值模拟有助于优化雄安新区地热田开发注采参数,提高中深部地热田开发效率。以雄安新区容城凸起为例建立的三维地质模型如图4-4和表4-3所示,模型范围在水平方向上选择断裂带等自然边界为区域边界,如东边的容城断裂、南边的徐水断裂等;在垂直方向上,根据三维地质模型开展数值模拟,模型面积约300km^2,深度6000m,地层从上往下依次为第四系(Q)、新近系(N)、古近系(E)、寒武系(∈)、蓟县系(Jx)、长城系(Ch)和太古宇(Ar)。主要开采热储为蓟县系雾迷山组(Jxω)和长城系高于庄组(Chg)。使用COMSOL Multiphysics数值模拟软件将地热井周围和热储层的网格细化,共剖分单元约40万个。边界条件主要涉及注入井、生产井和地层边界3个部分。模型顶面温度边界设为年平均气温,侧面设为温度开边界和水位边界,底面设为温度开边界和不透水边界。根据多年气象及有关地热地质资料,确定恒温带深度为25m,恒温带温度为14.5℃,用研究区地温梯度、恒温层的温度以及各个单元的高程计算每个节点的初始温度和初始压力(胡秋韵等,2020)。

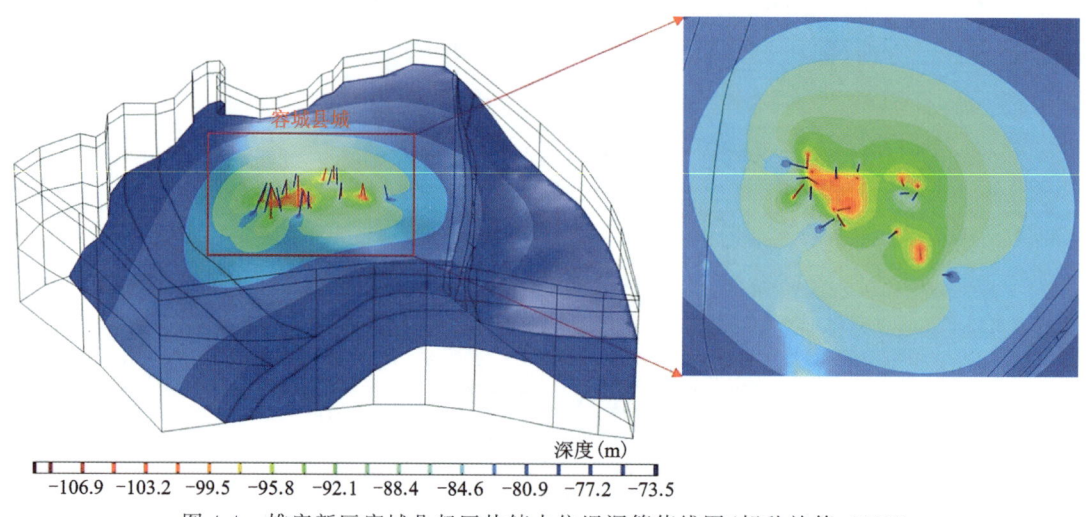

图4-4 雄安新区容城凸起区热储水位埋深等值线图(胡秋韵等,2020)

表4-3 模型参数取值列表(胡秋韵等,2020)

序号	地层	分段	岩石密度 (kg/m^3)	岩石比热容 [J/(kg·℃)]	孔隙度 (%)	渗透率 ($10^{-3}\mu m^2$)	热导率 [W/(m·℃)]
1	第四系(Q)		1918	1380	35	10	1.5
2	新近系(N)		2500	1800	30	0.8	1.6
3	古近系(E)		2500	1800	30	0.8	1.6
4	寒武系(∈)		2650	1300	4	5	2.6

续表 4-3

序号	地层	分段		岩石密度 (kg/m³)	岩石比热容 [J/(kg·℃)]	孔隙度 (%)	渗透率 ($10^{-3}\mu m^2$)	热导率 [W/(m·℃)]
5	蓟县系雾迷山组 (Jxω)	斜坡区	上段 (0~190m)	2870	1180	5	20	5.2
			中段 (190~610m)	2870	1180	3	2	5.2
			下段 (610~980m)	2870	1180	2	0.5	5.2
		凹陷区	上段 (0~190m)	2870	1180	5	20	5.2
			中段 (190~610m)	2870	1180	3	2	5.2
			下段 (610~980m)	2870	1180	2	0.5	5.2
6	长城系高于庄组 (Chg)	上段(0~380m)		2870	1200	2	2	5.2
		下段(380m以深)		2870	1200	1	0.5	5.2
7	太古宇(Ar)			2700	1100	1	0.1	3.1

将容城地热田划分为若干地热开采区,包含特色小镇片区(供暖需求较小,地热开采量较小)、容东片区(供暖需求大,地热开采量较大)和核心区(供暖需求大,地热开采量大)。容东片区为本次地热开发模拟的重点区域,通过在各开采区内合理布置采灌井,评价容东片区年可采热量能满足的供暖需求面积。评价标准为:10 年地下水位下降小于 5m,单井地下水位不低于 150m,开采井 100 年水温下降小于 2℃。考虑到容东片区内需留出建筑范围,故将采灌井布置在容东片区周边,区内共布置地热井 125 口。模拟工况主要考虑不同采灌量对可采地热资源量的影响,对应工况 1、工况 2、工况 3 开采量取值分别为 100m³/h、150m³/h 和 200 m³/h。

研究区内共有两口监测井,分别是位于容东片区范围内的 RD1 井以及容东片区西北方向的 D11 井,D11 井在 2018-10-23—2018-10-30 期间进行过一次抽水试验,历时 166h;RD1 井在 2018-11-22—2018-11-27 期间进行过一次抽水试验,历时 156h。容城县城附近多年的采灌不均衡造成较为严重的地下水位下降。从图 4-5 可以看出,模拟水位与抽水试验监测水位数据基本吻合,可利用该模型进行后续的热储开发预测。

工况 1(开采量 100m³/h)计算结果如图 4-6(a)所示,由于容东片区采灌井间距大于 3km,在 100 年的开采时间里,冷锋面没有到达开采井,即开采井不会发生热突破。水位埋深最大值为 148.2m,小于评价准则的 150m。在这种布井方式下,容东片区地热井系统可成功开采

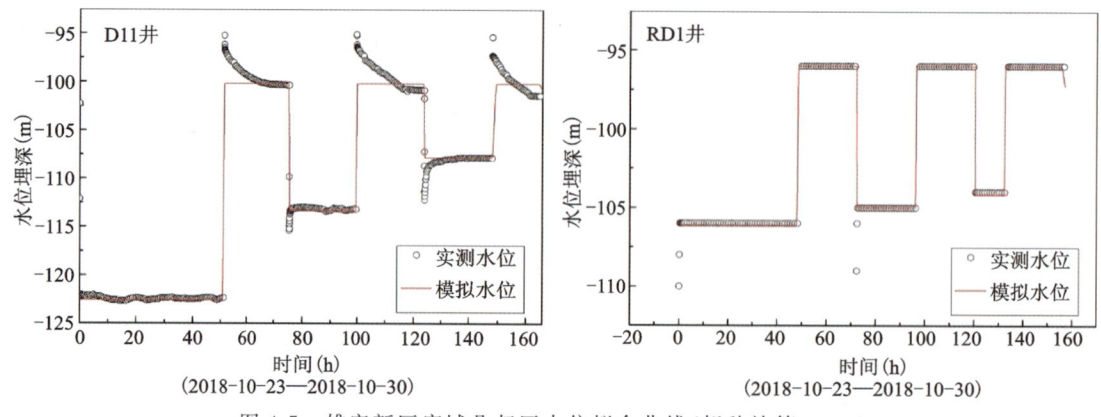

图 4-5　雄安新区容城凸起区水位拟合曲线(胡秋韵等,2020)

100 年。工况 2(开采量 150m³/h)计算结果如图 4-6(b)所示,即使增大了开采量,但由于容东片区采灌井间距大于 3km,在 100 年的开采时间里,冷锋面仍没有到达开采井,即开采井不会发生热突破。但由于增大了开采量,其水位埋深最大值为 173.8m,在这种布井方式下,容东片区的水位超过了现有评价准则中的 150m。工况 3(开采量 200m³/h)计算结果如图 4-6(c)所示,与工况 2 的模拟结果类似,由于增大了开采量,其水位埋深最大值为 198.2m,大于评价准则的 150m。

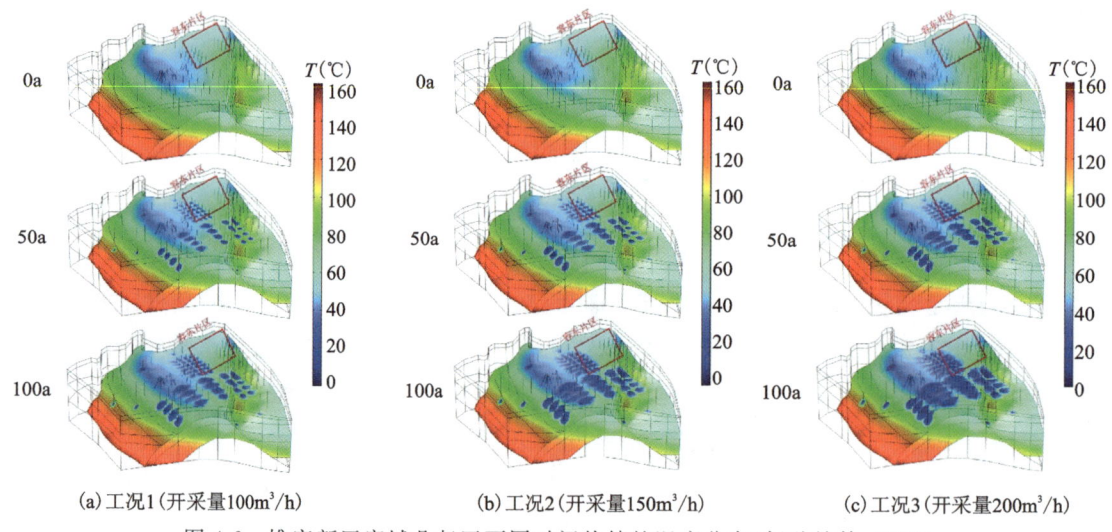

(a) 工况1(开采量100m³/h)　　(b) 工况2(开采量150m³/h)　　(c) 工况3(开采量200m³/h)

图 4-6　雄安新区容城凸起区不同时间热储的温度分布(胡秋韵等,2020)

根据研究区在预设情景下开采 100 年的模拟结果,通过模拟不同开采量下(100m³/h、150m³/h、200m³/h)温度场变化情况,3 种不同采灌工况下雾迷山组热储的可采热量及供暖面积如表 4-4 所示。只有工况 1 能满足设定的地热资源开发利用评价准则,地热资源开采量为 8.53×10^{14} J/a,折合标准煤 2.91 万 t,可提供约 240.9 万 m² 的供暖面积,模型中开采井、回灌井分区布置,不仅可以避免热突破,而且对于渗透性良好的热储层,地热尾水可快速补给至开采区,能有效维持热储压力。

表 4-4　雾迷山组热储开发数值模拟计算结果(胡秋韵等,2020)

模拟工况	热突破时间(a)	水位埋深(m)	开采热量(J/a)	可供暖面积(万 m²)
1	100	148.2	8.53×10^{14}	240.9
2	100	173.8	1.02×10^{15}	361.4
3	100	198.3	1.78×10^{15}	481.9

4.1.2　Alderney 地热制冷

加拿大奥尔德尼(Alderney)地热制冷项目包括 5 栋建筑,约 3 万 m²。如图 4-7 所示,5 栋建筑包括奥尔德尼门、奥尔德尼图书馆、旧达特茅斯市政厅、奥尔德尼登陆处和达特茅斯渡轮码头。

图 4-7　奥尔德尼(Alderney)地热制冷项目大楼和邻近停车场(Raymond,2012)

传统的制冷方式依靠安装在屋顶的中央空调运行来实现制冷,新安装的制冷系统将采用地下储热技术。地下储热系统由 80 个井筒组成,每个井筒宽度为 11.5cm,井筒最深处达 150m。每年 7—9 月夏季为制冷高峰期,地下储热系统利用温度较低的海水实现制冷。为实现直接制冷,海水的温度需要低于 9℃。每年哈利法克斯港海水的温度变化曲线如图 4-8 所示。每年夏季,哈利法克斯港海水的温度均超过 9℃,最高可达约 16℃。每年 1—5 月海水的温度低于 6℃。温度较低的海水可以为井筒周围的基岩降温,夏季时,这些经过降温的基岩可以吸收奥尔德尼 5 栋建筑的热量。地下储热系统巧妙地利用了约 40 层楼高的地下岩石体积以及 30km 长的地下管道。

哈利法克斯港奥尔德尼(Alderney)地热制冷项目周边停车场地下岩体为地热制冷提供了空间。如图 4-9 所示,该地热制冷项目有充电和放电两种模式。充电模式:冬季时,低于 6℃ 的海水注入井筒换热降低井筒周围基岩的温度,返出的温度较高的水排放到哈利法克斯港。充电模式地下井筒周围基岩储存的低温能量可以储存 7 个月。放电模式:夏季时,在哈利法克斯港温度较高时,将温度较高的水注入井筒,由于井筒周围基岩的温度低可以吸收热量,返出温度小于 9℃ 的冷水实现制冷。

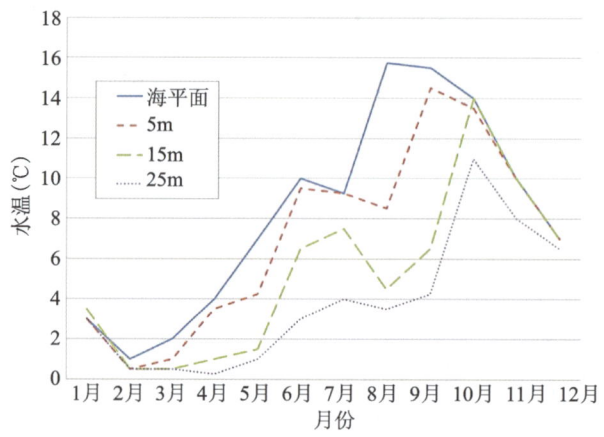

图 4-8　哈利法克斯港海水的温度变化曲线(Raymond,2012)

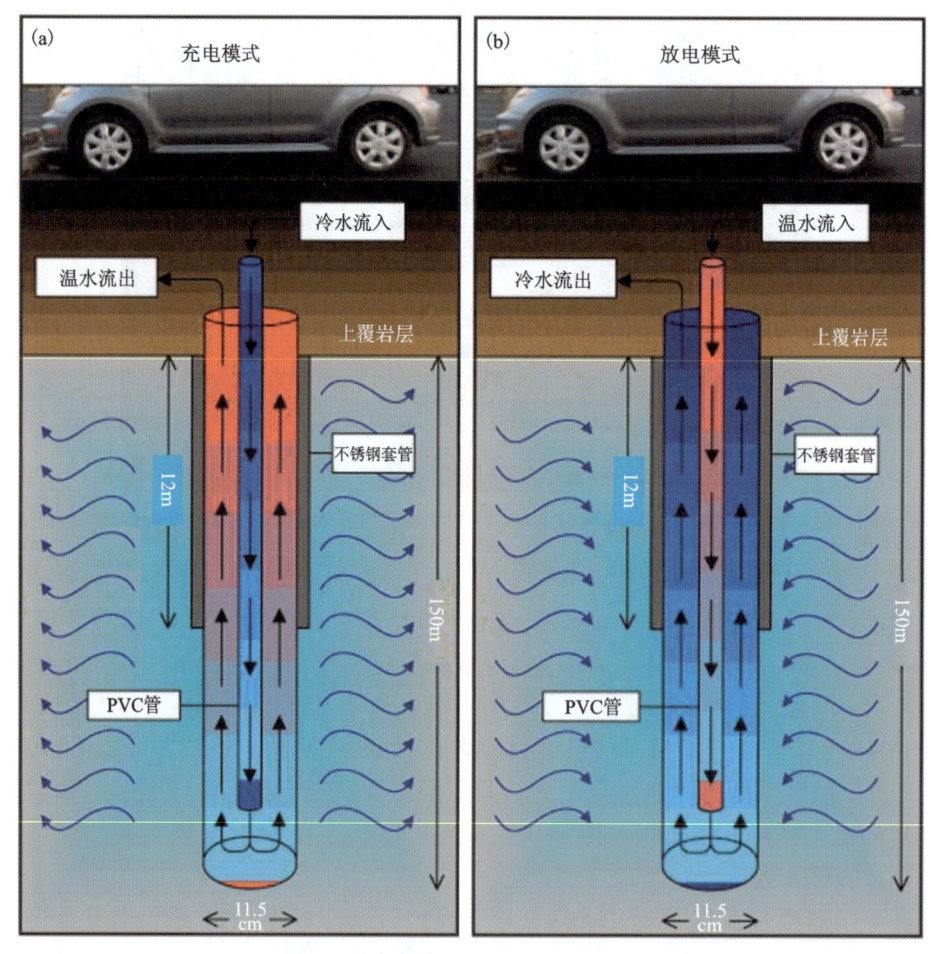

图 4-9　地下储热技术充电模式(a)与放电模式(b)(Raymond,2012)

该项目于 2007 年建设,2010 年投入运行,安装费用约 1500 万元人民币,项目建设投资 6 年回收成本,每年的投资回报率 14.2%,每年可实现制冷超过 3 万 m^2,减少 CO_2 排放 900t (Raymond,2012)。

4.2 水热型地热发电

4.2.1 羊八井地热田

羊八井地热田坐落于我国西藏自治区拉萨市当雄县羊八井镇,平均海拔约4600m(张中言,2011)。羊八井地区气候干燥,年平均温度为7～8℃(孙明露,2024)。羊八井镇地理位置优越,交通便利,青藏铁路、京藏高速公路G6和国道109穿越该镇。羊八井地热田位于亚东-谷露裂谷中段,如图4-10所示。亚东-谷露裂谷作为新生代时期在青藏高原岩石圈伸展拉张作用下形成的最长的裂谷,是高温地热活动频繁的地段(Liu et al.,2004;廖志杰和赵平,1999)。念青唐古拉山东南麓断裂带是当雄-羊八井断陷盆地形成、演化(孟宪刚等,2006)以及羊八井地热田地热活动及空间展布的主控因素(吴中海等,2006;李明礼,2020;吴珍汉等,2004)。

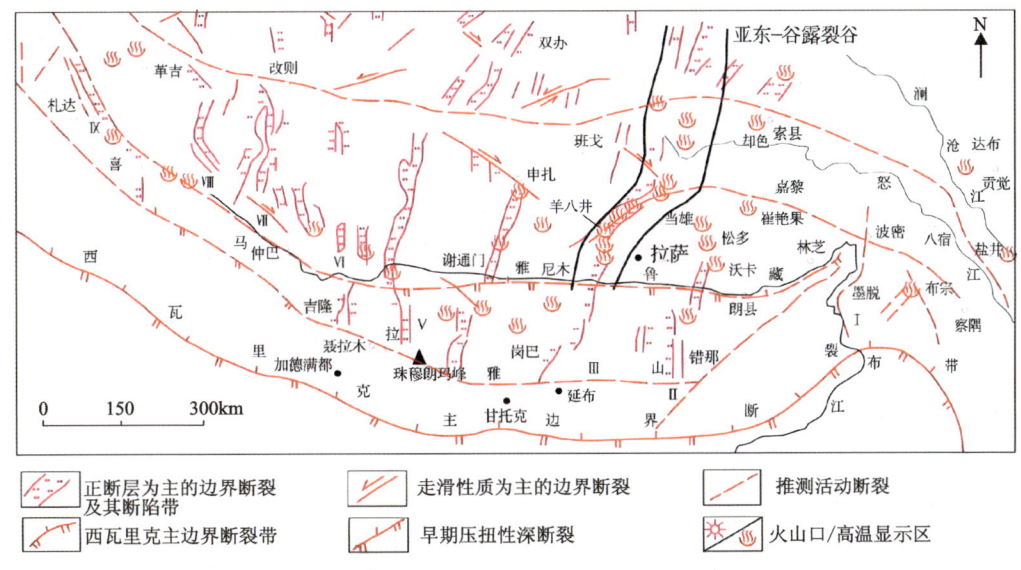

图4-10 我国西藏羊八井地热田周边断裂分布图(胡志华等,2022)

羊八井地热田位于羊八井盆地中北部地区。该地区的地层主要包括中更新世的冰碛层,上更新世的冰碛层,全新统的洪积层、冲积层和沼泽堆积层,以及上更新世的硅化砾岩。从中更新世开始,该地区的砾石层和冰川、冰水沉积物广泛出露(吴中海等,2006)。基底由喜马拉雅早期花岗岩、部分凝灰岩、念青唐古拉变质杂岩体和喜马拉雅晚期花岗岩构成(多吉,2003)。羊八井地热田的地势特征为北西部高而南东部低,海拔位于4290～4500m之间。中尼公路将羊八井地热田划分为北区和南区。地热田内部主要发育北东向、北西向的断裂构造,局部发育南北向断裂构造。羊八井地热田热储包括浅层热储和中深层热储两种类型。浅层热储主要是第四系的层状孔隙型热储,广泛分布在南区,主要由第四系的冲洪积砂砾岩层、冰碛层以及花岗岩岩基的风化壳组成。北区则发育裂隙型中深部热储,该热储主要由糜棱岩化花岗岩、花岗质糜棱岩和碎裂花岗岩组成(多吉,2003;赵平等,2003)。在第四纪期间,羊八井盆地的边界断裂活动频繁,形成了青藏高原内部一个显著的地震活动区,这些断裂在很大程度上控制了盆地内的地热活动。此外,裂谷带的热源主要来自地壳的部分熔融体,为该地区的地热活动提供了能量(Wang et al.,2018;Yuan et al.,2014)。

羊八井地区北部的念青唐古拉山平均海拔超过 5600m,最高峰海拔达 7162m,山顶常年积雪。因此,该地区的地热水补给主要依赖于大气降水和高山冰雪融水。通过构造断裂摩擦生热、地壳高温的局部熔融体和放射性元素 U 和 Th 衰变生热,为羊八井地热系统提供热源(Klemperer et al.,2022;王迎春等,2022;高俊等,2022)。此外,羊八井地热田近地表存在第四系覆盖物,这些覆盖物为厚度不等的泥砾层或粉砂质黏土层,可以作为良好的盖层,起到隔热保温的效果。羊八井地区的断裂带成为良好的流体运移通道(Wang et al.,2022)。

如图 4-11 所示,地下热源加热的高温流体从 ZK4002 井附近的深部上升,在念青唐古拉韧性剪切带附近高透水性发育区域形成了约 260℃ 的中深部热储层。而且,流体从 F2 断裂等高倾角正断层群交叉部位上升,在北部地区由于地表水和深部热水混合,形成了温度为 170～180℃ 的浅部热流体。浅部热流体向东南方向流动,形成了 150℃ 左右的浅部热储层。地热流体在浅部运移过程中,由于温度和压力的变化,产生 SiO_2 和 $CaCO_3$ 等硅质和钙质胶结物,对第四系砂砾岩地层进行胶结,形成了较好的盖层,保证了下部热储中流体的温度和压力。

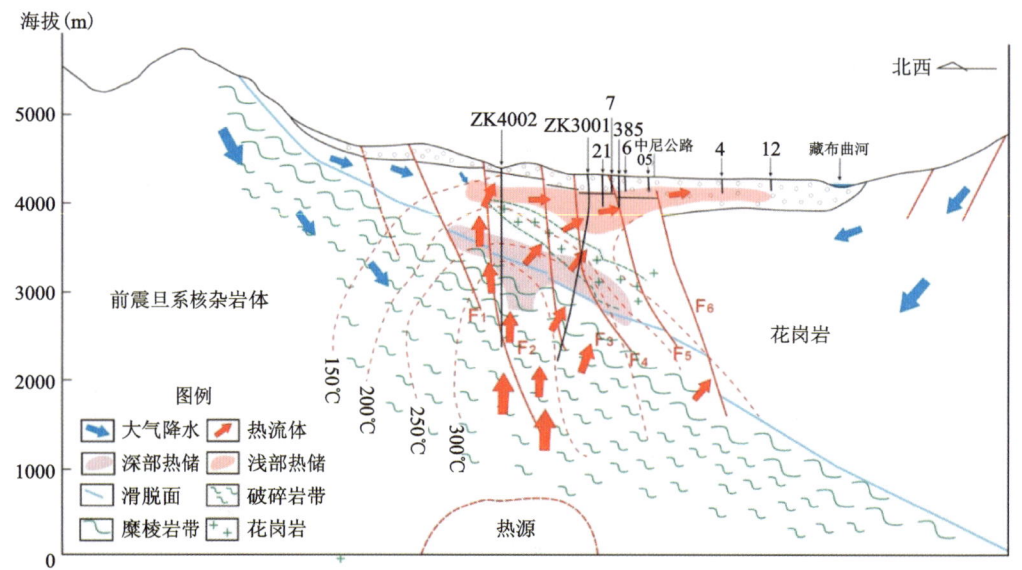

图 4-11 我国羊八井地热田地热系统概念模型(多吉和郑克棪,2008)

浅层和中深层热储属同一个水热系统中不同埋深的储层。浅层热储是由中深部储层热流体经侧向补给,储集于浅部储层形成的第四系孔隙型热储。中深部热储则由热流体在垂向渗流过程中,在基岩构造裂隙空间储集、运移形成,为基岩构造裂隙型热储。地热田浅层热储分布范围约为 $14.8km^2$。浅层热储温度场分布特征为温度南低、北高,热流体具有北西-南东方向侧向补给特征。热储埋深在地表以下 180～280m,海拔为 3800～4020m,岩性由第四系冲洪积砂砾岩层、冰碛砂砾岩层、基岩顶部花岗岩风化壳组成。热储顶部由厚度不等的泥砾层或粉砂质黏土层构成盖层。热储底部基岩为喜马拉雅早期花岗岩、凝灰岩,局部见有糜棱岩化花岗岩。浅层热储流体温度一般在 140～160℃ 之间,最高可达 173℃。主要为气液混合相高温流体,水质类型以 $Cl^--HCO_3^--Na^+$ 型水为主,属深部流体与地表冷水混合产物。热储层矿化度为 1.5g/L,pH 值 7~9。浅层热储是目前羊八井地热田的生产层,其日开采汽水总量约为 12 000t。大部分生产井的工作温度为 125~140℃,工作压力为 1.76~3.72MPa。中深部热储分布于该地热田北区 3630m 高程以下。根据钻孔、物化探异常资料,结合地质构造特征分析,中深部热储有效面积约为 $3.8km^2$,流体的储集和运移受断裂构造的控制,流体主要赋存于断裂破碎及构造裂隙空间中,并以此作为储集、运移的空间,该热储属较为典型的基岩构造裂隙型热储。热储层岩性为糜棱岩化花岗岩、花岗质糜棱岩和碎裂花岗岩,岩石受韧性剪切和脆性剪切双重作用。热储层岩石蚀变强度较高,主要蚀变矿物有高岭石、绿泥石、方解石、石英、黄铁矿、伊利石、绢云母、方沸石、白云母、黑云母等,特别是 1000~1600m 深度内见有绿泥石、白云母、绢云母等蚀变矿物组合,且呈细脉状产出,表明属热液活动的产物,形成温度为 300℃左右,与井内实测温度相当。热储盖层由花岗岩、花岗斑岩及黑云母花岗岩组成,均属不透水岩层。ZK4002、ZK4001 钻孔资料表明,羊八井地热田中深部有两个高温热储层,其中一个热储层位于地表以下 800~1300m,井温度 250~278℃;另外一个热储层位于地表以下 1800m,温度大于 300℃。1997 年完井的 ZK4001 孔,在放喷 30min 后井口各类参数趋于稳定。放喷测试和观测 15 天,参数无大的变化,温度和压力略有增大趋势,井口温度 200℃,工作压力为 14.7MPa,单井汽水总流量为 302t/h,单井发电潜力可达 12.58MW,且流体具有不结垢、产量稳定等优点。该井完井后进行了多次井温测量,在井深 1125m 处测得最高温度 255℃,虽然几次测温均存在不同程度的差异,但井温曲线的变化趋势是一致的(多吉和郑克棪,2008)。

20 世纪 70 年代,羊八井的资源勘查主要围绕南区展开,先后完成了地热地质测绘、物探普查、构造调查和钻探等工作,并于 1977 年在地热田南区始建羊八井电站一站(高俊等,2022)。这是我国利用水热型地热资源发电的第一个试验地热电站。1986 年在中尼公路以北建成羊八井第二电站。两个地热电站先后安装 9 台发电机组(1 号机组于 1986 年退役),装机总容量为 24.18MW,羊八井地热电站采用成熟的闪蒸发电技术。羊八井地热电站总规模曾一度占整个拉萨市电网全部装机的 21%,为我国西藏自治区的国民经济建设做出了突出贡献。

2019 年,核工业北京地质研究所对羊八井地热田的地热资源量重新进行了评价,预测羊八井地热田的发电潜力为 109.9MW。假设热储开发时间为 30 年,羊八井地热田总发电潜力为 66.27MW,其中南区浅部储层可发电潜力为 6.43MW;北区浅部热储可发电潜力为 14.01MW,北区深层热储可发电潜力为 45.83MW。2020 年,江苏长江地质勘查院选取羊八井地热田 3 口典型浅层地热井实施了单井放喷试验,结合 3 口井放喷流量,推算羊八井浅层生产井流量约 1133t/h,南区井底温度约 150℃,北区井底温度约 155℃,井口温度 125~130℃,放喷期间(8h)未见井底压力波动。地热田生产井的生产能力依然很好,温度范围适合发电。测试的 3 口生产井流量比成井时有所下降,其中南区流量下降 40%,北区流量下降 20%,平均流量下降 27%。通过井筒流量模型及井下静态-动态压力变化,判断流量下降的原因是井内闪蒸面之上结垢,导致井筒出流面积减小,通过修井、清井恢复流量后,假定流量恢复到初始状态,则总流量可达到 1552t/h。初步预测浅层地热系统发电潜力满足 22MW 装机规模。浅部热储易开发,目前是羊八井地热电站的主要生产层。自 20 世纪 90 年代以来,随着勘探的深入,已基本明确了深部热储的存在。已完成 ZK4001、ZK4002、ZK3001 等 3 口深井钻探。因此,结合羊八井地热资源情况和西藏高海拔自然条件,建议羊八井地热资源开发利用分期实施,一期以已有浅层地热生产井为地热开发目标。截至目前,羊八井共钻井 83 口,其中当前可用的生产井 17 口,南区 4 口,北区 13 口,回灌井主要分布于南区。除北区 ZK4001 井外,其他可用 16 口井均为浅层井。羊八井地热电站截至 2020 年 9 月累计发电量达 33.9 亿 kW·h。经过 40 余年的生产运行,羊八井地热电站在建设、运行及成套装备的开发设计方面都积累了大量的经验,对我国地热能的开发利用有着示范指导作用(赵斌等,2023)。除了羊八井地热发电以外,自 20 世纪 70 年代起,已在西藏羊八井、那曲、朗久、羊易等多地建设了中高温地热发电站(王绍亭和陈新民,1999),累计装机容量 47.18MW。西藏是我国少数拥有完整地热产业的地区之一,其地热资源开发利用形式分为地热发电和地热直接利用(杨淼,2020)。我国西藏地区化石能源匮乏,地热供暖作为清洁供暖方式,可满足西藏迫切供暖需求。目前,我国西藏地区利用地热水开展养殖和种植的面积分别为 742 万 m^2 和 0.11 亿 m^2;工业利用年开采地热流体 0.22 亿 m^3;用于洗浴疗养的地热流体年开采量约 17.5 亿 m^3。拉萨市公用建筑采用浅层地热供暖,累计供暖面积超过 21.6 万 m^2(王社教等,2021)。其中拉萨市当雄县地热供暖工程分 2 期建设(表 4-5),在当雄县第一中学采用了分时分区的供暖方式,实现了白天为学校教室供暖、晚上为宿舍供暖,且供暖温度可达 18℃以上。截至 2020 年当雄县供暖面积累计达到 16 万 m^2,年节约 1.8 万 t 标准煤,减少 CO_2 排放约 4.7 万 t(赵斌等,2023)。

表 4-5 当雄县地热供暖工程(赵斌等,2023)

地热供暖	1 期	2 期
供暖面积(万 m^2)	3.69	12.49
换热站建筑面积(m^2)	1 156.80	2 067.40
混水站建筑面积(m^2)	69.96	210.00
一级热力管网长(m)	3200	15 050
二级热力管网长(m)	1000	26 850
地热热源井数	3	9
供热用户	当雄县第一中学	公用建筑

此外,当雄县羊八井镇和宁中乡已经开发了地热旅游项目。羊八井镇利用羊八井地热电站的尾水开展养殖,推动了当地旅游产业和特色农业的发展。羊八井地热资源的综合开发利用,在促进当地经济发展方面发挥着重要作用。

羊八井地热田中深部地热资源可以作为储备地热资源以备后续地热开发利用。羊八井地热田裂缝型花岗岩储层数值模拟研究可以用来预测中深部地热资源的开发效果和发电潜力(Zeng et al.,2014;Zeng et al.,2018)。该热储层位于地下 950~1350m 之间。TOUGH 数值模拟软件可以解决地热开发过程中的渗流传热问题(Pruess et al.,1999)。由于渗透性储层与不透水的盖层或基岩之间仅存在热交换,假设在长期地热生产研究中这种热交换可以忽略不计(Borgia et al.,2012;Pruess,2008)。如图 4-12 所示,为了简化数值模拟计算,仅模拟五点法井网的 1/4。因此，模拟域在水平方向上的范围是 0~500m。在 z 方向上，模拟域均匀分为 20 个网格块，每个网格块的高度为 20m。在 x 和 y 方向上，模拟域也均匀分为 20 个网格块，每个网格块的宽度为 25m。整个三维模型共有 8000 个网格。

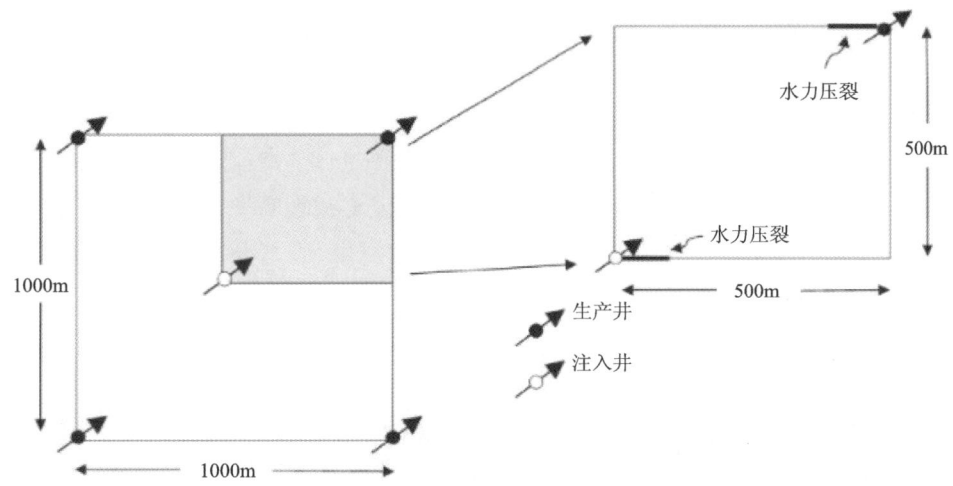

图 4-12　羊八井地热田 950~1350m 裂缝型花岗岩储层井排布（Zeng et al.，2018）

数值模拟的参数如表 4-6 所示。假设增强型地热系统中储层改造后裂缝的渗透率为 $50×10^{-15}\mathrm{m}^2$。

表 4-6　ZK4001 井 950~1350m 储层物性及条件（Zeng et al.，2018）

参数	取值范围
岩石热导率	2.50W/(m·℃)
岩石比热容	1000 J/(kg·℃)
岩石密度	2650kg/m³
储层厚度	400m
储层长度	500m
储层宽度	500m
裂缝间距	50m
裂缝孔隙度	5%
裂缝渗透率	$50×10^{-15}\mathrm{m}^2$
岩石基质孔隙度	10%
岩石基质渗透率	$20×10^{-19}\mathrm{m}^2$
产水速率	33.0kg/s
井底生产压力	5.00MPa
注入流体热焓	260.69kJ/kg（约60℃）
热储层初始温度	248℃

针对不同的地热发电影响因素开展数值模拟研究,计算未来 30 年间羊八井地热田生产温度、注入压力、储层温度空间分布的动态演变情况。针对可能影响地热发电潜力的参数进行了研究(Finsterle et al.,2013),包括裂缝间距 D、裂缝渗透率 k_f、裂缝孔隙度 φ_f、岩石基质渗透率 k_m、岩石基质孔隙度 φ_m、注入温度 T_{inj} 以及水的生产速率 q。采用数值模拟研究不同情况下地热开发效果:(a)增加裂缝间距至 80m;(b)增加裂缝渗透率至 $80\times10^{-15}\,m^2$;(c)增加裂缝孔隙度至 10%;(d)增加岩石基质渗透率至 $50\times10^{-19}\,m^2$;(e)增加岩石基质孔隙度至 20%;(f)增加注入温度至 80℃(增加注入流体的热焓至 343.978kJ/kg);(g)将产水速率减少至 25.0kg/s。数值模拟结果如图 4-13 和图 4-14 所示,研究表明该热储开发可实现地热发电 22MW,热储表现出良好的发电潜力。产水速率、回灌温度、裂缝间距和裂缝渗透率是影响该热储开发效果的主要参数。

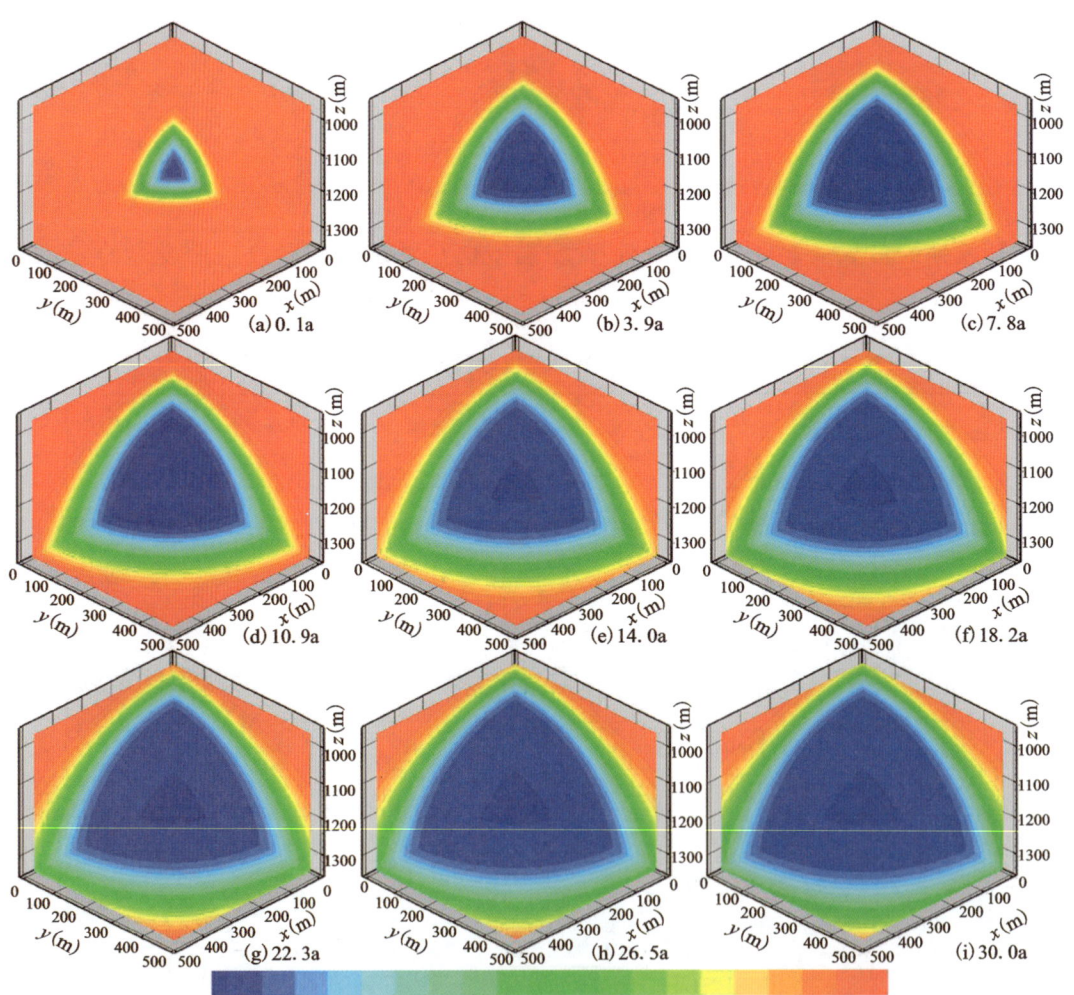

图 4-13　羊八井地热田开发 30 年热储温度空间分布变化(Zeng et al.,2018)

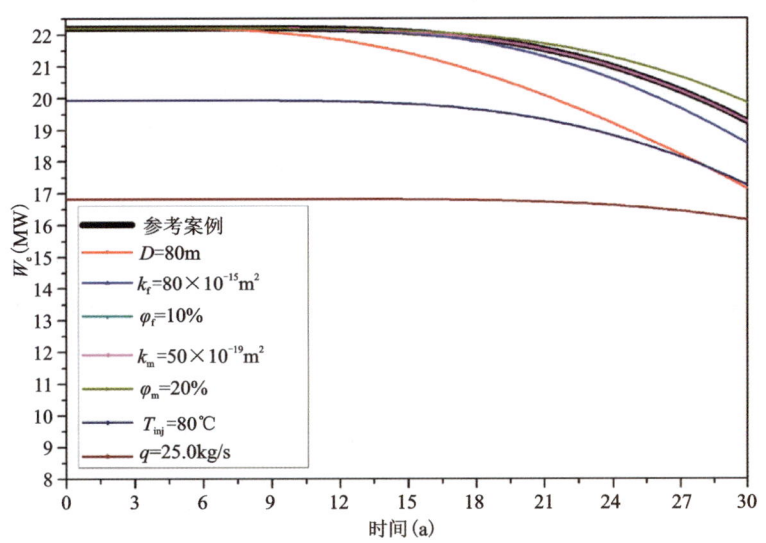

图 4-14　羊八井地热发电潜力敏感性分析(Zeng et al.,2018)

4.2.2　Geysers 地热田

Geysers 地热田位于美国加利福尼亚州,是全球最大的干蒸汽地热能商业开发区。该地热田位于美国圣罗莎市以北 65km 处,地处马亚卡马斯山脉的西北部(Thomas et al.,1981)。Geysers 热储层位于 Franciscan 地质组晚中生代岩石中一个向东南倾斜的大型背斜的东北侧翼。Franciscan 地质组主要由海洋浊积砂岩组成,此外还包括丰富的燧石、页岩和蛇纹化的超镁铁质岩石等,并夹杂少量的石灰岩、榴辉岩和角闪岩等(Thomas et al.,1981;Moore et al.,2001;Lanphere,1971)。Franciscan 地质组的碎屑岩可能来源于大陆或岛弧,但关于具体来源地区存在争议,因为这些地区可能因走滑断层运动或俯冲作用而发生位移(Mclaughlin,1981;Jones et al.,1978;Vantine,1985)。

Geysers 地热田位于环太平洋火山带,周边 Clear Lake 火山群位于 Collayomi 断层带和 Geysers 蒸汽带以北;Sonoma 火山群位于 Geysers 的南部和东南部,最北部的喷发点距离蒸汽田边界约 10km(Mankinen,1972)。Geysers 地区的主要断层带包括西南的 Mercuryville-Geyser-Maacama 断层带、蒸汽田中部的大硫磺溪断层带、东北的 Collayomi 断层带以及 Clear Lake 火山区北部的 Konocti Bay 断层带(Mclaughlin,1981;Jones et al.,1978)。Geysers 热储层由东北侧的 Collayomi 断层带和西南侧的 Mercuryville 断层带圈定(Mclaughlin,1981;Hebein,1983)。该热储层的地表表现包括温泉、蒸汽孔和变质地表等。水热活动在大硫磺溪断层带及其附近最为强烈。水热蚀变在其他断层沿线也很常见,特别是在 Mercuryville 断层带沿线,这表明该断层带可能是早期水热活动的中心(Mclaughlin,1981;White et al.,1971)。

Geysers 热储层多个钻孔中发现了火成岩侵入。在深度 2.5km 处发现了大量流纹岩侵入岩,其成分和年代(160~270Ma 前)可能与 Clear Lake 的火山喷发相对应。在大硫磺溪断层带及其附近的浅层热储中发现了长英质侵入岩;该区域的岩浆体对 Geysers 热储层提供了热源(Thomas et al.,1981;Mclaughlin et al.,1983)。Geysers 热储系统的水源补给来自大气降水,但由于 Franciscan 地质组岩石的低渗透性以及高温流体循环引起的水热蚀变封闭,补给量受到限制。主要补给通道可能通过 Clear Lake 火山喷发的火山口实现,这些火山口及其下方的多孔硅质岩石能够传输大量水。此外,Collayomi 断层带的火山口也可为 Geysers 热储系统提供充足的热水补给。Geysers 地热系统的蒸汽流动主要受断层和裂缝的控制(Thomas et al.,1981;Hebein,1983)。

Geysers 地热田是全球最大的地热田,面积超过 100km^2,拥有超过 400 口地热井,建有地热电站装机容量超过 2000MW(Dobson et al.,2020;Sanyal et al.,2011),其地热电站分布如图 4-15 所示。

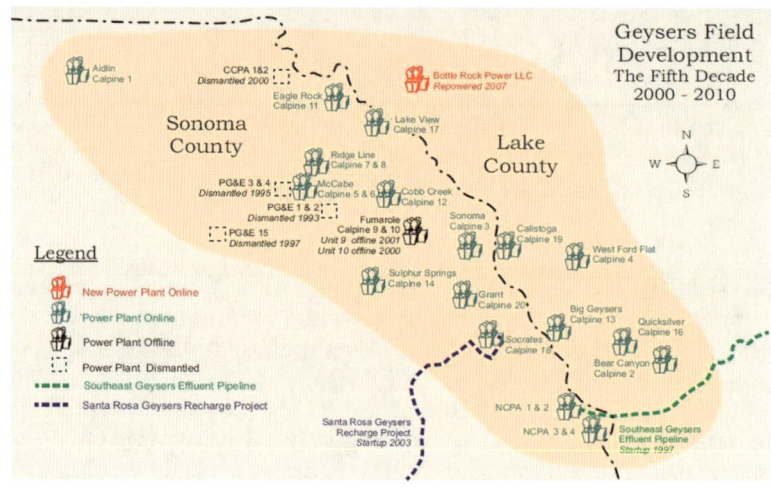

图 4-15　Geysers 地热田地热电站分布(Brophy et al.,2010)

Geysers 地热田的发展始于 1921 年,当时在 Geysers 区域钻探了 1 号井,深度为 70m。该井成功产出蒸汽,井口压力为 0.4MPa。接下来的几年里又钻探了 7 口井,深度范围在 125～190m 之间,总流量为 17.4t/h。然而,由于加州廉价的水力发电竞争,这段时期并未进行商业地热电力生产(Raasch,1985;Ramey Jr,1970)。20 世纪 50 年代,Geysers 的开发进入新阶段,Magma Power 公司开始钻探 Magma 1 井,深度为 180m,井口压力 0.7MPa,每小时产出 22.7t 蒸汽。20 世纪 50 年代末,Magma Power 和 Thermal Power 公司联合钻探了 11 口井,位于浅层地热异常区(Raasch,1985)。这些地热井为 Geysers 的首批商业地热电站提供蒸汽。1960 年,1 号地热电站机组上线,装机容量为 11MW;1963 年,2 号地热电站机组上线,装机容量为 13MW,这两个机组由 Pacific Gas and Electric Company(PG&E)运营。1967 年,第三个 Geysers 地热电站机组开始利用 Sulphur Bank 和 Happy Jack 地热井的蒸汽生产电力,当时这些区域大约钻探了 25 口地热井,深度为 600～900m,初始井口压力在 3～3.5MPa 之间。部分井高产,流量高达 38t/h(Garrison,1972)。1968 年,4 号机组上线,将地热电力产能提升至约 78MW(Dykstra,1980)。1973 年以后,Geysers 的开发集中在地热田东南部,9 号、10 号、12 号和 14 号地热电站机组装机容量共 321MW。1975 年和 1982 年,装机容量 106MW 和 114MW 的地热电站(11 号和 17 号机组)上线,地热电力生产达 326MW(Lipman et al.,1978)。1984 年,Aminoil 将其在 Geysers 地热田的权益出售给 Phillips Petroleum 公司,该公司一年后将这些资产出售给 Freeport-McMoRan Resource Partnership。1985 年,Santa Fe Geothermal 公司在 Geysers 区域北部建造了一座 80MW 的地热电站。随着 Coldwater Creek 地热电站的上线,地热田已向西北延伸。然而,当时由于担心未来地热田蒸汽供应的充足性,一些计划中的地热电站(如 PGE 21-24)被取消。1979—1986 年间,石油和天然气价格暴涨,地热电力价格随之上涨。这一时期,Geysers 地热田的蒸汽产量和装机容量显著增加。美国联邦政府和州政府在 20 世纪 80 年代初推出多项激励措施,包括公共事业监管政策法案、商业投资税收抵免和替代能源税收抵免、地热贷款担保计划等,使得地热开发商能够以较少的投资进行地热开发,保证了电力市场的供应。1987 年,Geysers 地热田的装机容量达到约 1830MW,发电量范围为 1500~1600MW。1986—1995 年间,由于多个开发商之间缺乏合作,热储层压力和地热井生产速率快速下降,发电量从 1987 年的 1600MW 下降到 1995 年的不足 900MW。1995—1998 年,由于水力发电的增加和异常高的降雨量,回灌注入水量增加至产出质量的 50%,地热井蒸汽生产速率的下降速度显著减缓(Goyal,2002)。1998—2004 年,回灌注入水量增加到产出质量的 60%,地热井每年蒸汽生产速率下降速度降至 3%。2003 年,Clear Lake 管道延长至 85km,以连接其他市政污水源(Butler and Enedy,2009)。2004 年至今,回灌注入水量增加至产出质量的 80%,来自 Santa Rosa 的污水注入量增加到每天 1260 万加仑[①],储层枯竭率显著减少至每年 13.9 亿 kg,地热井蒸汽生产速率和地热发电量每年的下降速度减缓至 1%~2%。截至 1990 年,Geysers 地热电站如表 4-7 所示。这些数据和事件显示了 Geysers 地热田在不同历史时期遇到的挑战,以及通过采取相应的措施取得的成功。通过不断优化地热田管理和技术创新,Geysers 地热田实现了地热可持续开发和稳定的地热发电(Sanyal and Enedy,2011)。

表 4-7 Geysers 地热电站(Brophy et al.,2010)

地热电站名称	启动年份	装机容量(MW)	当前输出(MW)
McCabe Calpine 5&6	1971	110	85
RidgeLine Calpine 7&8	1972	110	78
Eagle Rock Calpine 11	1975	110	64
Cobb Creek Calpine 12	1979	110	51
Big Geysers Calpine 13	1980	60	57
Sulfur Springs Calpine 14	1980	114	47
Lake View Calpine 17	1982	119	49
Sonoma Calpine 3	1983	78	36
Socrates Calpine 18	1983	119	46
NCPA Units 1&2	1983	110	56
Calistoga Calpine 19	1984	80	66

---

① 1 加仑(美)=3.785L;1 加仑(英)=4.546L。

续表 4-7

地热电站名称	启动年份	装机容量(MW)	当前输出(MW)
Quicksilver Calpine 16	1985	119	48
Grant Calpine 20	1985	119	40
NCPA Units 3&4	1985	110	52
BottleRock Power	1985	55	11
Bear Canyon Calpine 2	1988	20	13
West Ford Flat Calpine 4	1988	27	27
Aidlin Calpine 1	1989	20	18

Geysers 地热田过去 50 年开发过程中的注入和采出量如图 4-16 所示。自 1986 年以后，Geysers 地热田的蒸汽产量开始发生递减。Geysers 地热田最高的蒸汽产量可以达到 10^{10} kg/月，回灌的比例逐年增高用来减缓蒸汽产量的递减。如图 4-17 所示，蒸汽产量的递减由每年递减 4.8% 降低至每年递减 2%(Sanyal and Enedy,2011)。

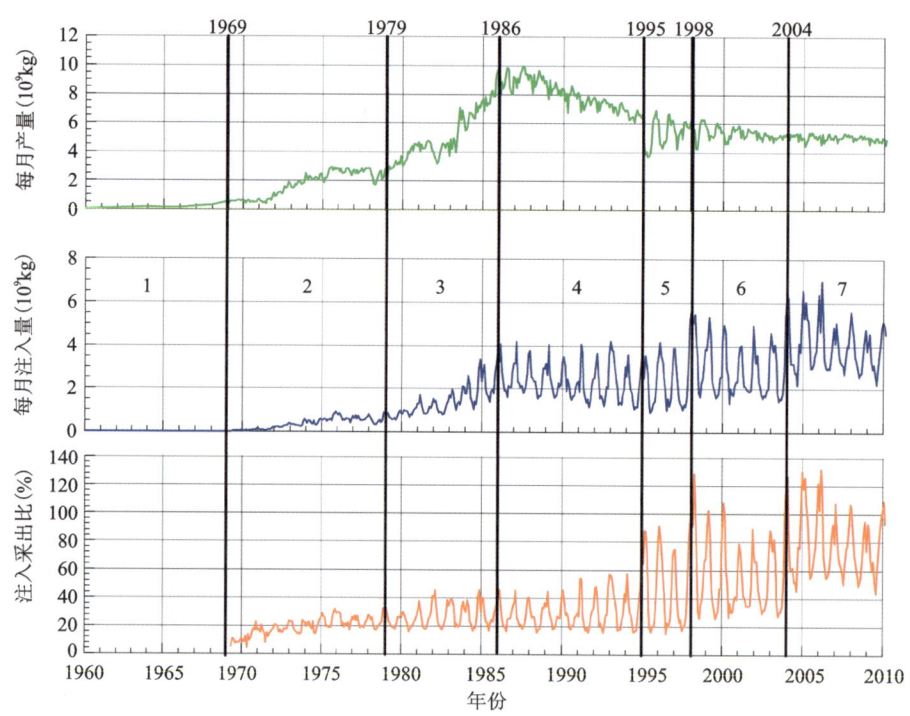

图 4-16 Geysers 地热田历史产量(Sanyal and Enedy,2011)

1993 年的 Geysers 地热田蒸汽产量预测结果与 2010 年时蒸汽产量预测对比如图 4-18 所示。由于回灌量的逐年增加，1993 年 Geysers 地热田的蒸汽产量每年递减 4.8%，而 2010 年 Geysers 地热田的蒸汽产量每年递减 2%。2010 年 Geysers 地热田发电装机容量相比 1993 年增加 280MW。而且 Geysers 地热田地热电站的实际发电量与额定最大可发电量的比率(容量因子)达到 90%(Sanyal and Enedy,2011)。

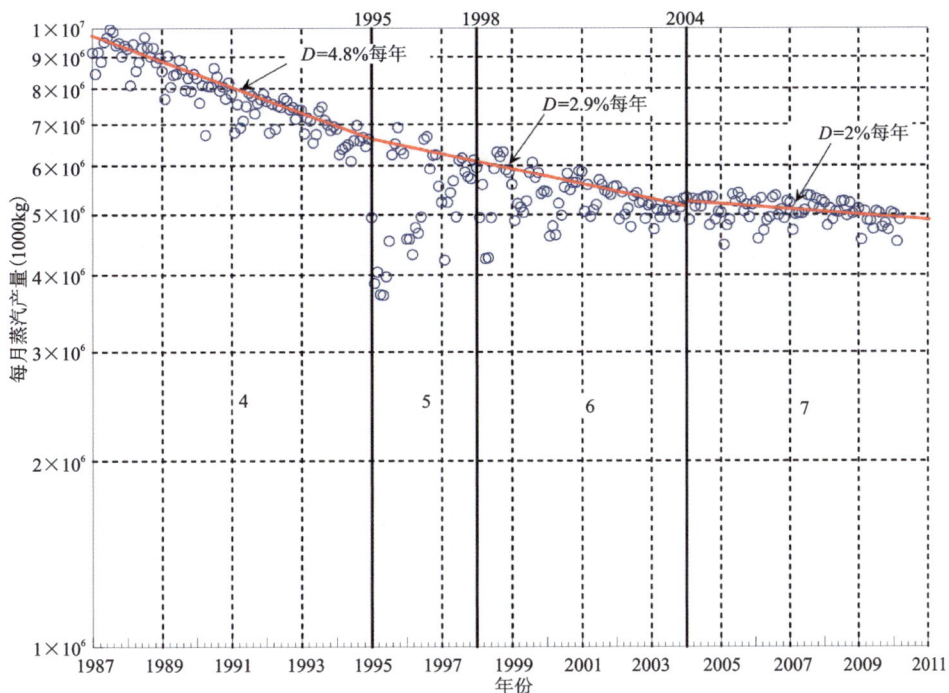

图 4-17　Geysers 地热田蒸汽产量递减（Sanyal and Enedy，2011）

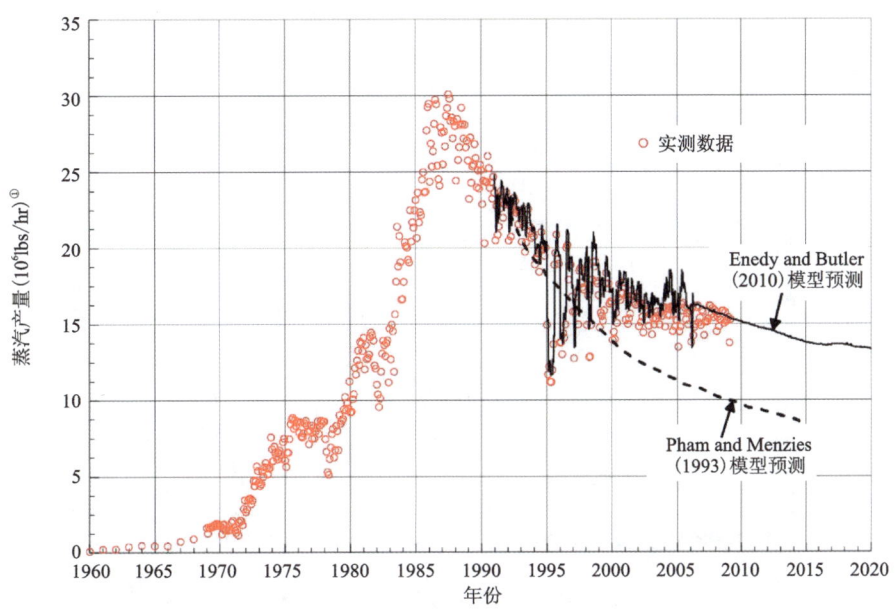

图 4-18　Geysers 地热田产量预测（Sanyal and Enedy，2011）

　　Geysers 地热田开发利用方式以地热发电为主，通过生产饱和蒸汽，使用地热井将蒸汽提取到地表，驱动发电机进行发电。Geysers 地热田拥有多个地热发电厂，利用地热蒸汽进行商业发电。通过对 Geysers 地热田蒸汽生产过程中产生的非凝结性气体（如 CO_2）进行处理，可

① 1 lbs/hr=0.45kg/h。

减少温室气体的排放。除了发电,地热能还被用于供暖、温室农业、温泉旅游等多种用途,实现地热资源的利用效益最大化。

另外,Geysers 地热田不仅通过发电实现能源利用,还通过废水再注入的方法保护环境。自 1997 年以来,Lake County 和 Santa Rosa 市与 Calpine 公司合作,通过管道将处理的废水注入 Geysers 地热田以补充热储层的蒸汽。Lake County 的管道长度为 42km,每月输送约 100×10^4 kg 废水,而 Santa Rosa 的管道长度为 67km,每月输送 125×10^4 kg 废水。废水再注入增加了蒸汽产量,提高了发电效率,且保护了当地水资源(Khan and Truschel,2010)。废水再注入系统通过将城市污水处理后的废水注入地下,确保了地热资源开发利用的可持续性。到 2008 年,Geysers 地热田已生产了 $23\,940 \times 10^8$ kg 蒸汽,并注入了 9540×10^8 kg 流体,净替换率达到约 40%(Khan and Truschel,2010)。

由于 Geysers 地热田在 Maacama 断层和 Collayomi 断层之间,热储层中存在大量的裂缝网络。大量温度较低的尾水回灌与热储层高温岩石接触后会改变热储层的应力,影响热储层岩石的孔隙压力。同时注入井大量流体的回灌可诱发微地震。震级超过 1.5 的微地震监测如图 4-19 所示,监测结果显示注入的流体在 6 个月之内通过地层中的裂缝网络在重力的作用下向注入井层位的深处运移,甚至向超过 3000m 的储层深处运移。在 Geysers 地热田开发过程中使用微地震监测保障该热储的可持续开发(Johnson et al.,2016)。

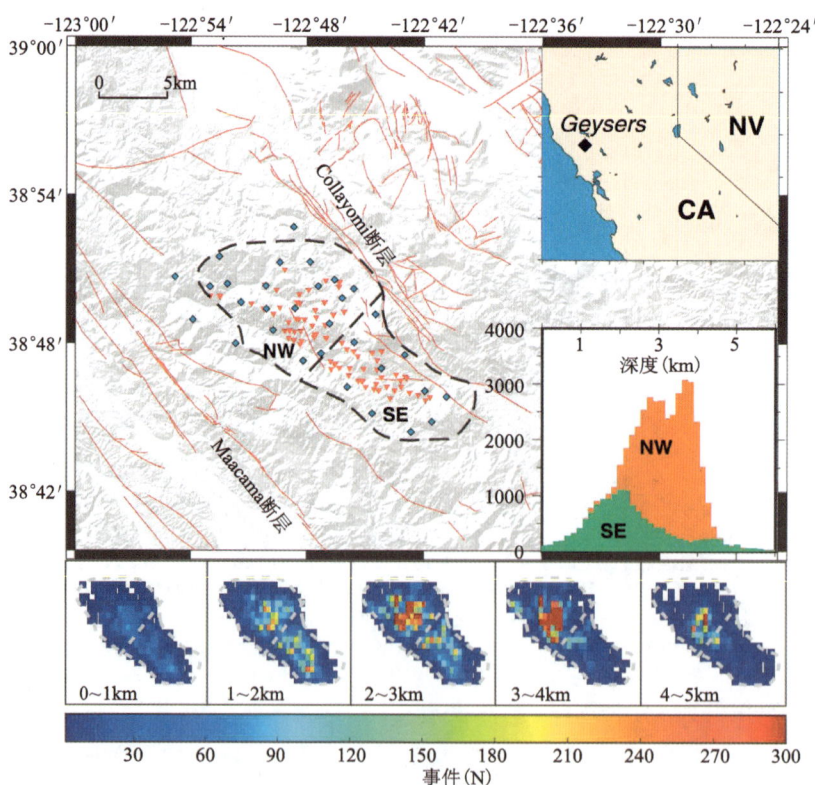

图 4-19 Geysers 地热田微地震监测结果(Johnson et al.,2016)

注:Geysers 地热田由黑色虚线圈出,蓝色的菱形代表地震网络,红色的倒三角形代表注入井(2005—2015);红色的线条代表断层;下部的 5 个图代表该地热田不同深度的震级大于 1.5 的微地震事件情况。

除了电力生产和环境保护措施外，Geysers 地热田还通过多种方式实现地热资源的综合利用。一个显著的例子是 Calpine 公司 2001 年在 Middletown 开设的地热游客中心。该游客中心自开放以来，已经接待了来自全美 50 个州和 77 个国家的超过 6 万名游客(Brophy et al.,2010)。该中心不仅为游客提供关于地热能的教育和展示，还举办各种社区活动，成为当地社区的重要组成部分。此外，美国能源部(DOE)还提供资金用于升级游客中心的展示内容，使其能够更好地展示地热能科学知识和技术应用。该游客中心不仅提高了民众对地热能的认识和兴趣，还促进了地热能开发利用的教育和宣传。通过旅游服务，Geysers 地热田不仅为公众提供了一个了解和体验地热能的平台，还在推动地热能知识普及和社区发展方面发挥了重要作用。这种综合利用方式体现了 Geysers 地热田开发利用在实现经济效益的同时，兼顾了环境保护和社会责任的开发理念。

此外，Geysers 地热田的深部储层也存在 280～400℃的高温热储层需要通过增强型地热系统(EGS)进行开发。注入的冷水与热储层的高温岩石接触后会形成热激发，从而改变热储层高温岩石的应力。在 Geysers 地热田开展数值模拟研究时，可能需要渗流场-温度场-力学场的耦合分析。注入流体与热储层的温差会改变储层的温度分布，从而影响流体的黏度和密度，进而影响渗流速率；热储层岩石的热激发出现裂缝会影响流体的渗流通道，反过来影响储层的空间温度分布。Geysers 热储开发渗流场-温度场-力学场的耦合数值模拟研究如图 4-20 所示。数值模拟的模型通过历史注入数据和压力数据的拟合来验证模型的准确性，如图 4-21 所示，在获得精确的数值模拟模型基础上以便于后续开展数值模拟预测 Geysers 地热田 EGS 的开发效果(Rutqvist et al.,2016)。

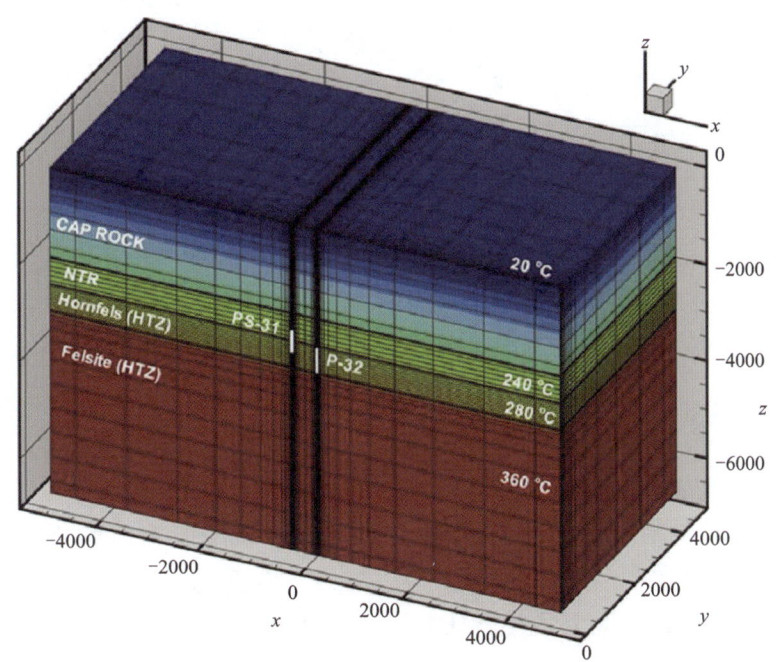

图 4-20　Geysers 地热田 EGS 渗流场-温度场-力学场耦合数值模拟(Rutqvist et al.,2016)

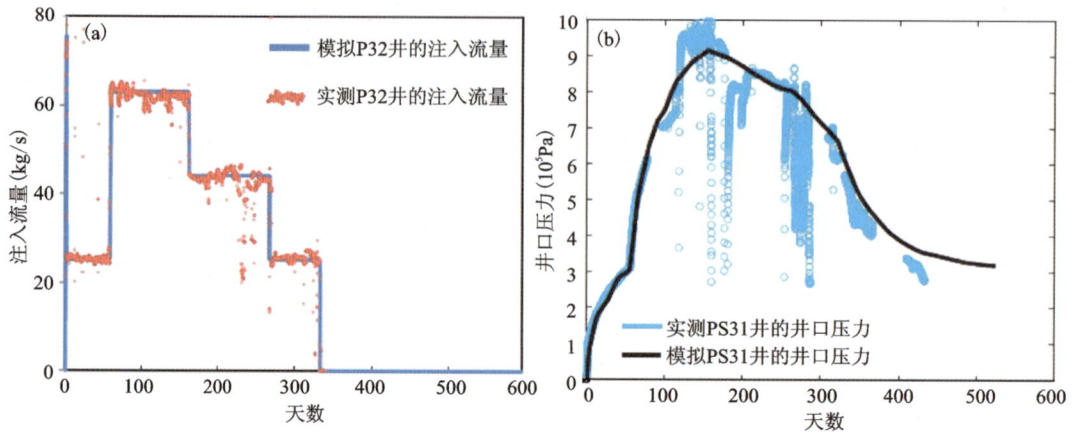

图 4-21　Geysers 地热田 EGS 注入流量数据(a)与井口压力数据(b)历史拟合(Rutqvist et al.,2016)

4.2.3　Larderello 地热田

Larderello 地热田位于意大利中部托斯卡纳(Tuscany 或者 Toscana)大区。该地区地质构造复杂,主要由变质岩、页岩和黏土组成。变质岩层中含有丰富的地下水,这些水在地热活动的作用下转化为蒸汽。蒸汽被困在不透水的页岩和黏土穹顶之下,通过穹顶中的断层和裂缝逸出,形成温泉和热泉。Larderello 地热田的地热资源丰富,热储埋藏深度较浅,地热蒸汽温度可达 202℃。Larderello 地热田以其独特的地质构造、复杂的地形、适宜的气候条件和丰富的地热资源,成为全球最重要的地热能开发利用区域之一。Larderello 地热资源的合理开发利用为意大利乃至全球相关领域提供了宝贵的经验。

Larderello 地区地质单元自上而下的层序可以概括为(Ebigbo et al.,2016;Gola et al.,2017):

(1)新近系沉积物,由砂、黏土和泥灰岩组成(中新世晚期至上新世晚期)。

(2)Ligurian 单元,由海洋地壳残余物及其海洋到远洋沉积盖层组成,以蛇绿岩和复理石层序(侏罗纪至始新世)为代表,渐新世早期到中新世晚期在 Tuscan 推覆体上方向东挤压(Brogi et al.,2016)。

(3)Tuscan 推覆体(Tuscan Nappe units),以大陆边缘沉积物为代表,由碎屑—碳酸盐岩组成(晚三叠世—渐新世),主要分为 3 个部分,即碳酸盐岩及深海浊积物序列,也被称为"TUaB"(Tuscan units above Burano);Burano 组,主要由硬石膏和碳酸盐岩组成,是 Tuscan 推覆体最基础的组成部分;Farma 组,Tuscan 推覆体深层的变质杂岩。

(4)由变质基底上部与上覆中生代单元基底交替刮蚀而成的构造复合体(Tectonic Wedge Complex)。

(5)变质单元(古生代),包括古生代的石英岩、千叶岩、变质杂砂岩、长石,局部的硬石膏和白云岩,以及古生代至前寒武纪的云母片岩、片麻岩和角闪岩。变质单元经历了多期次 Variscan 变质作用,直至中等变质程度,具有不同的片状痕迹,尽管经历阿尔卑斯作用覆盖,但局部仍可识别。另外,在后期还经历了 Variscan 热事件。在所有变质单元中均发现上新世—更新世花岗岩侵入体和细晶岩脉。

(6) K 层(K-horizon),位于变质单元之下的高地震阻抗层,是重要的地震标志层位,经研究发现其可能为岩浆或变质流体形成(Bertini et al.,2005),并且极有可能与地热田的热源深度有关(Bellani et al.,2004;Cameli et al.,1993)。据勘测,该区 K 层从第勒尼安海岸连续延伸至亚平宁山脉的中部,埋深在地下 3～12km(Gianelli et al.,1997;Liotta and Ranalli,1999)。近年来大量的地质勘探结果表明,K 层在 Tuscany 的南侧区域均可识别,在 Larderello 地热田区域内,大概位于地下埋深 3000m 处(Vanorio et al.,2004)。

Larderello 地热系统热源主要来自岩浆侵入体,地震反射数据表明该区域存在高温岩浆侵入体,深度在 3～4km 至 8～10km 之间。高温侵入体可使热储层原生流体汽化并驱动其向上流动,重构剖面的温度和压力分布。Larderello 地热田温度分布模型如图 4-22 所示。Larderello 热储层包括多种岩石类型(Santilano et al.,2015),如砂岩、泥灰岩、中生代微晶灰岩和硬石膏白云岩等。地热系统的盖层主要由新近系及 Flysch 地层组成,渗透性极低,厚度在中心区域为 200～400m,边界区域则约 1000m,有效地隔离了地热系统。Larderello 地热系统包含浅层储层和中深部储层两个热储层(Gola et al.,2017)。浅层储层位于蒸发岩—碳酸盐岩单元中,深度 0.7～1.0km,温度在 150～260℃之间;中深部储层位于变质岩和新近系花岗岩中,深度 2.5～4.0km,温度在 300～350℃之间。流体补给以大气降水为主,通过碳酸盐岩出露区域渗入地层,并通过断层和裂隙网络运移。断层和密集的破裂带在 Larderello 地热系统的形成中起着至关重要的作用,提供了流体的通道并增强了储层的渗透性,构造演化形成的断层促进了热流体的循环和热能的传递。蒸汽通过水的蒸发生成,并通过裂隙上升,这些裂隙和断层提供了流体的运移通道,并确保了热储系统较高的生产能力。热储周围深部含水层的液态水蒸发保证了地热系统的可持续性(Gola et al.,2017)。

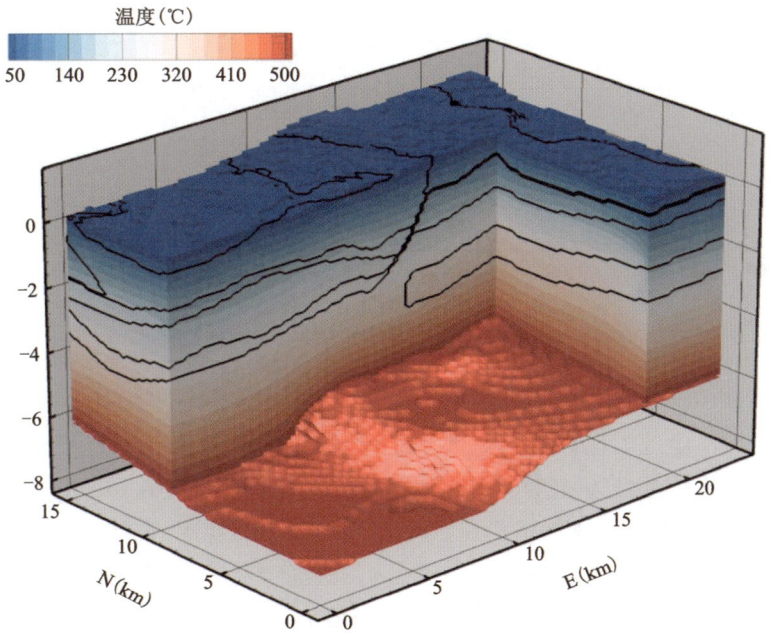

图 4-22 Larderello 地热田温度分布模型(Niederau et al.,2016)

世界地热发电始于1904年,在意大利Larderello成功利用天然地热蒸汽的发电装置点亮了5个灯泡,接着开展地热勘探钻井和建设商业性地热电站,Larderello地热电站的发展历程如图4-23所示。1913年11月13日,世界第一座250kW的Larderello地热电站开始运行,成为人类利用地热流体发电的开端。Larderello地热电站建成后,开始发展兆瓦级机组,地热发电持续增长,1916年地热发电总装机容量达到10.75MW,到1940年猛增至128.35MW,至1957年达273.35MW(Lund,2004)。1958年以后,新西兰、美国等国陆续加入地热发电行列,但意大利Larderello地热发电仍遥遥领先,直至20世纪70年代才被美国超越。1985年Larderello地热电站装机容量达到380.05MW,共41台机组,大多数单机容量为10MW规模,仅5台在20MW以上,最大单机容量为26MW。从20世纪90年代开始,Larderello地热电站陆续淘汰旧机组、建设新机组,新机组技术先进,单机容量扩大,大部分为20MW机组,其中有4台60MW机组(Lund,2004)。2013年Larderello地热电站运行机组22台,总装机容量594MW,全部是20世纪90年代以来的新建机组,最新的机组是2009年安装的2台20MW机组,而20世纪80年代总装机容量380.05MW的老机组已全部退役。2013年各国代表赶赴意大利Larderello参加纪念地热发电100周年的庆典。2013年意大利全国地热发电总装机容量为843MW,其中Larderello地热发电装机容量占意大利全国地热发电总装机容量的70%。意大利地热发电量仅占全国发电总量的1.8%,但是在Toscana区,地热发电量占该地区发电总量的26%。

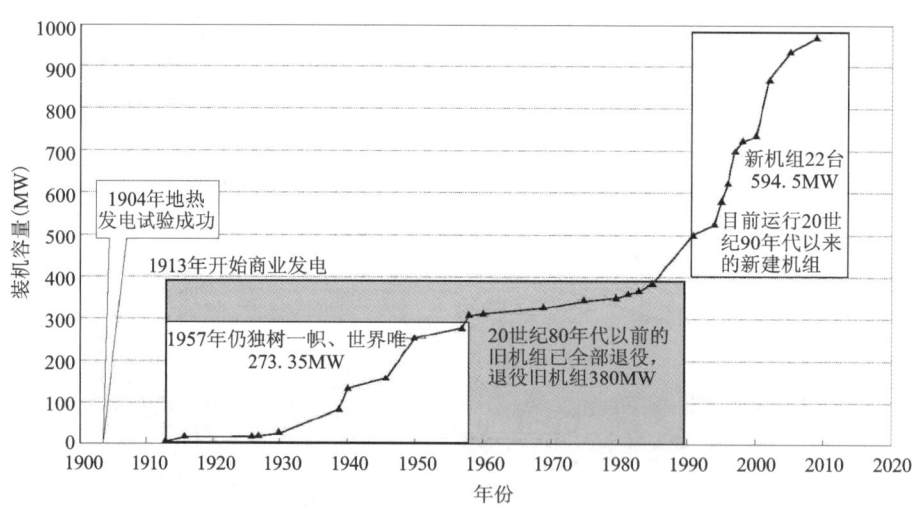

图4-23 Larderello地热电站装机容量进展(郑克棪和潘小平,2014)

随着Larderello地热发电站装机容量不断扩大,它的地热发电系统也不断更新。地热田百余口地热井始终不停地喷泄高温蒸汽数十年,地热田的产能出现一定程度的衰减。世界上其他高温地热田在连续地热发电数十年后也会出现热储压力降低和蒸汽产量减少的现象。据此,世界地热电站的设计寿命曾被设定为25~30年,地热电站在运行过程中必然出现一定的压力降低和流量减少。这会影响到原有设备,无法满负荷发电,从而需要调整发电参数、改造发电设备,以保障继续正常运行。Larderello开展地热发电设备更新换代工作,陆续淘汰旧机组,逐渐更换新机组。新机组具有更高的效率,利用同样的蒸汽可以产出更多的电力,同时对环境的影响较低。Larderello 地热电站最大的 Valle Secolo 电厂 2×60MW 地热发电工艺流程图如图 4-24 所示。地热生产井喷出的干蒸汽经离心式轴向分离器去除颗粒物后通往汽轮机驱动发电机,蒸汽经冷凝和除气后由回灌井回灌到热储层。

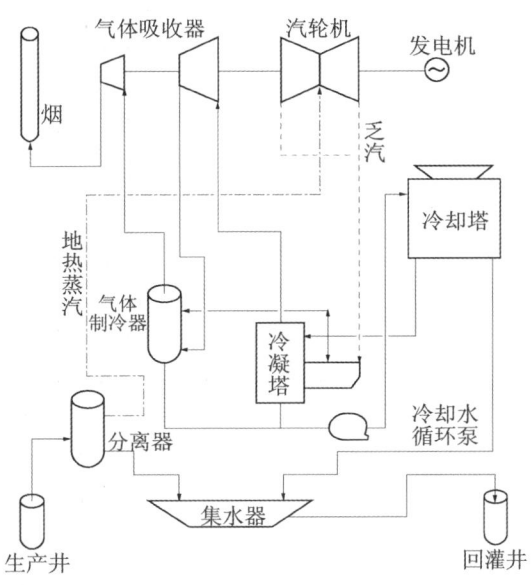

图 4-24　Valle Secolo 地热电厂 2×60MW 地热发电工艺流程(郑克棪和潘小平,2014)

除此之外,Larderello 地热电站采用废弃冷凝水回灌技术。Larderello 地热田现有 23 口地热回灌井,用于将地热发电废蒸汽回收后的冷凝水回灌到地下热储中。20 世纪 70 年代中期,地热田由于长期高强度开采,产量明显下降。于是 70 年代后期开始了地热回灌,将地热电站排出的废蒸汽冷凝成水,再回灌到热储中,以增加热储流体的质量补给,减少蒸汽压力的损耗,同时地热田蒸汽产量得以增加,2005—2009 年该地热电站因此增加了 4 台机组,装机容量新增 100MW。Larderello 地热田共有运行生产井 230 口(Rizzo et al.,2022),井口产出过热蒸汽温度为 150~270℃,压力为 0.2~2MPa,单井最大流量为 50~100t/h,少数几口井可以达到 300t/h,高压井的压力达 4MPa。

Larderello 地热田钻井作业初期使用由地表水配制的泥浆进行循环,然而,当钻遇浅层储层裂缝区时,就会出现钻井液漏失的现象。由于 Larderello 地区地质条件复杂,深部钻井常遇到裂缝地层,特别是在 1000m 左右的地层,固井作业困难,需要分阶段进行固井。Larderello 地区典型地热井井身结构参数如表 4-8 和图 4-25 所示。

表 4-8　Larderello 地区典型地热井井身结构参数(Lazzarotto and Sabatelli,2005)

	导管	表层套管	技术套管	生产套管	裸眼段
尺寸	24.5″/473mm	18.625″/339.7mm	13.375″/339.7mm	9.625″/244.48mm	7″/177.8mm
钻孔/钻头尺寸	30″/533.4mm	23″/444.5mm	17.5″/444.5mm	12.25″/311.15mm	8.5″/215.9mm
深度	70m	400m	1400m	2400m	3500m

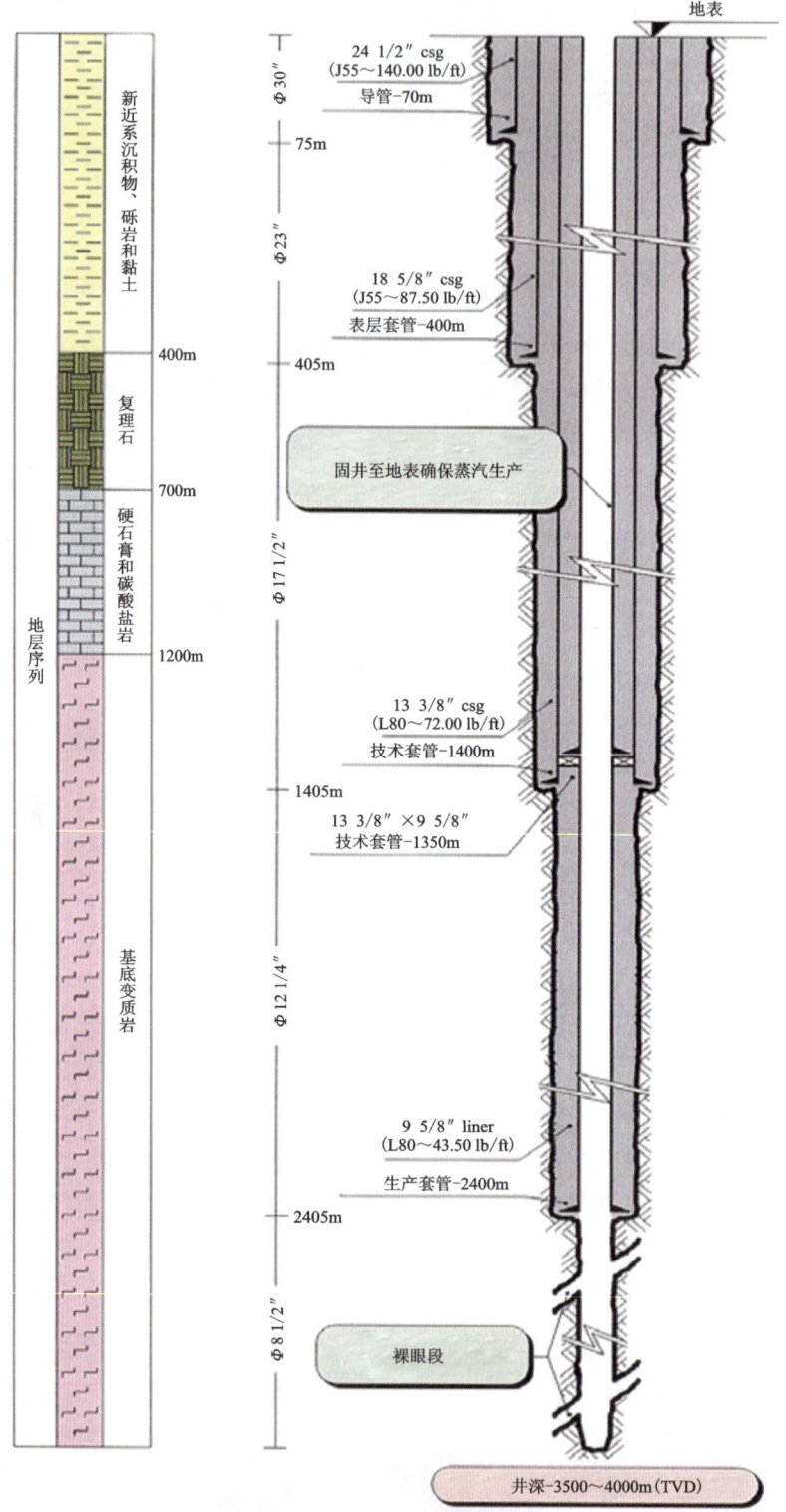

图 4-25　Larderello 地区典型地热直井井身结构示意图(Lazzarotto and Sabatelli,2005)

注：1 lb/ft=1.488kg/m。

2015 年，欧盟 Horizon2020 计划开展了欧洲大陆深层超临界环境钻探工程，目的是在开展超临界地热资源钻探的同时，进行新型钻探方法的研究，以及增加对高温高压条件下物理、化学过程的认识。该工程最终选定意大利 Larderello 地热田为研究区域，并完成了对已有钻孔 Venelle-2 的进一步钻探。2015 年 5 月—2018 年 4 月间，选取意大利 Larderello 地热田中已经存在的 Venelle-2 井继续钻探。Venelle-2 井是一口干井，先前已钻至 2200m 深，井底温度达 350℃。此次工程中该井继续钻至 3000m，井底已达超临界条件，并且在钻进过程中出现钻井液漏失的情况，埋深 1180m 处发现少量钻井液漏失 0~7m^3/h，在 2334m 处钻井液漏失量较大，约为 25m^3/h。2006 年，曾对 Venelle-2 井进行了两次温度测试，在 1334m 和 2212m 测得温度分别为 270℃ 和 360℃，地温梯度约为 0.1℃/m，与周围的钻孔中测得的地温梯度相近。2017 年，对 Venelle-2 井进行了第三次温度测试，在地下 2490m 测得温度为 386℃，与前两次测温基本保持同样的地温梯度。但在随后的第四次测温过程中，在 2810m 测得地层温度高于 504℃，地温梯度高达 0.3℃/m，出现了地温梯度陡增的情况，其测温结果如图 4-26 所示。在这几次测温过程中均采用了 Kuster 测温工具，这种测温工具需要在钻孔中持续测量数个小时，通过记录钻孔升温速度，外推计算实际地层温度。为了验证第四次测温数据的准确性，又通过合成流体包裹体的方法在地下 2890m 左右进行了重复的测温过程，测得地层温度在 495~510℃ 之间，与第四次测温的结果相近，证实了测温的准确性。同时也证明了在钻孔底部确实出现了地温梯度的陡然增高。通过重演岩浆侵入体的水热演化过程，推测 Venelle-2 井在 2500m 以下地层温度的突然升高可能是由于储层中气液两相共存区域的存在（赵悦安，2023）。

Larderello 地区的地热资源主要用于发电，采用干蒸汽和湿蒸汽两种发电方式。早期的地热发电主要依赖于干蒸汽地热资源，直接从地热井中提取高温蒸汽驱动涡轮发电。1958 年开始利用湿蒸汽发电技术，这种技术通过将地热井产出的热流体进行闪蒸以降低压力使部分水蒸发成蒸汽，从而驱动涡轮机。Larderello 的现代地热电站大多采用这种湿蒸汽闪蒸发电技术。截至 2013 年，Larderello 的地热发电年发电量达 5.3 亿 kW·h（郑克棪和潘小平，2014）。这些电力主要供应意大利中部地区，包括多个城市和农村，覆盖了数百万用户。通过地热发电，当地居民和企业享受到了稳定、可靠且环保的电力供应，减少了对化石燃料的依赖，降低了二氧化碳排放。Larderello 地区的地热资源利用不仅局限于发电，还广泛应用于供暖、旅游、农业和工业等多个领域，形成了地热梯级利用模式。在供暖方面，地热能为住宅和商业建筑提供稳定高效的热源，减少了对传统化石燃料供暖的依赖，降低了二氧化碳排放。温泉和 SPA 设施是 Larderello 地热田另一种重要的地热利用方式，丰富的地热温泉吸引了大量游客，促进了当地经济发展。在农业方面，Larderello 地热田地热能被用于温室加热，延长了植物生长季节，提高了农产品产量和质量。在工业领域，Larderello 地热能用于干燥和加热工艺，如木材干燥、食品加工等，提升了生产效率，降低了能耗。当地独特的地热景观如喷泉，成为科普和生态旅游的景点。此外，Larderello 地区还设有世界上第一座地热博物馆，通过展示地热科学知识和地热发电历史，普及地热能开发与利用知识，吸引了世界各地的游客和学者前来参观学习。Larderello 地热博物馆内设有教学井。教学井钻探于 1956 年，深度为 740m，流体产量约为 10t/h，流体成分为 96% 蒸汽和 4% 不凝结气体，温度为 180℃。Larderello 地区通过多样化的地热资源利用，不仅提高了地热资源利用效率，减少了环境污染，还为当地居民生活带来了显著的经济效益和社会效益，展示了地热资源可持续发展的广阔前景。

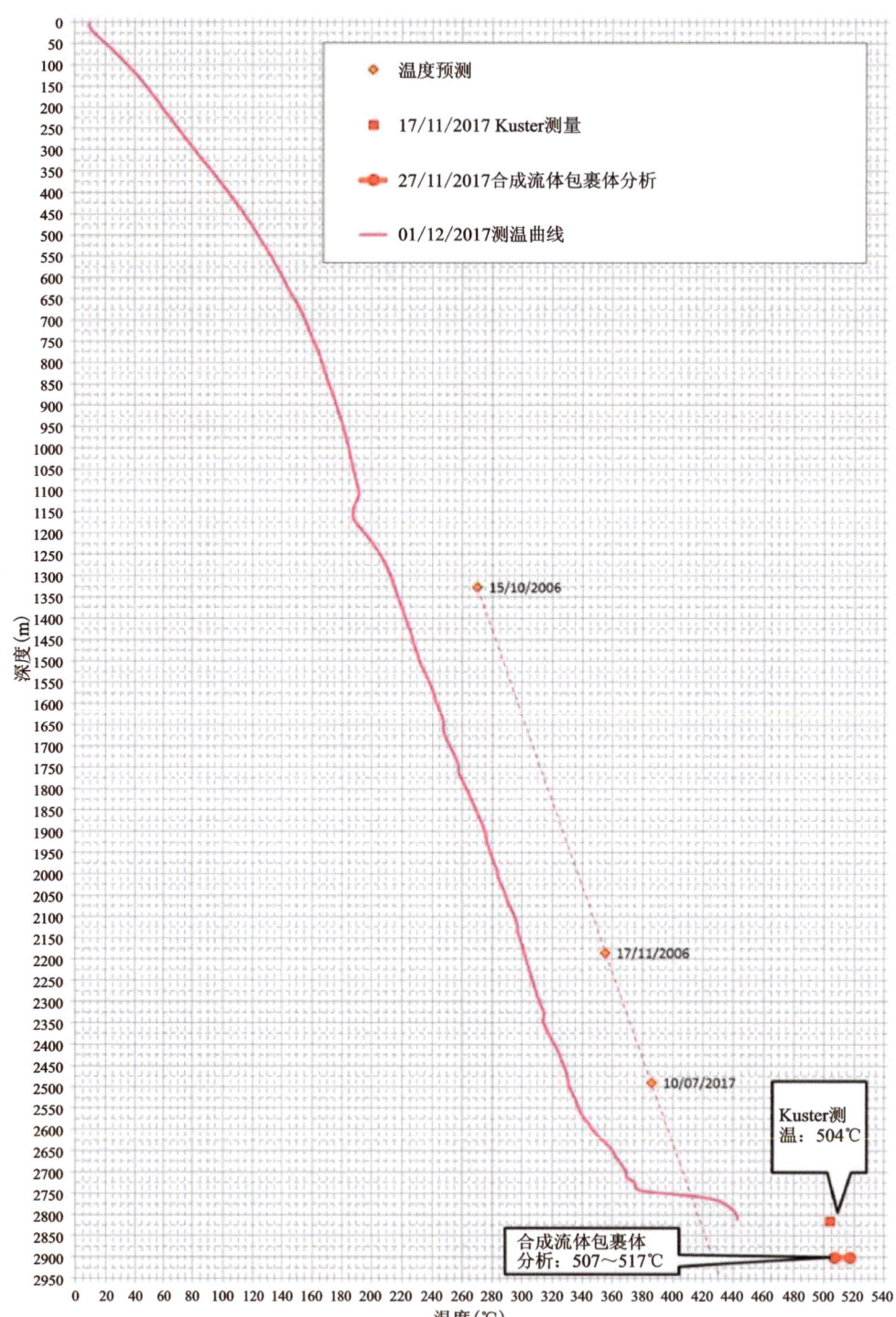

图 4-26　Venelle-2 钻孔测温曲线（赵悦安，2023）

Larderello 地热田的数值模拟研究有助于该热储的地热资源实现高效开发利用。数值模拟模型如图 4-27 所示,模型的盖层由 Flysch 单元和黏土沉积物等低渗透地层组成(Romagnoli et al.,2010),其厚度 200~400m,渗透率为 $10^{-20}\,\mathrm{m}^2$。从地质角度来看,地热储层顶部对应于 Flysch 地层的底部。而从生产角度来看,地热储层的顶部由地热开采区遇到的第一个高渗层或裂缝层决定。储层顶部假设与 250℃ 等温线重合,这是储层顶部的平均温度值。钻探数据表明,生产层的第一个裂缝层与 250℃ 等温线的深度在地热田的中央部分一致。在数值模拟模型中,有利热储层的上部存在一些没有裂缝的储层,其渗透率为 $3\times10^{-20}\,\mathrm{m}^2$,孔隙度为 2%;有利热储层的渗透率为 $10^{-13}\sim10^{-15}\,\mathrm{m}^2$,孔隙度为 2%~4%,温度范围为 250~320℃。K 层(K-horizon)所在的 400℃ 等温线被认为是模型的底部,即它被认为是可开采地热系统的下边界,深度 4000~7000m。模拟过程中,为了允许热流但不允许流体向上运移,K 层设定为渗透率为 0 且恒温的边界条件。地热储层模型的侧边界被视为低渗透区,渗透率为 $1.5\times10^{-18}\,\mathrm{m}^2$。模型的参数如表 4-9 所示。

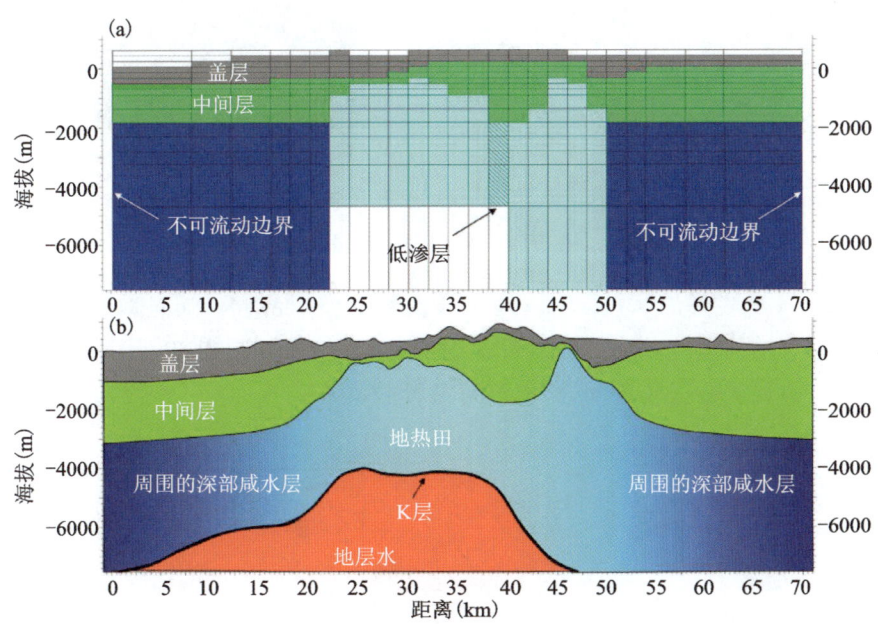

图 4-27　Larderello 地区地质剖面图和数值模拟模型图(Romagnoli et al.,2010)

表 4-9　**Larderello 模型的岩石物理参数**(Romagnoli et al.,2010)

岩石类型	渗透性(m^2)	孔隙度(%)	热导率[W/(m·℃)]
储层	$10^{-16}\sim10^{-13}$	2~5	2
盖层	$0\sim10^{-20}$	0.1~2	2
侧向含水层	$10^{-18}\sim10^{-16}$	2	2

如图 4-28 所示,数值模拟模型区域的面积为 $4900\mathrm{km}^2$(70km×70km),最大垂直厚度接近 7500m(从海拔 500m 至海平面下 7000m)。模型被划分为 16 层,包含约 10 000 个网格单

元。每个水平层由 625 个(25×25)大小不一的网格单元组成。在需要较高精度描述的模型部分,网格单元大小为 2km×2km,其余单元大小为 8km×8km。网格单元每层的厚度随深度变化,浅层的部分采用 200m 单元格厚度,深层的部分采用几千米单元格厚度。模型的边界设置为不可流动边界条件。在模型上边界单元设定固定温度为 15℃和标准状况下的大气压。在有利热储区的底部网格单元的温度为 350～400℃(Romagnoli et al.,2010)。

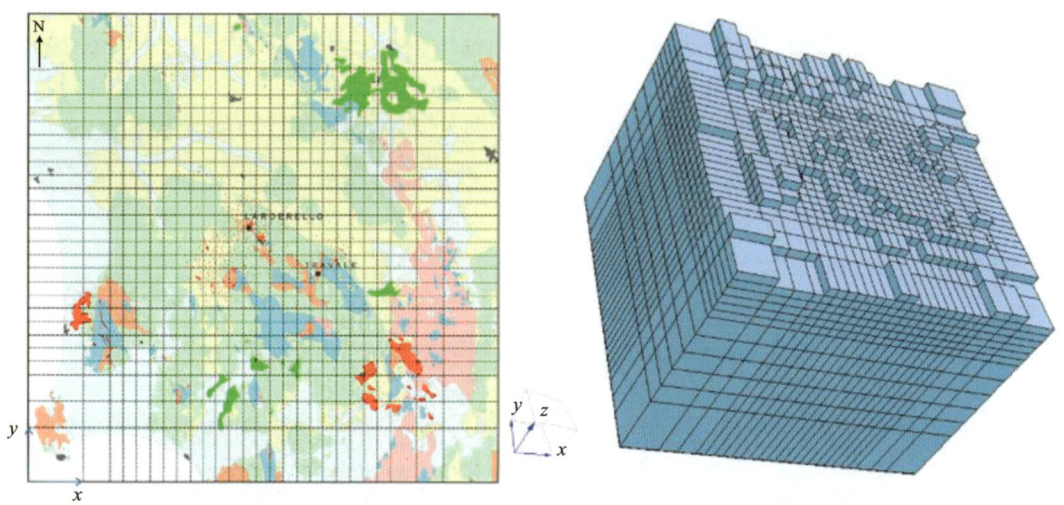

图 4-28　Larderello 地区 2D 和 3D 模型示意图(Romagnoli et al.,2010)

利用 TOUGH 软件开展 Larderello 地热开发数值模拟研究。通过对比数值模拟预测和观测的井口压力与钻孔温度随地热开发过程中的动态变化,如图 4-29 所示,实线代表的模拟数据与散点代表的观测数据较为吻合,模型可靠性较高。

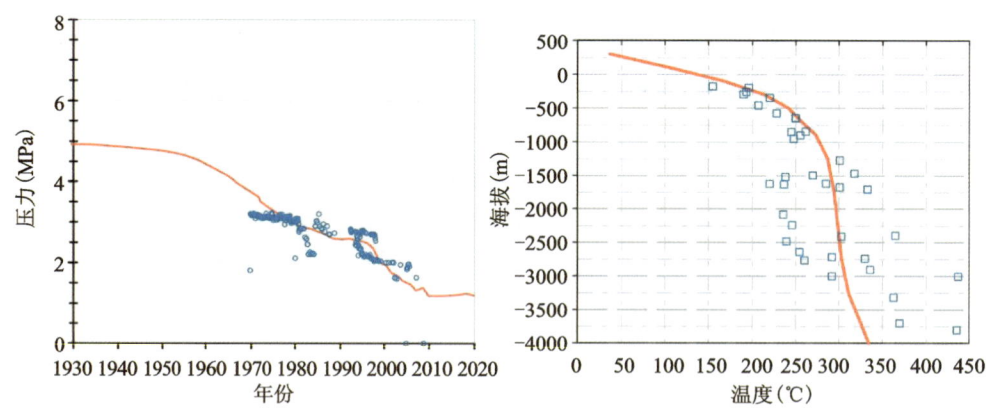

图 4-29　观测的井口压力与钻孔温度数据和模拟的井口压力与钻孔温度数据对比(Romagnoli et al.,2010)

地热开发前后热储层温度与压力分布剖面图如图 4-30 所示。Larderello 热储层中央部分压力下降,温度几乎无变化。数值模拟预测 Larderello 热储层可以满足 100 年的地热开发(Romagnoli et al.,2010)。

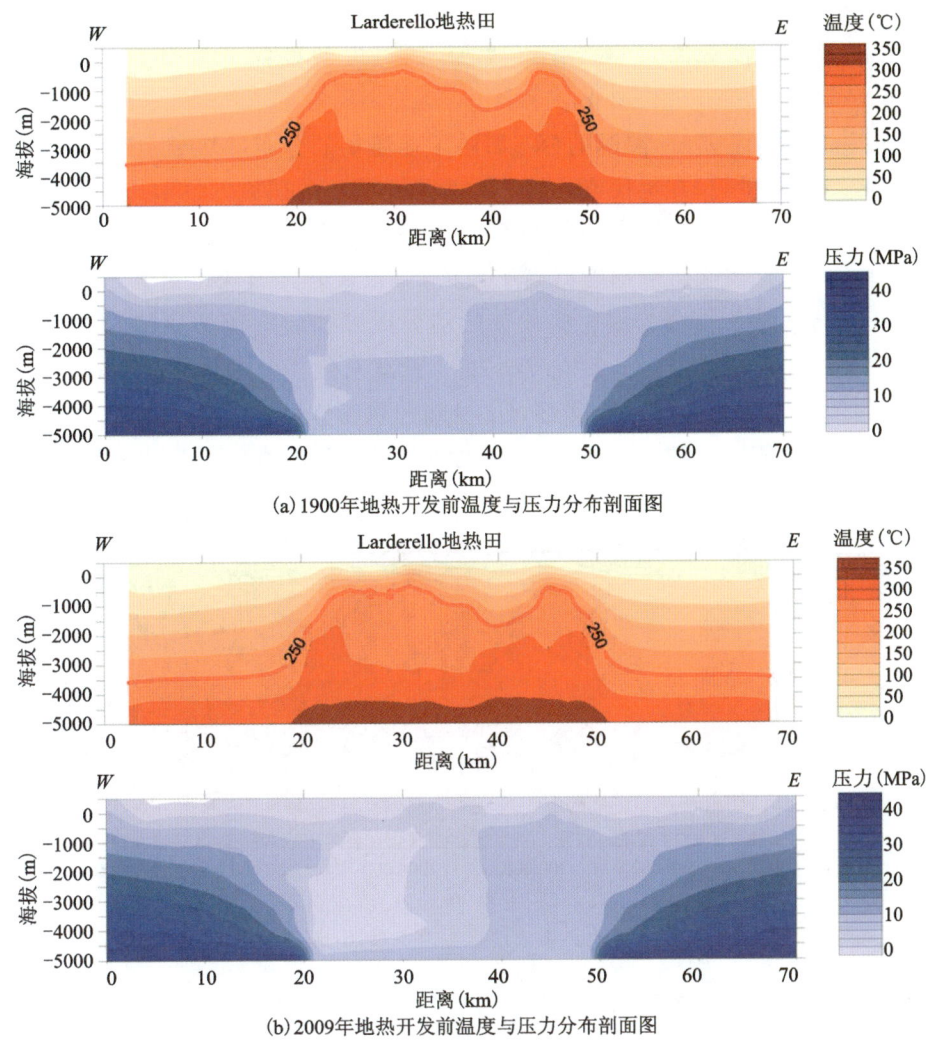

图 4-30 Larderello 地区地热开发前后 W-E 截面温度、压力分布图(Romagnoli et al.,2010)

4.2.4 Olkaria 地热田

肯尼亚东非大裂谷中部到基底的深度为 5~6km(Simiyu,2010)。地震和重力研究表明，变质基底岩石中存在高密度岩浆侵入(Simiyu,2010;Baker and Wohlenberg,1971)。裂谷内地热资源分布广泛，具有巨大的地热资源开发利用潜力。肯尼亚作为东非高速发展的国家，电力需求十分旺盛。Olkaria 地热田位于肯尼亚东非裂谷带中部，是肯尼亚最早投入生产的地热田之一。Olkaria 地热田距肯尼亚首都内罗毕约 100km，北部紧邻纳瓦沙湖，南距 Suswa 火山约 80km。Olkaria 地热田热储埋深 500~3000m，平均温度 240℃，最高记录温度达 370℃。Olkaria 地热田整体面积为 100km^2，已探明地热资源面积为 42km^2。大规模钻井有两个时期，1972 年开始陆续钻井 80 余口，主要集中在东区和东北区；2007 年以后，中国石油长城钻探公司负责钻井服务，先后钻成高温地热井共 146 口，其中单井最高产能突破 30MW。

1984年Olkaria地热田一期45MW试验机组发电成功,到目前已建成4座地热电站,产能达到654MW。随着清洁能源需求量的不断增加,地热资源勘探开发具有广阔的市场前景(Ogoso-Odongo,1986;Shi et al.,2021)。

热源是地热田形成的基础,热源的分布影响了地温场的分布(Marshall et al.,2009)。美国地质调查局早在20世纪50年代就开始了对肯尼亚地热的研究。Olkaria地热田的大地电阻率剖面如图4-31所示,西区和Longonot区存在电阻率较低区,电阻率值为5~10Ω·m,深度4000~6000m。东区岩浆囊的深度略高于西区,穹顶区岩浆囊深度最大,这与温度场中东区温度略高于西区的特征吻合。地震横波突然消失或减弱通常由熔融的岩浆引起,Olkaria地热田区块生产区之下有3个明显的横波消失带,推测对应3个主要的热源,I号热源供应西区,II号热源主要供应东北区及东区北部,III号热源供应东区南部及穹顶区。同时,岩浆囊的范围基本与地热田范围一致。因此,热源对地热田范围及热储温度产生决定性控制作用。

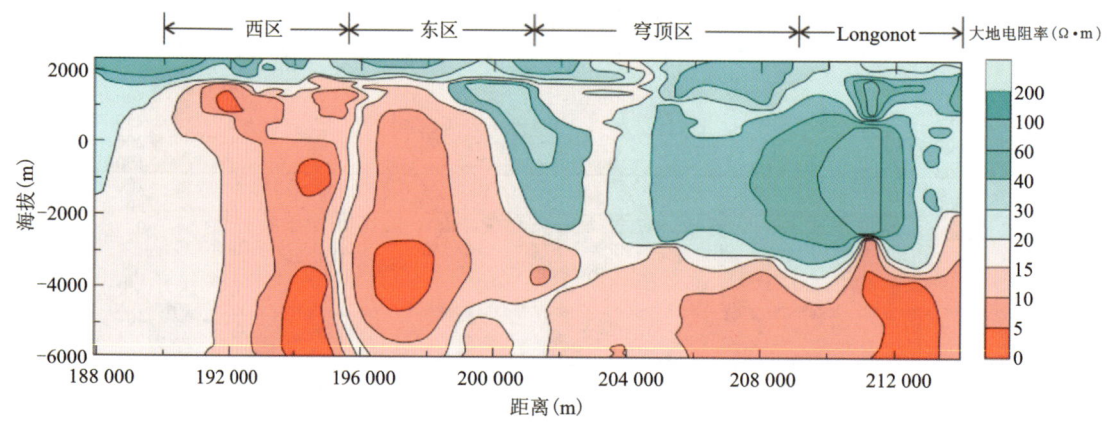

图4-31 Olkaria地热田大地电阻率剖面图(张志敏等,2020)

在有稳定热源供热的条件下,形成地热田的另一个重要条件是有足够的补给地下热水的水源。地热田附近断层在接受了大气降水后,在断裂附近形成裂隙含水带,地下水在重力作用下沿断裂破碎带进一步下渗,不断补给地下深部含水层,在深循环过程中与炽热的岩体进行热交换。热水的密度差造成自然上升流,上升流体沿断层上行,在裂缝发育的凝灰岩和粗面岩中赋存,形成了高温热储。根据温度数据、测试井生产特征、地球物理数据解释,Olkaria地热田有4个主要上升流区域,分别是东区中部、西区北西-南东狭长带、东北区中部、穹顶区的东南部。通过研究Olkaria地热系统的地化特征发现,东部3个区块可能存在一个共同的热水来源,依据是在320~340℃时水中氯离子浓度均为450mg/L,据此推测有一个北西-南东向的断裂沟通了这3个区块(张志敏等,2018)。

根据目前的地质、地球化学与地球物理资料,Olkaria地热田的特征如下(张志敏等,2018;Karingithi et al.,2010):

(1) Olkaria地热田整体面积约100km^2,目前投入生产的主要是东北区、东区和穹顶区,已落实热储面积约42km^2。

(2) Olkaria地热田地下6km深层存在一个冷却的岩浆囊,以低电阻率、横波消失为特征,岩浆囊温度推测在600℃以上。

(3) Olkaria 地热田的盖层是最近一次火山活动的喷发物,以流纹岩为主,透水性差且裂缝不发育,使盖层成为良好的隔水层。西部部分区域发育蚀变凝灰岩,也可作为盖层。盖层厚度在500m以上。

(4)热储层以凝灰岩和粗面岩为主。西区热储以凝灰岩为主,原生孔隙性较好,但由于其对水热蚀变较敏感,大多数原生裂隙被后期次生矿物充填。东区热储以粗面岩为主,热储储存流体的能力取决于次生裂隙,即裂缝的发育程度。同时粗面岩原生冷缩节理也是热流体储集运移的重要通道。

(5)地热水来源主要为大气降水,部分为渗入来源。Olkaria 地热田是一个典型的高温地热田,各区热流体径流与上升具有不同的特点,即东北区有异地侧向补给的特点,东区有垂直排泄区的特征。

(6)热流传递主要通过深大断裂和岩石的热传导进行,部分断裂附近存在热对流。

测井温度曲线是分析和认识地热田的重要资料,通过分析稳态测温曲线形态可以判断地下热交换类型,根据地热井位置不同及热交换类型不同将测温曲线分为4种。

(1)下凹形[图 4-32(a)]。特征是随深度增加温度先缓慢上升后快速上升,原因是补给区受大气降水和断层影响,地表水逐步渗入地下,影响地温场。

(2)线形[图 4-32(b)]。特征为井温曲线与地温曲线重合,对应地热田径流区。

(3)上凸形[图 4-32(c)]。特征是井温曲线高于地温曲线,原因是地下热水上涌使得浅层地层水温度较高,对应地热田排泄区。

(4)直线形[图 4-32(d)]。特点为从某一深度开始井温不变。通过分析认为钻井过程中钻遇断裂带,高温地下水直接流入井筒内,导致井内温度恒定不变。

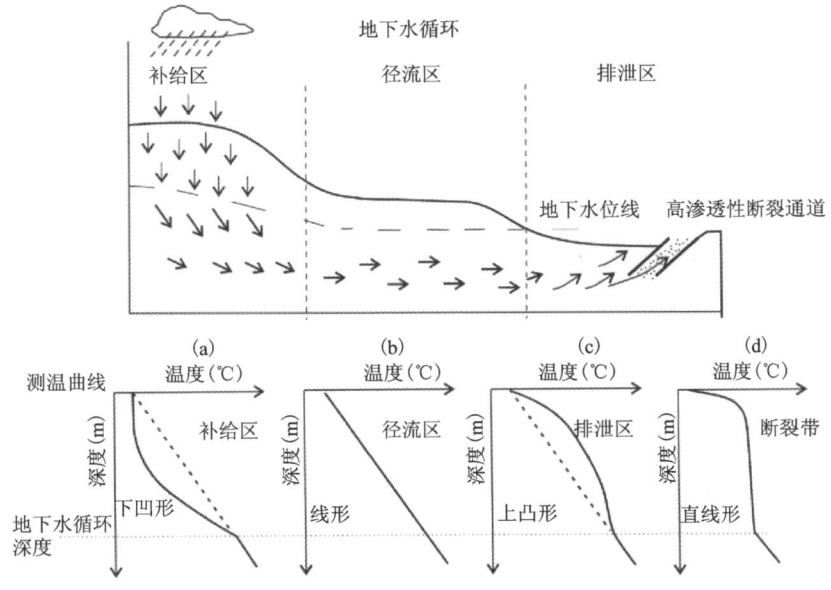

图 4-32　地热田测温曲线形态分类图(张志敏等,2020)

选取 Olkaria 地热田 4 口具有代表性的井的测温曲线进行分析(图 4-33)。A 井位于研究区中部,靠近 Ololbutot 断层。从曲线上看,0~600m 段增温明显,后增温变缓,从 1400m 至井底出现轻微温度倒转,表明 Ololbutot 断层作为下渗通道影响了地热井温度。B 井和 C 井都位于工区东南部,曲线明显分为两段,特征为井口至 600~800m 段增温明显,地温梯度约 40℃/100m,1000m 左右达到最大值,1000m 以下为直线段,温度基本保持不变。这表明上部热储以热传导为主要特征,反映了地层的低渗透性;下部热储受断层影响,表现为直线形。D 井位于工区西部,靠近热田边界。曲线总体分为两段,上部曲线有明显下凹形特征,反映了工区西部断层作为补给区,下部曲线为线性,反映了热储低渗透性,这与地质认识中西区凝灰岩热蚀变后孔隙度和渗透率大幅减小的认识相同(张志敏等,2020)。

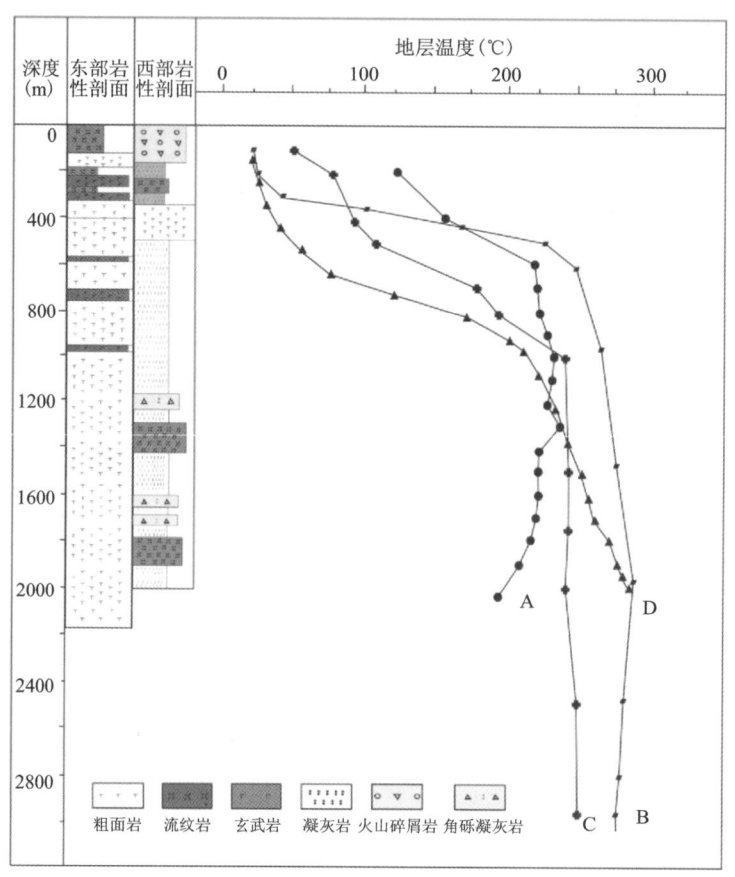

图 4-33 Olkaria 地热田典型测温曲线(张志敏等,2020)

以单井测温曲线为基础,结合地质认识,编制了 Olkaria 地热田东西向温度剖面如图 4-34 所示。从东西向温度剖面上可以看出,总体上地温随着深度增加而温度升高,在 11 井附近温度出现反常是 Ololbutot 断层作为渗流通道所致。同样的,3 井附近出现温度倒转,是 Gorge Farm 断层作为下降流通道所致。东区地温总体高于西区。15 井附近有明显的低温区,对应地热田补给区。7 井和 8 井区埋藏浅且温度较高,地温梯度超过 35℃/100m,是目前 Olkaria 地热田的主力生产区。

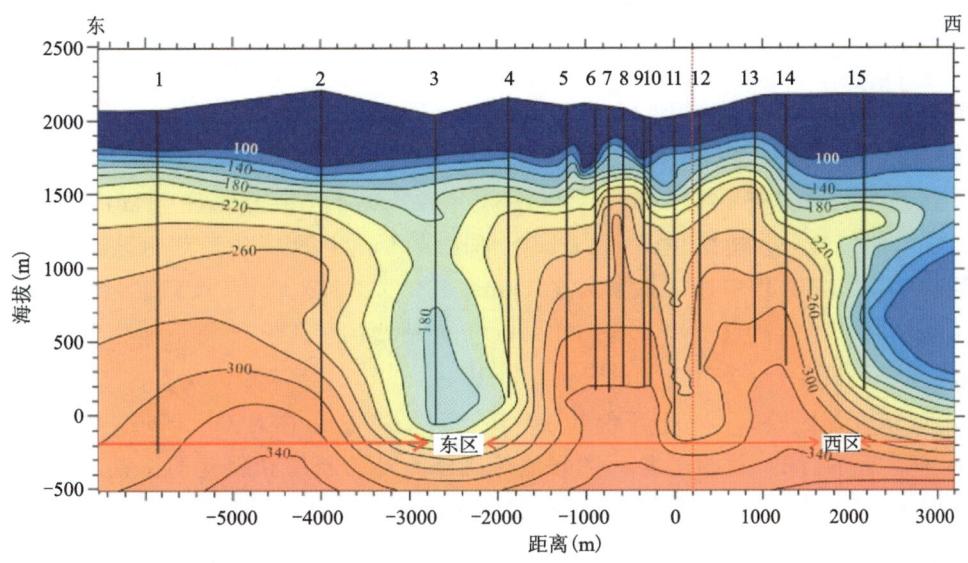

图 4-34　Olkaria 地热田东西向温度剖面图(张志敏等,2020)

Olkaria 地热田的热源是熔融的岩浆。深部未冷却的岩浆囊为热流体的持续循环提供了源源不断的热量,地下岩浆囊的范围和深度直接影响了 Olkaria 地热田地温场分布。断裂和裂缝是热流体储集和运移的主要通道。地温场的分布受断层和裂缝发育程度的影响较大。温度较高区域通常与上升流区且断裂较发育区域重合。而地温场中温度较低区域通常是断层作为下降流通道而引起的。结合 2000 年后新钻井资料(表 4-10),发电潜力较大的井全部分布在上升流区且断裂和裂缝发育较多的区域。Olkaria 地热田热储层以凝灰岩和粗面岩为主。西区热储以凝灰岩为主,原生孔隙性较好。但由于凝灰岩对水热蚀变较敏感,大多数原生孔隙被次生矿物充填。在西部钻井钻遇的凝灰岩颜色为红棕色,通常无杂质,沿裂缝面时常被蚀变为绿色黏土。37A 井位于 Olkaria 地热田西区,从 2007 年以后新钻井的生产情况来看,单井平均发电能力 3.24MW,37A 井单井发电能力 6MW,远高于周边井。920~977m 段为凝灰岩与玄武岩的接触面,经生产压力分析,判断该段是主要生产段。这是由于热水蒸汽沿着岩性接触面上涌,该接触面为地热田的重要补给通道。东区热储以粗面岩为主,受水热蚀变的影响较小,而粗面岩原生孔隙性较差,热储储存流体的能力主要取决于次生裂隙和裂缝的发育程度。

表 4-10　Olkaria 地热田西区 2000 年后新钻井单井发电潜力(张志敏等,2020)

井名	完钻日期	深度(m)	最高温度(℃)	单井发电潜力(MW)
37A	2001-05-25	2860	280	6
36A	2009-05-25	2860	280	3
56	2008-06-27	2800	260	2
36	2011-04-24	2071	250	2.6
35A	2008-09-16	2752	300	2.6

Olkaria 地热田的开发始于 20 世纪 60 年代,当时钻探了两口地热井(Simiyu,2010)。这一工作在 20 世纪 70 年代初得以继续进行。1973 年,联合国开发计划署(UNDP)开始资助钻探深层勘探井。这一工作持续到 1977 年,并在 1978 年发布可行性报告后开始钻生产井。1981 年建立第一个地热发电站,即 Olkaria Ⅰ 地热电站(Ouma et al.,2016)。Olkaria Ⅰ 发电站的 3 个机组分别于 1981 年、1983 年和 1985 年投入运行,每个地热电站机组发电量为 15MW。Olkaria Ⅰ 地热发电站位于 Olkaria 东部区域,涡轮机所需的蒸汽由该区域钻探的生产井提供,共有 26 口井供应地热高温蒸汽(Ouma et al.,2016)。该区域和东北部部分地区钻探的更多生产井获得的过剩蒸汽,使得 Olkaria Ⅰ 电站增加了 Ⅳ 和 Ⅴ 两个地热电站机组。施工于 2012 年 7 月开始,每个机组发电量为 70MW,并于 2014 年底投入运行。

Olkaria 东北部区域的第一个评价井于 1985 年钻探,这是在对 Olkaria 东部周边地区的勘探井评价之后进行的,目的是验证增强地热流体流动的断层和裂缝的位置。到 1988 年,Olkaria 东北部区域又钻探了 5 口评价井,证实了该区域地热资源的存在。到 1993 年,Olkaria 东北部区域共钻探了 33 口井,这些井用于生产、回注和监测(Ouma et al.,2016)。这些地热井的发电量约为 105MW。Olkaria Ⅱ 地热发电站的 1 号和 2 号机组位于 Olkaria 东北部区域,施工于 2000 年 9 月开始,并于 2003 年 11 月底完成。每个机组发电量为 35MW。随着钻探工作的继续,3 号机组于 2010 年投入使用,发电量为 35MW。Olkaria Ⅱ 地热发电站总发电量为 105MW。

Olkaria 西南部区域(也称为 Olkaria 西部)由电力生产商 OrPower 公司开发。OrPower 公司于 2000 年 2 月—2003 年 3 月期间在该区域进行了地热资源评价和生产钻井,共钻探了 9 口井,证明该区域能够为 Olkaria Ⅲ 地热发电站提供 48MW 地热发电装机容量的地热资源。2000 年 9 月和 12 月安装了一个 12MW 的二元试验电站,分别为 8MW 和 4MW 的地热发电机组单元。其余的 36MW 于 2008 年底投入使用。持续的生产钻井使得另一个发电机组得以安装,到 2014 年 2 月地热发电量增加到 110MW。

在 Olkaria 穹顶区域的地球科学研究于 1992—1997 年间进行。勘探钻井在 1998 年和 1999 年进行,钻探了 3 口井(OW-901、OW-902 和 OW-903)(Ouma et al.,2016)。这 3 口井均成功产出高温蒸汽。在 2007 年部署了 6 口地热评价井。这些地热井为斜井,井深在 2800~3000m 之间。这 6 口井均显示出良好结果,其中一些地热井钻遇超过 300℃ 的高温热储层。到 2011 年底,穹顶区域约钻探了 30 口井。这些地热井的钻探数据证实了该区域有丰富的高温蒸汽资源可以支撑一个 180MW 的地热发电站。140MW 的地热发电站,即 Olkaria Ⅳ,其建设于 2012 年 7 月开始,该地热发电站于 2014 年 10 月投入使用,目前已接入电网。

Olkaria 地热田中部区域钻探的第一个勘探井显示出逆温剖面和低焓流体特征。1994—1997 年间又钻探了 3 口井,这些井均显示出逆温剖面,只有一口井能够产出高温蒸汽。Oserian Development 公司从 Kenya Electricity Generating 公司租用了一口井,利用 Olkaria 中部的蒸汽实现了 2MW 的地热发电。该公司地热电站于 2004 年投产,为农场运营提供电力。

在 Olkaria 西北部钻探的勘探井和 Olkaria 东南部区域钻探的井,其蒸汽显示结果不佳,因此,该区域开展了地球物理工作并部署了更多的地热井。目前在这些区域进行地热评价钻井,以评价地热资源量和可动用程度。

第 4 章 地热开发

截至 2016 年 2 月底，Olkaria 地热电站的总装机容量约 654MW。这些地热发电站的运行也展示了地热资源在电力生产中的巨大潜力，取得了一定的经济效益和社会效益。

除了地热发电之外，Olkaria 地热田实现了地热资源梯级开发利用，主要包括地热发电、地热直接利用、农业灌溉等多种用途。Olkaria 地热田的中低温地热资源在农业上得到了广泛应用，尤其是温室加热方面。Oserian Development 公司利用地热蒸汽为温室提供加热服务，为花卉种植创造了理想且舒适的温度环境。这种利用方式不仅提高了农作物的生长速度和质量，还显著降低了生产成本。除了温室加热，地热能在直接供热方面也有重要应用。Oserian Development 公司利用地热蒸汽熏蒸温室，提高土壤中的二氧化碳含量，促进植物生长。此外，通过热交换器加热淡水，也在农业灌溉中发挥了重要作用。这些技术的应用显著提高了农业生产效率，改善了农产品的质量和产量。地热加热温室技术为当地农户带来了可观的经济收益，减少了对传统化石燃料的依赖，具有重要的节能减排意义。

Olkaria 地热田的温泉资源也被用于温泉疗养，Olkaria Spa 便是其中的典型代表。温泉疗养利用地热温泉的天然热能，为游客提供健康疗养和休闲服务。温泉不仅吸引了大量游客，促进了当地旅游业的发展，还为当地社区创造了就业机会，推动了区域经济的可持续发展。Olkaria 地热田的地热资源综合开发利用为当地带来了显著的经济效益和社会价值。从电力生产到温室加热、温泉疗养、农业灌溉、居住供暖，再到旅游收入，Olkaria 地热资源的广泛应用展示了其巨大的开发潜力和多方面的应用价值(Shi et al.，2021；Axelsson et al.，2013)。

为了更好地实现 Olkaria 地热田高效采热，利用 TOUGH 软件针对 Olkaria 东部和东南部地热田开展了热储回灌数值模拟研究(Bett and Yasuhiro，2023)。数值模拟的模型图如图 4-35 所示，相关数据如表 4-11 所示，模型厚度共计 3759m，模型顶部的海拔是 2259m，模型底部的海拔是 -1500m。模型包含 12 层，最小的网格尺寸在 X,Y,Z 3 个方向分别为 100m×100m×100m。

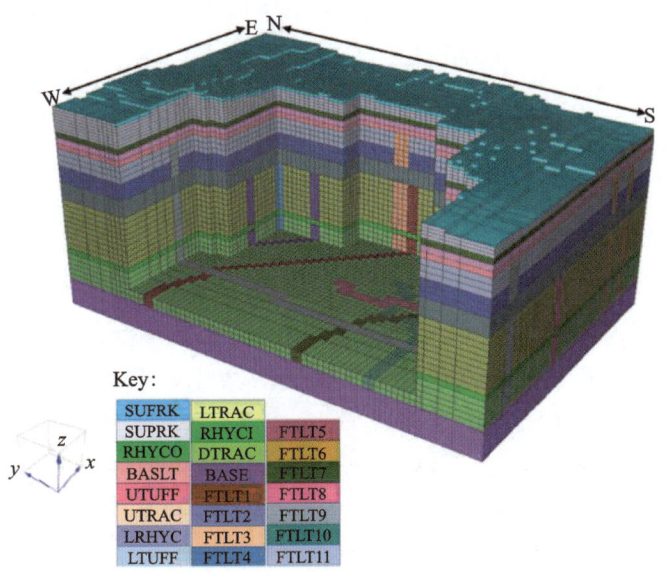

图 4-35　Olkaria 地热储层数值模型(Bett and Yasuhiro，2023)

表 4-11 Olkaria 地热地层参数（Bett and Yasuhiro,2023）

海拔(m)	岩石缩写	岩石类型	岩石密度(kg/m³)	孔隙度(%)	渗透率 X	渗透率 Y	渗透率 Z
2259	SUFRK & SUPRK	表层岩石	2 650.0	10	1.5×10^{-15} m²	1.5×10^{-15} m²	1.0×10^{-15} m²
1712	SUPRK	岩体浅表	2 650.0	6	1.5×10^{-15} m²	1.5×10^{-15} m²	9.0×10^{-16} m²
1700	RHYCO	流纹岩	2 650.0	5	3.0×10^{-15} m²	3.0×10^{-15} m²	2.0×10^{-15} m²
1600	BASLT	玄武岩	2 670.0	1	1.5×10^{-16} m²	1.5×10^{-16} m²	1.5×10^{-17} m²
1500	UTUFF	凝灰岩	2 700.0	1	1.0×10^{-16} m²	1.0×10^{-16} m²	1.0×10^{-17} m²
1400	UTRAC	粗面岩	2 650.0	5	3.5×10^{-15} m²	3.5×10^{-15} m²	3.0×10^{-15} m²
1100	LRHYC	流纹岩	2 670.0	5	3.0×10^{-15} m²	3.0×10^{-15} m²	2.0×10^{-15} m²
800	LTUFF	凝灰岩	2 670.0	1	1.0×10^{-16} m²	1.0×10^{-16} m²	1.0×10^{-17} m²
500	LTRAC	粗面岩	2 650.0	5	3.0×10^{-15} m²	3.0×10^{-15} m²	1.0×10^{-16} m²
−400	RHYCI	流纹岩	2 650.0	5	5.0×10^{-16} m²	5.0×10^{-16} m²	1.0×10^{-16} m²
−500	DTRAC	粗面岩	2 650.0	5	2.0×10^{-15} m²	2.0×10^{-15} m²	1.0×10^{-16} m²
−1500	BASE	正长岩侵入	2 700.0	1	1.0×10^{-16} m²	1.0×10^{-16} m²	1.0×10^{-17} m²
	FTLT1	断层	2 650.0	10	9.0×10^{-15} m²	9.0×10^{-15} m²	9.0×10^{-15} m²
	FTLT2	断层	2 650.0	10	1.0×10^{-14} m²	1.0×10^{-14} m²	1.0×10^{-14} m²
	FTLT3	断层	2 650.0	10	9.0×10^{-15} m²	9.0×10^{-15} m²	9.0×10^{-15} m²
	FTLT4	断层	2 650.0	10	7.5×10^{-15} m²	7.5×10^{-15} m²	7.5×10^{-15} m²
	FTLT5	断层	2 650.0	10	9.0×10^{-15} m²	9.0×10^{-15} m²	9.0×10^{-15} m²
	FTLT6	断层	2 650.0	10	7.0×10^{-15} m²	7.0×10^{-15} m²	7.0×10^{-15} m²
	FTLT7	断层	2 650.0	10	7.0×10^{-15} m²	7.0×10^{-15} m²	7.0×10^{-15} m²
	FTLT8	断层	2 650.0	10	7.5×10^{-15} m²	7.5×10^{-15} m²	7.5×10^{-15} m²
	FTLT9	断层	2 650.0	10	2.5×10^{-14} m²	2.5×10^{-14} m²	2.5×10^{-14} m²
	FTLT10	断层	2 650.0	10	7.5×10^{-15} m²	7.5×10^{-15} m²	7.5×10^{-15} m²
	FTLT11	断层	2 650.0	10	7.0×10^{-15} m²	7.0×10^{-15} m²	7.0×10^{-15} m²

通过不断地调整模型的地质参数完善热储地质模型，模型的初始温度和压力条件通过已钻探井的实际数据进行验证，用来确保热储模型精确，如图 4-36 所示。

数值模拟结果显示，在无流体回灌的情况下，由于热储层压力下降，断层 FLT4 附近的 OW-16 井顶部出现沸腾现象。热储层流体的回灌于 2003 年开始，如图 4-37 所示。随着回灌的进行，热储层压力下降的情况得到有效缓解。

把地热蒸汽枯竭的井转换为回灌井，有助于维持热储的压力，此时热储回灌速率为 19.4kg/s。通过井 OW-6、OW-7、OW-12、OW-13、OW-21、OW-34 回灌热焓值为 727.3kJ/kg 的热水。通过井 OW-17、OW-801、OW-801R2 回灌热焓值为 567.2kJ/kg、432.2kJ/kg 的冷凝水。热储的生产热焓值由回灌前的 1632kJ/kg 降低为回灌后的 1085～1185 kJ/kg。Olkaria

地热田注采开发过程中温度和压力分布如图 4-38 所示。热水回灌后,井 OW-7、OW-12、OW-21附近的压力下降情况迅速得到缓解,尤其是在浅部储层。在深部热储进行热水回灌有助于缓解热储压力下降,实现 Olkaria 地热田高效采热,定期的地热回灌监测可以有效避免热突破的发生(Bett and Yasuhiro,2023)。

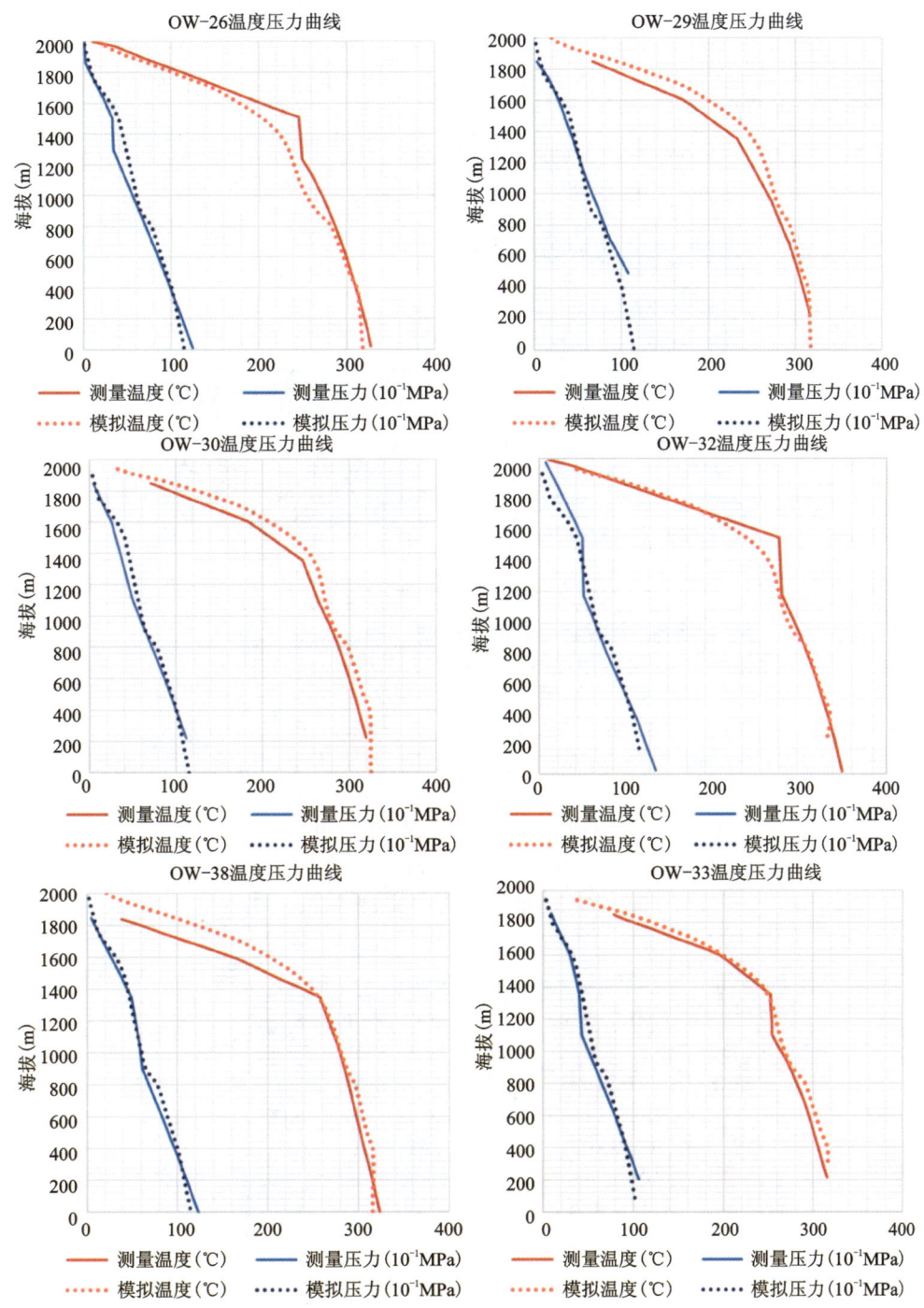

图 4-36　模型的初始温度和压力与实际测量的数据验证(Bett and Yasuhiro,2023)

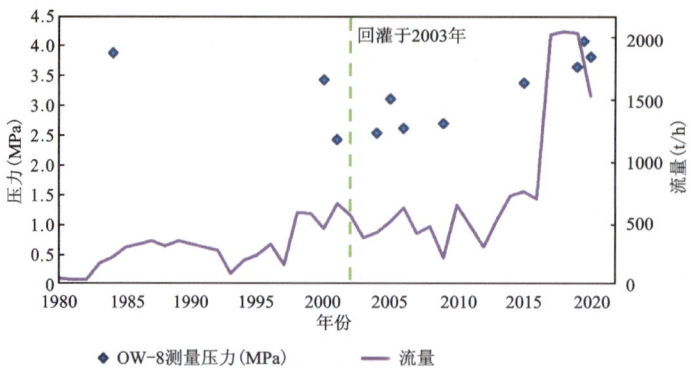

图 4-37 热储层压力随着注采的动态变化(Bett and Yasuhiro,2023)

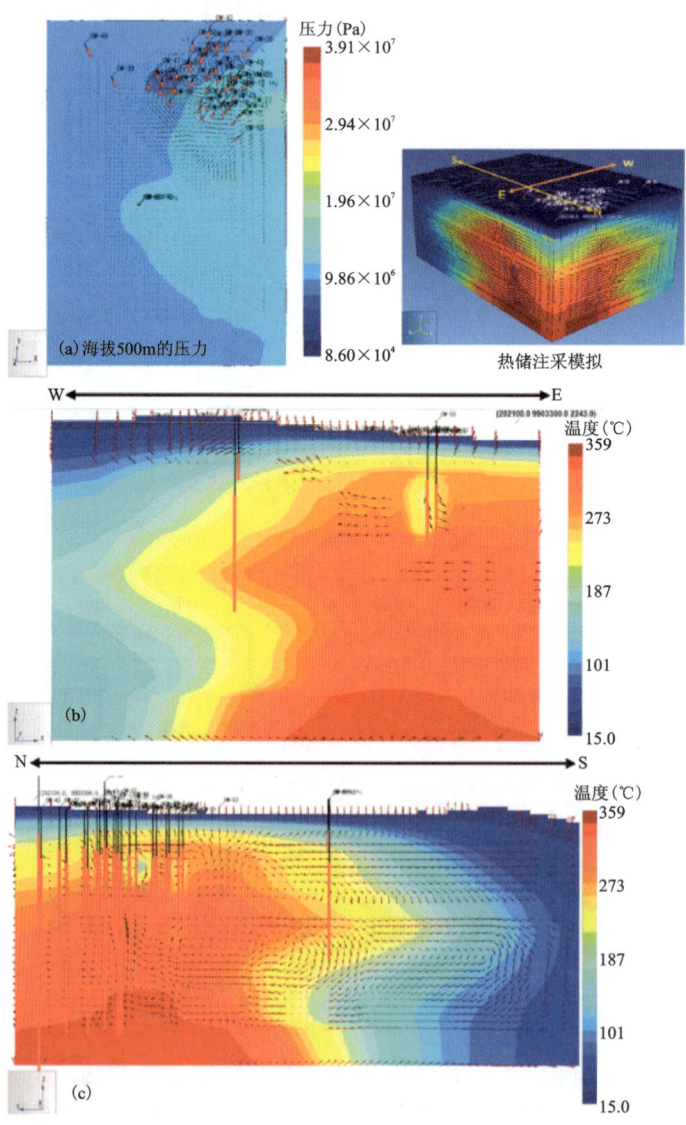

图 4-38 Olkaria 生产和回灌过程中的压力和温度分布(Bett and Yasuhiro,2023)

4.3 干热型地热发电

4.3.1 共和盆地恰卜恰干热岩

共和盆地恰卜恰干热岩位于青海省东部偏北共和县内,地处青藏高原东北端。该研究区干热岩地热资源赋存较浅,其干热岩地热资源是我国干热型地热发电和增强型地热系统研究的理想场所(刘禄,2020)。如图 4-39 所示,青海南山断裂为盆地北缘边界断裂,三叠纪活动尤为强烈且上新世中期以来仍在活动(张保健等,2023)。盆地东西两侧存在两条近南北向的构造岩浆岩隆起带,形成了两条断裂活动带且其中对流型温泉分布密集(张保健等,2023;孙知新等,2011)。整个共和盆地可以划分为塘格木坳陷、贵南坳陷、贵德坳陷、祁家隆起和黄河隆起 5 个次级构造单元,主要的干热岩分布区位于其东北部塘格木坳陷区的恰卜恰区域。共和盆地岩浆活动频繁,具有时代跨度大、类型多的特点,经历了以印支期为主的多次侵入作用,形成了以二长花岗岩、花岗闪长岩为主的干热岩体并广泛出露于周边山脉(张林友等,2025)。

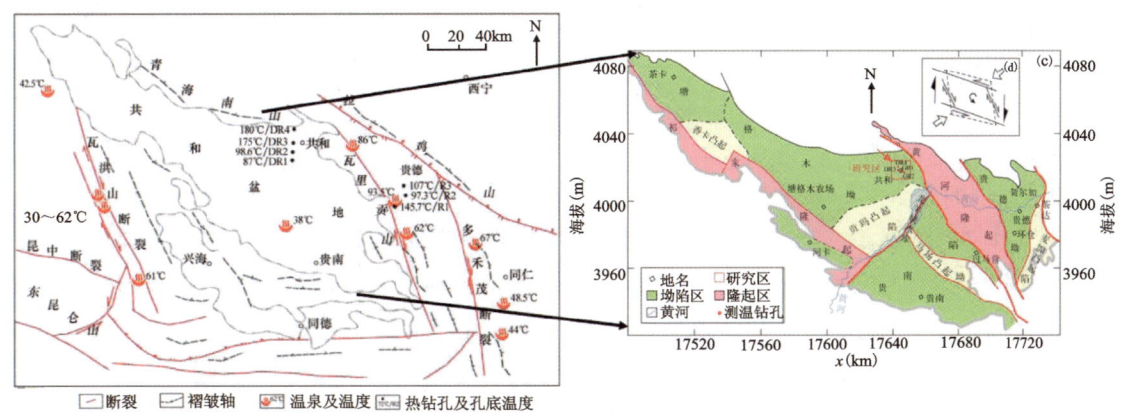

图 4-39 共和盆地构造位置示意图(程正璞等,2025;张超等,2018)

共和盆地地层信息如图 4-40 所示,共和盆地沉积盖层主要由古—新近系西宁组、中新统咸水河组、上新统临夏组和第四系共和组组成,共和盆地基底上部主要为中三叠世隆务河组、中三叠世古浪堤组和中三叠世花岗岩。共和盆地地表均被第四系覆盖,上部以中晚更新世河流相砂砾卵石为主,下部为早中更新世共和组河湖相沉积(程正璞等,2025;张森琦等,2020)。

共和盆地的热源多种多样。整个青藏高原整体被不断抬升,地壳受南北向挤压致使垂向的地壳厚度增加,对应的地壳内放射性同位素富集层厚度增加,导致放射性生热量增加。同时这一过程打破了岩石圈和软流圈边界的原始热平衡状态,热的地幔物质向上运移,加热并侵蚀岩石圈底部,使得部分地区地幔热增加。由于印度与欧亚板块之间的碰撞,壳内发生了强大的剪切变形,产生了大量的应变生热,生成的熔融体或岩浆囊对临近地区的温度场有较大影响(张超等,2018;Weinert et al.,2021;张森琦等,2021)。总体来讲,地幔供热、放射性同位素生热以及构造应变生热等多种热源的共同作用,决定了青藏高原地区现今的高热流状

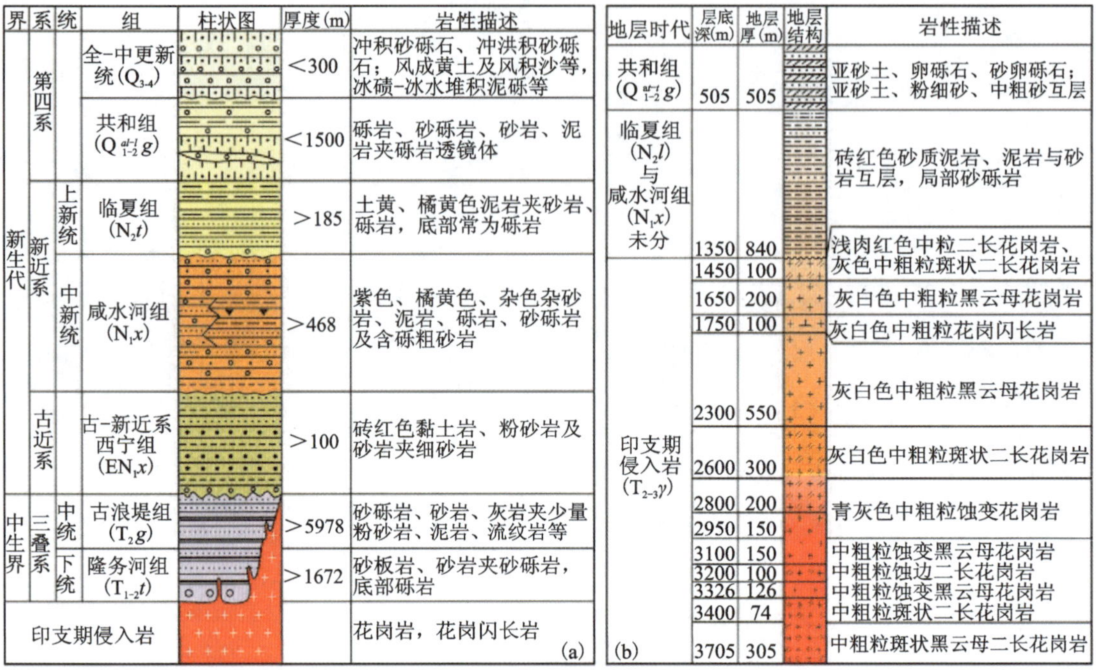

界	系	统	组	柱状图	厚度(m)	岩性描述
新生代	第四系	全-中更新统(Q_{3-4})			<300	冲积砂砾石、冲洪积砂砾石；风成黄土及风积沙等，冰碛-冰水堆积泥砾等
			共和组($Q_{晚g}$)		<1500	砾岩、砂砾岩、砂岩、泥岩夹砾岩透镜体
	新近系	上新统	临夏组(N_2l)		>185	土黄、橘黄色泥岩夹砂岩、砾岩，底部常为砾岩
		中新统	咸水河组(N_1x)		>468	紫色、橘黄色、杂色杂砂岩、泥岩、砾岩、砂砾岩及含砾粗砂岩
	古近系		古-新近系西宁组(EN_1x)		>100	砖红色黏土岩、粉砂岩及砂岩夹细砂岩
中生界	三叠系	中统	古浪堤组(T_2g)		>5978	砂砾岩、砂岩、灰岩夹少量粉砂岩、泥岩、流纹岩等
		下统	隆务河组($T_{1-2}t$)		>1672	砂板岩、砂岩夹砂砾岩，底部砾岩
			印支期侵入岩			花岗岩，花岗闪长岩

(a)

地层时代	层底深(m)	地层厚(m)	地层结构	岩性描述
共和组($Q_{晚g}$)	505	505		亚砂土、卵砾石、砂卵砾石；亚砂土、粉细砂、中粗砂互层
临夏组(N_2l)与咸水河组(N_1x)未分	1350	840		砖红色砂质泥岩、泥岩与砂岩互层，局部砂砾岩
	1450	100		浅肉红色中粒二长花岗岩、灰色中粗粒斑状二长花岗岩
	1650	200		灰白色中粗粒黑云母花岗岩
	1750	100		灰白色中粗粒花岗闪长岩
印支期侵入岩($T_{2-3}γ$)	2300	550		灰白色中粗粒黑云母花岗岩
	2600	300		灰白色中粗粒斑状二长花岗岩
	2800	200		青灰色中粗粒蚀变花岗岩
	2950	150		中粗粒蚀变黑云母花岗岩
	3100	150		中粗粒蚀边二长花岗岩
	3200	100		中粗粒蚀变黑云母花岗岩
	3326	126		中粗粒斑状二长花岗岩
	3400	74		
	3705	305		中粗粒斑状黑云母二长花岗岩

(b)

图 4-40　共和盆地地层信息（张超等，2018；张森琦等，2018）

态。然而，目前关于共和盆地热源机制尚未形成统一认识，热源可能来自深部地幔，也可能来自放射性生热导致的共和盆地区域地热异常等（张林友等，2025；李林果和李百祥，2017；Zhu et al.，2023）。目前主流观点倾向于认为，共和盆地下方存在部分熔融层，能够为上部高温热储提供持续热量，这是现在共和盆地异常高温形成的主要原因（Zhang et al.，2021；严维德等，2013；贠晓瑞等，2020；张超等，2020）。

地热资源的形成不仅包含深部热源的影响，同时不同深度发育的断裂构造为共和盆地地热活动创造了有利条件，断裂能够为岩浆上涌和流体运移提供通道（Yang et al.，2024；Lin et al.，2023）。瓦洪山、瓦里贡山等断裂是重要的导热构造和控热构造，影响区域地热场流体和温度分布（唐显春等，2020）。

共和盆地干热岩储层主要为印支期花岗岩，盖层岩性则为新生代泥岩等，研究区花岗岩与盖层不同岩性之间热导率相差约 1.5 倍（张林友等，2025）。一方面泥岩较低的热导率在花岗岩干热岩储层上方形成了保温效果良好的盖层，有助于深部干热岩地热资源的聚集；另一方面由于侵入作用，在同一深度条件下花岗岩与泥岩的水平方向上热导率的差异使得恰卜恰区域聚热形成了高温热储（李林果和李百祥，2017）。

共和盆地干热岩地热资源量巨大（王瑜和罗生福，2017）。前期的地震资料、热红外遥感、重力异常、航磁勘探、大地电磁勘探、地温测量、地质建模和数值模拟等综合显示，共和盆地圈定了 18 处干热岩远景区，总面积达 3092km^2，预测总地热资源量为 1.85×10^{22} J，折合标准煤 6300 亿 t。其中共和盆地恰卜恰区域具有十分丰富的干热岩地热资源。这些干热岩地热资源主要位于青海南山断裂与瓦里贡山断裂交会部位的西侧,基底花岗岩埋深为1000～2000m(赵贵福等,2016;岳高凡等,2015;Bai et al.,2023;谭现锋等,2021;王丽华和康维海,2017;张盛生等,2019)。

共和盆地近东西向地热地质剖面如图4-41所示,恰卜恰地区的干热岩岩体上部为新生代沉积盖层,其中包含泥岩等。这些岩层具有厚度较大、粒度较细、透水性差、热导率低、隔热保温性能良好等特点,是形成干热岩储层的优质盖层。基底岩层则为中晚三叠世花岗岩体,约在3000m深度处地层温度可达到180℃,干热岩热储层的温度随深度增加而升高。

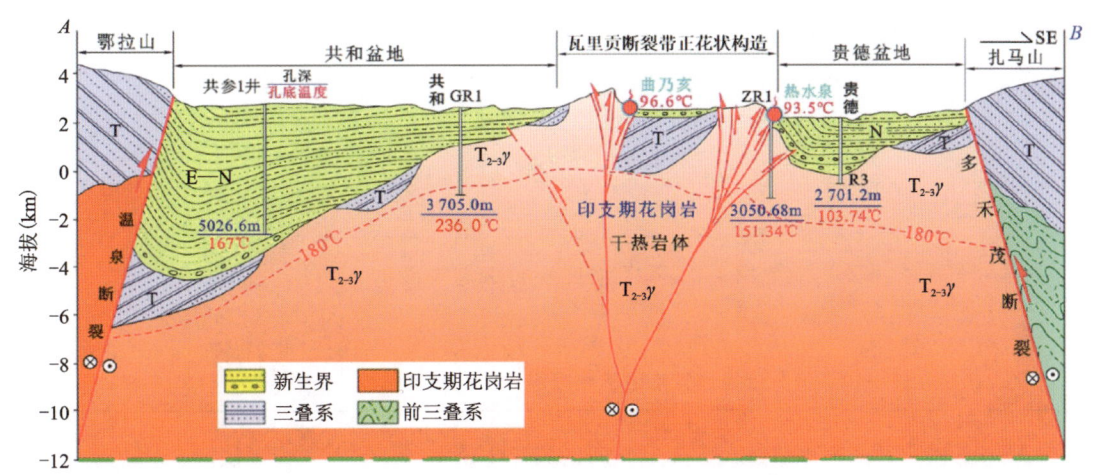

图4-41 共和盆地近东西向地热地质剖面图(张保建等,2023)

目前在共和盆地已完成施工的地热井中,GR1、GR2、DR3、DR4井等钻遇了干热岩层段,其余井钻遇地层温度均未达到180℃,主要地热井的地质情况如下(许天福等,2018;张哲民等,2020;王斌等,2015;薛建球等,2013;文冬光等,2023):GR1井井深3705m,其中0～312m以第四系松散的砂砾石、砂土、泥岩和粗砂岩为主,312～1350m以第四系和新近系泥岩、细砂岩和粗砂岩为主,泥岩和砂岩交互出现,于1350m钻遇花岗岩。该井3000m左右温度达到180℃,井底3705m处温度可达236℃,其中基岩段平均地温梯度3.93℃/100m。GR2井井深3003m,于940m钻遇花岗岩。井底温度达186℃,基底平均地温梯度为4.15℃/100m。DR3井井深2927.26m,其中282～1340m以第四系和新近系的泥岩、砂岩为主,平均地温梯度达7.26℃/100m,于1340m钻遇花岗岩地层,其厚度可达2000m以上,井底温度为181.32℃,基岩段地温梯度平均为4.52℃/100m。DR4井井深3102m,于1402m钻遇花岗岩,井底温度为182.32℃,基岩段平均地温梯度为3.9℃/100m。GH-01井钻探深度4002.88m,于1360m钻遇花岗岩,井底温度达209℃。如图4-42所示,GR1、GR2、DR3、DR4井所有钻孔温度均随深度总体呈线性增加,表明其热量传递主要以热传导为主。GR1和GR2钻孔在浅部井段(0～350m)温度变化异常,可能与浅层地下水活动或地表气温变化有关。

对GR2和DR4钻孔做了相同的分析,分析结果显示其花岗岩段平均温度梯度分别为41.5℃/km和39℃/km,如表4-12所示。

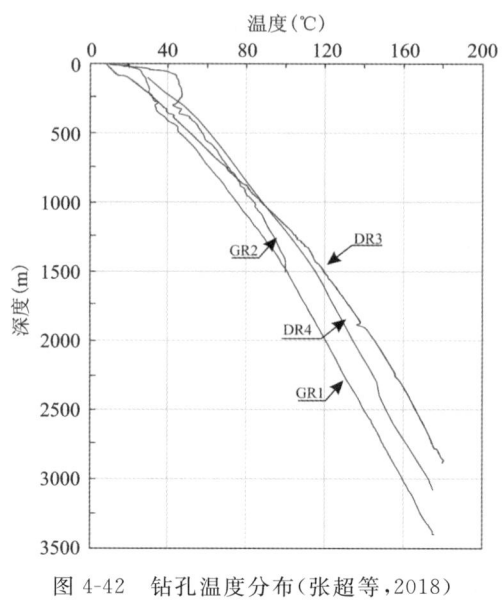

图 4-42 钻孔温度分布(张超等,2018)

表 4-12 恰卜恰地热异常区干热岩测温钻孔基本情况(张超等,2018)

井号	经度	纬度	测温深度(m)	井底温度(℃)	基底花岗岩埋深(m)	基底花岗岩平均地温梯度(℃/km)	静井时间(d)
DR4	100°34′06″	36°22′48″	0～3080	175	1402	39	约 8
DR3	100°37′15″	36°15′49″	0～2886	180	1340	45.2	6
GR1	100°38′15″	36°17′55″	0～3404	176	1350	39.3	9
GR2	100°40′59″	36°13′36″	0～1429	100	920	41.5	16

地热井实测钻孔温度与地温梯度曲线分析使用的计算公式为

$$T_{n+1} = T_n + G_n \Delta z$$

式中：T_{n+1} 和 T_n 分别为第 n 层的底部和顶部实测温度(℃),当 $n = 0$ 时,即 T_0 为地表温度;G_n 为第 n 层的地温梯度(℃/km),Δz 为区间地层厚度(km)。

以 20m 地层厚度单元为例,对 GR1 和 DR3 井实测钻孔温度与地温梯度曲线作详细的分析,如图 4-43 所示。GR1 钻孔温度梯度随深度变化较大,位于 14.9～77.6℃/km 之间。根据钻孔岩性和温度梯度的变化情况,GR1 钻孔大致可以分为 3 段。第一段(0～312m),岩石以第四系松散的砂砾石、砂土、泥岩和粗砂岩为主,地层岩石孔隙度较大,受地下水对流与地表温度变化影响强烈,温度曲线波动明显,呈现锯齿状变化,且温度梯度变化较大,位于 14.9～77.6℃/km 之间。第二段(312～1350m),岩石以第四系和新近系泥岩、细砂岩和粗砂岩为主,泥岩和砂岩常呈互层关系,该段温度随深度平稳增加,表明热量传递主要以热传导的方式进行。温度梯度在该深度区间内较为稳定,平均值为 57.5℃/km。在沉积层与基底层花岗岩的分界面处(1350m),温度梯度大幅减小,最小值仅为 29.2℃/km。第三段(1350～3404m),

地层岩石为印支期侵入岩,以花岗岩、黑云母花岗岩和二长花岗岩等为主,该段温度梯度整体比较稳定,变化幅度较小,多数介于30.4~51.2℃/km之间,在局部深度区间上(2600~2750m)温度梯度变化较大,可能与花岗岩的局部破碎有关,基底花岗岩段的平均温度梯度为39.3℃/km。第二段和第三段地温梯度分段稳定且地层温度分段线性,表明温度梯度主要受到岩石热导率变化的影响。因此,花岗岩段平均地温梯度小于沉积层段(第二段)平均温度梯度,这是花岗岩热导率较沉积层热导率大造成的。

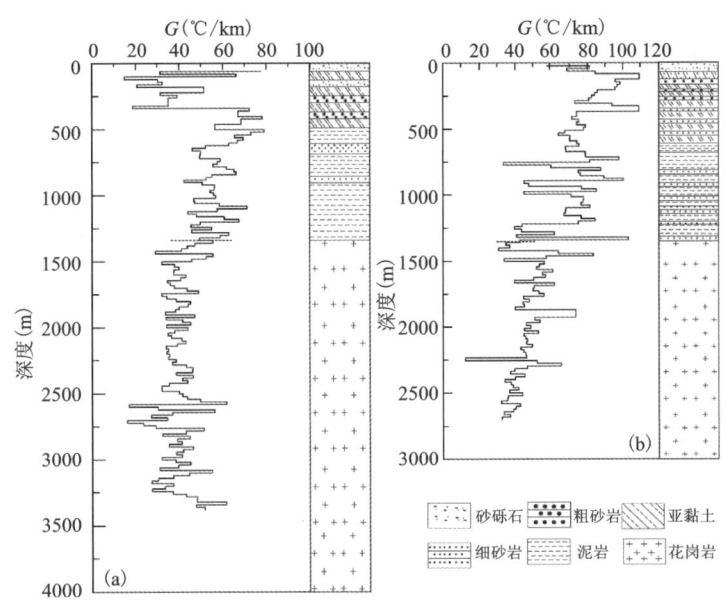

图4-43　GR1(a)和DR3(b)钻孔地温梯度(G)随深度变化(张超等,2018)

与GR1钻孔类似,DR3钻孔的温度亦与深度呈现出较好的线性关系,表明热能传递主要以热传导的方式进行。此外,测温曲线总体呈现上凸形,且温度梯度随深度明显减小,说明基底花岗岩段发育有微裂隙,并存在地下热水上升流,对上覆地层进行加热,根据钻孔温度、温度梯度和钻孔岩性变化情况,DR3钻孔从上至下分为3段。第一段(0~282m),温度梯度为58.1~109.6℃/km。该段受浅部地下水活动与近地表气温变化影响较大,温度曲线波动明显。第二段(282~1340m),该段地层主要以第四系与新近系的泥岩和砂岩为主,岩石热导率较小,温度梯度介于33.7~109.3℃/km之间,平均地温梯度为72.6℃/km,高于GR1钻孔沉积层(第二段)的平均值57.5℃/km。第三段(1340~2886m)为基底段,岩性主要为印支期花岗岩和二长花岗岩等。温度梯度在岩性界面附近(1340~1500m)变化较大,该段地温梯度随深度逐渐减小,平均温度梯度为45.2℃/km,较GR1钻孔花岗岩段平均温度梯度大。

如表4-13所示,恰卜恰地热异常区大地热流值介于93.3~111.0mW/m²之间,平均值为102.2mW/m²,远高于青海省平均大地热流值(55.8mW/m²)和中国大陆地区平均大地热流(60.4mW/m²),也高于我国主要的克拉通型盆地平均大地热流值(如四川盆地平均大地热流值53.2mW/m²、鄂尔多斯盆地平均大地热流值61.6mW/m²以及柴达木盆地平均大地热流值55.1mW/m²)和新生代裂谷型盆地平均大地热流值(如汾渭地堑平均大地热流值73mW/m²、渤海湾盆地平均大地热流值65mW/m²),属于典型高热流异常区,反映了青藏高原强构造活动的特性。与国际上典型的干热岩相比,热流值较为接近。因此,共和盆地表现出巨大的干热岩地热资源勘探开发潜力。

表4-13 恰卜恰干热岩地热异常区大地热流值(张超等,2018)

井号	计算区间(m)	地层温度(℃)	岩石热导率[W/(m·℃)]	地表热流(mW/m²)
GR1	1495~3400	100.6~175.0	2.07~2.84	93.3
DR3	1601~2795	120.8~174.0	2.23~2.72	111.0
GR2	975~1396	82.4~99.3	2.21~3.03	104.8
DR4	1500~2300	110.3~142.6	2.14~2.79	99.6

恰卜恰干热岩研究区面积为246.90km²,在考虑开发深度区间为3~10km的干热岩地热资源情况下,根据该区域多年平均气温(10℃)和发电温度下限(90℃)的条件初步计算,恰卜恰地区干热岩地热资源量约为$1.64×10^{21}$J,相当于559.09亿吨标准煤,总体上呈现埋藏浅、温度高、规模大的特点,开发恰卜恰干热岩可以减少CO_2排放量1 323.92亿t、SO_2排放量9.50亿t和NO_x排放量3.35亿t。如果开发2%的干热岩地热资源,可开采地热资源量约$3.28×10^{19}$J,相当于11.18亿吨标准煤;在3~5km深度范围,100年内的潜在地热发电装机容量为3 805.74MW,以2%的地热采收率计算,装机容量为76.11MW;在3~6km深度范围内,100年内的潜在地热发电装机容量为7 788.26MW,以2%的采收率计算,装机容量为155.77MW;在3~7km深度范围内,100年内的潜在地热发电装机容量为13 639.25MW,以2%的采收率计算,装机容量为272.79MW(张森琦等,2018)。

"十二五"期间我国开展了全国干热岩资源的摸底排查工作。2012年中科院水文地质环境研究所实施青海省地热资源调查评价项目,针对青海干热岩地热资源开展研究。2012年底,青海干热岩地热资源的研究进一步聚焦在共和盆地。2013—2017年,青海省钻探了4个勘探井并且开展青海省东北部地区地热资源勘查开发利用研究,以及地热资源勘查与综合利用技术研究与应用示范,对共和盆地干热岩地热资源综合分析(王瑜和罗生福,2017)。2019年,中国地质调查局、青海省自然资源厅和中国石油化工集团共同编制了"青海共和盆地干热岩勘查与试验性开发科技攻坚战实施方案"。2020年,中国地质调查局地球物理地球化学勘查研究所承担了共和盆地恰卜恰干热岩试验性开发与评价项目,评价了干热岩储层物性特征,支撑了干热岩开发试采,并于2021年成功实现了干热岩试验性发电并网。共和盆地干热岩研究过程中取得了多项成果,在干热岩勘探开发技术方面形成了高温、高硬度、高研磨性钻进及成井工艺,初步形成了干热岩钻探的技术体系,建立了大地电磁测深技术、高精度航磁测量技术等地球物理勘查技术体系,研发了干热岩深孔分布式光纤测温仪器等多项专利技术,提出了不同尺度干热岩勘查开发选区评价指标体系和资源评价方法,这一系列干热岩勘查、评价等技术的重大成果突破大大促进了我国干热岩资源勘查和开发(王瑜和罗生福,2017;张盛生等,2018;谢文苹等,2020)。

GR1井是目前我国已钻干热岩井深度最深、温度最高的一口井,完钻深度3 705.42m,井底温度 236℃。GR1 井为直井,其井身结构如下:一开 0～300m,井径 Ø444.5mm,下入 Ø339.7mm 套管;二开 300～1500m,井径 Ø311mm,下入 Ø244.5mm 套管;三开 1500～ 3361m,井径 Ø215.6mm,下入 Ø177.8mm 套管;四开 3362～3705m,井径 Ø152mm,裸眼。根据 GR1 井实钻资料,主要钻遇地层有第四系、新近系、古近系三垛组,具体描述如下(郑宇轩等,2018)。

第四系:0～697.00m,厚 697.00m。岩性上部以棕黄色、土黄色亚黏土为主,夹粉细砂,少量砂砾卵石;中下部以细砂、中砂为主,夹黏土、粉黏土。底部砂、黏土互层。

新近系:697.00～1 341.00m,厚 644.00m。岩性全段砂岩、泥岩互层,砂岩以细砂岩为主。泥岩灰黑色、灰色,细砂岩灰青色、杂色,主要成分为石英长石。

古近系三垛组:1 341.00～3 705.42m,厚 2 364.42m。岩性以灰白色花岗岩为主,中粗粒花岗结构,块状构造,岩石主要成分斜长石、钾长石、石英等。

在高温条件下,GR1 井原钻井液各种组分均会发生降解、增稠、胶凝、固化等变化,导致钻井液的流变性、滤失量、润滑性难以控制。目前耐高温钻井液的主要技术难点是钻井液高温稳定性问题。在 GR1 井钻探施工过程中遇到了诸多挑战。

GR1 井三开施工中钻遇多段破碎层,尤其是 2600～2800m 与 3000～3300m 井段地层严重破碎,同时含有花岗岩蚀变地层(图 4-44),其中蚀变花岗岩强度低、易分散,用手即可碾碎,施工过程中井壁坍塌、掉块严重,钻进至 3361m 时发生掉块卡钻(图 4-45)。

(a) 2900m 处蚀变的花岗岩地层

(b) 3150m 左右处破碎岩芯

(c) 3220m 左右处破碎岩芯

图 4-44　GR1 井内取出的部分复杂地层岩芯(秦耀军等,2019)

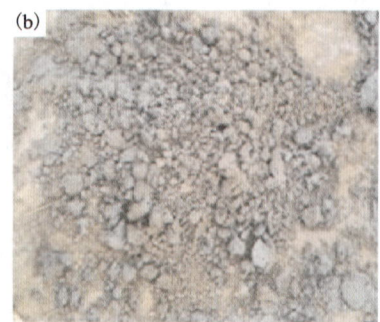

图 4-45　井内扫孔带出的掉块及坍塌物(秦耀军等,2019)

随着深度增加,井底温度逐渐升高。现场采用螺杆钻进,深度超过3000m后,从井内提出的螺杆橡胶圈明显老化,如图 4-46 所示,说明井底已达到较高的温度。

图 4-46　现场螺杆橡胶圈老化情况(秦耀军等,2019)

GR1 井原采用双聚钻井液体系,主要由钠膨润土、烧碱、高黏羧甲基纤维素(HV-CMC)、改性沥青(GLA)、包被剂(GBBJ)、降失水剂(GPNA)及防塌型随钻堵漏剂(GPC)等组成。钻进至 3000m 以后逐渐出现以下问题:随着井内温度升高,钻井液黏度变化明显,由入井时的 40~60s 快速提升到 60~120s,甚至更高,钻井液流动性也发生明显改变,如图 4-47 所示。

随着温度升高,钻井液滤失量明显增大,API 滤失量达到 22mL,同时泥皮虚厚,且松软易碎,如图 4-48 所示。由此可以看出该钻井液经过高温后,其造壁性能明显变差。因此在 2915~3328m 地层复杂井段施工过程中,坍塌、掉块现象明显,每次起下钻都需要反复扫孔,钻至 3361m 时发生掉块卡钻事故。

温度升高后,由于部分材料失效、钻井液增稠严重等原因,钻井液中产生大量泡沫,如图 4-49 所示,且泡沫不易清除。

上述现象说明该钻井液耐温性能已经达到极限,不能满足施工要求。这导致施工过程中井内掉块、坍塌现象明显,提下钻阻力大,每次下钻需要扫孔,泵压不稳,且泡沫较多时泵送困难。耐高温钻井液配方要求高温老化前后流变性能变化幅度较小,高温老化后钻井液没有胶凝和严重的减稠现象,高温高压滤失量应满足技术指标要求,加入加重材料后性能相对稳定。

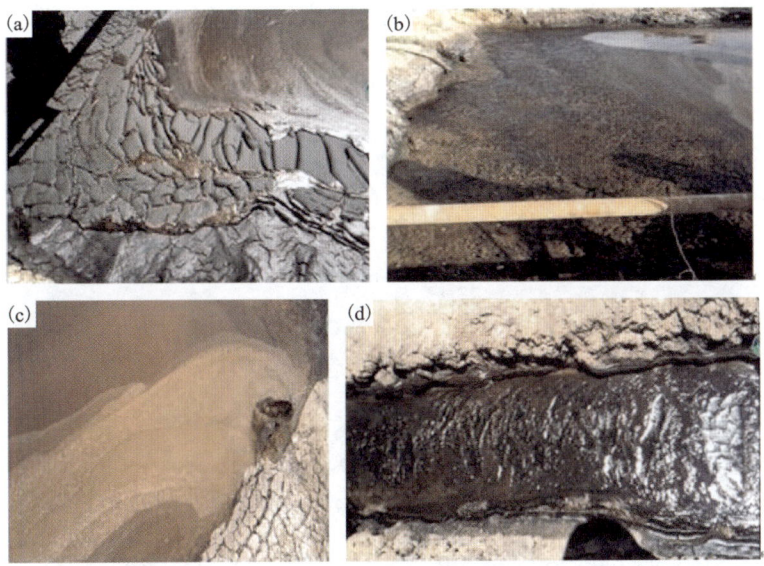

图 4-47　现场原钻井液状态(秦耀军等,2019)

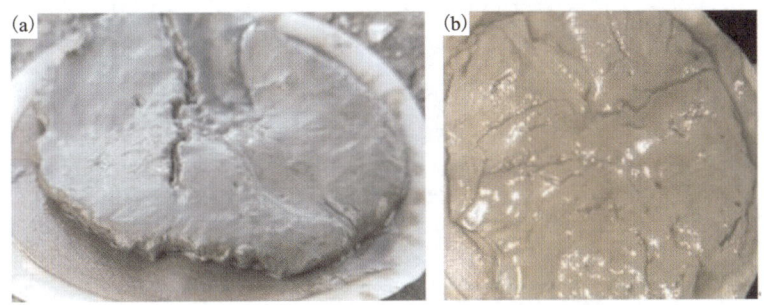

图 4-48　原钻井液滤失试验后的泥皮状态(秦耀军等,2019)

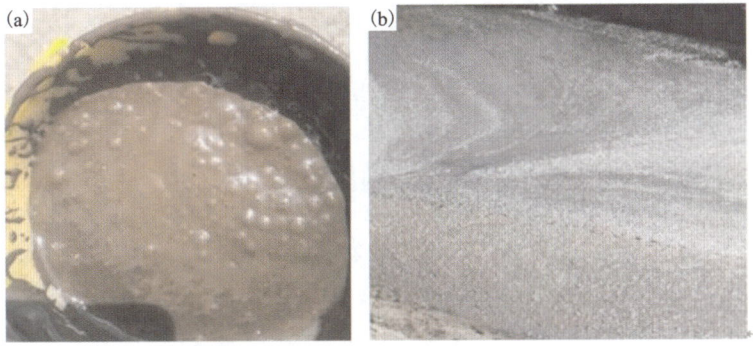

图 4-49　现场钻井液泡沫情况(秦耀军等,2019)

通过高温老化 72h 试验得到耐高温钻井液配方:水+(3%~4%)钠膨润土+(2%~3%)HPS+(0.5%~1%)GDP+(1%~2%)GJA+(2%~6%)GPA-220+(0.5%~1%)GHTS+(2%~4%)GFD-1+(0.2%~0.3%)GBBJ。其中 GDP 主要起提黏、提切、降失水的作用,GBBJ 主要起絮凝岩屑的作用,GFD-1 起防塌、封堵作用(秦耀军等,2019)。

原钻井液耐温150℃,钻进至3361m时井底温度已达206℃,钻井液性能已发生显著变化;裸眼井段达1800m,裸露时间达100d,钻至2600m以深井段时,常有坍塌、掉块现象发生,提下钻阻力大,下钻通常需要较长时间扫孔,钻至3361m时发生掉块卡钻事故。处理事故过程中,从1751m开始,逐步将原钻井液转化为耐高温钻井液,钻井液造壁性能显著提高,泥皮质量越来越好(图4-50),事故处理期间起下钻次数达22次,但井壁逐渐稳定,下钻扫孔时间越来越短,提下钻阻力显著降低,事故处理过程顺利。

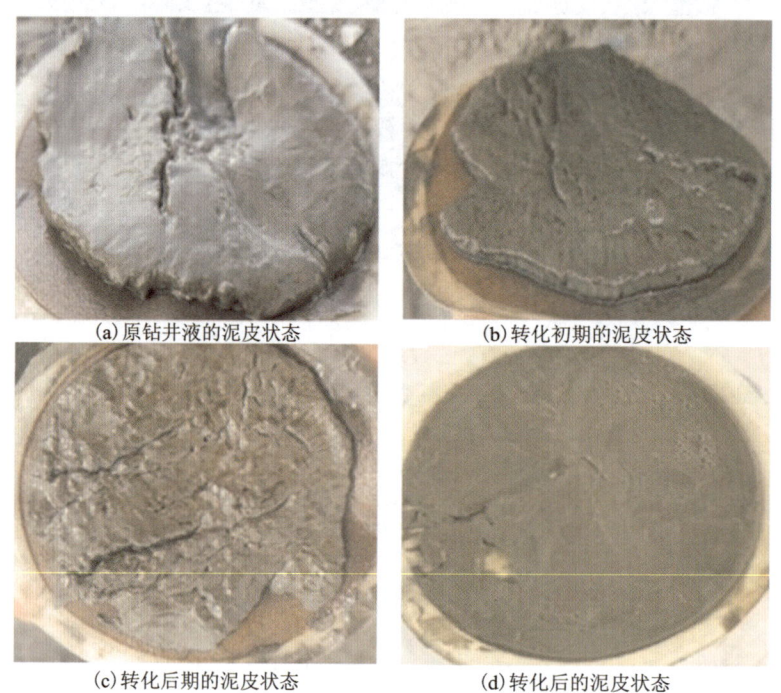

(a)原钻井液的泥皮状态　　(b)转化初期的泥皮状态

(c)转化后期的泥皮状态　　(d)转化后的泥皮状态

图 4-50　转化前后钻井液的泥皮质量变化(秦耀军等,2019)

3361～3705m高温井段,也存在松散破碎地层(图4-51),岩芯缺失严重。钻井液护壁效果显著,没有发生由钻井液引发的井内事故,应用温度达到236℃;3361m以下,裸眼已达10个月之久,但起下钻通畅,保证了测井及测温等作业顺利进行。

图 4-51　四开井段取出的岩芯有明显的岩芯缺失(秦耀军等,2019)

该钻井液无论是在钻进时,还是长时间停钻后重新循环,都具有良好的流变性能(图 4-52),泵压始终稳定在 10~12MPa 之间,岩屑携带效果好,地表利用振动筛即可较好地清除钻井液中的岩屑,保持相对稳定的钻井液密度。钻井液转化过程中,泡沫逐渐减少。高温井段钻进时,钻井液或多或少都会产生一定量的泡沫,但该钻井液加入消泡剂后,泡沫较容易清除。四开钻井初期,由于受固井时的水泥污染,虽然钻井液 pH 值大幅度提高,但钻井液流变性能相对稳定,滤失量没有出现显著变化,说明该体系具有良好的抗电解质污染性能。钻井液在高温高压条件下极易发生分解,产生具有腐蚀性的产物,如高温钻井液通常采用磺化材料如磺化褐煤、磺化酚醛树脂等,高温条件下这些磺化材料易分解而产生硫化物,对钻具腐蚀严重。从井内取出的钻具看,该体系对钻具的腐蚀性较小(秦耀军等,2019)。

图 4-52 耐高温钻井液现场情况(秦耀军等,2019)

2020 年,共和盆地成功实施了我国首例干热岩储层改造,建成了干热岩勘查试采示范基地,如图 4-53 所示,初步建立了我国首个干热岩地质调查、资源评价、物探、钻探、压裂、监测、发电等勘探开发全流程技术体系(朱贵麟等,2025)。

储层改造过程中,最大注入压力为 48.1MPa,有效改造体积超千万立方米。根据规模化压裂后裂缝展布特征,设计施工了 2 口定向井,即 GH-02 井和 GH-03 井,与 GH-01 井构建形成"1 口直井+2 口定向井"的干热岩井组,如图 4-54 所示。结合干热岩储层天然裂隙发育情况,恰卜恰干热岩采用小排量、间歇式(分阶段、分单元)、长周期的泵注策略,配合暂堵转向、多液混合(酸液、清水、滑溜水、胶液)等措施,成功改造了剪切-拉张混合裂缝,在有效避免诱发地震的情况下实现了安全规模化干热岩热储改造(解经宇等,2022)。

图 4-53 共和盆地干热岩开发场地(朱贵麟等,2025)

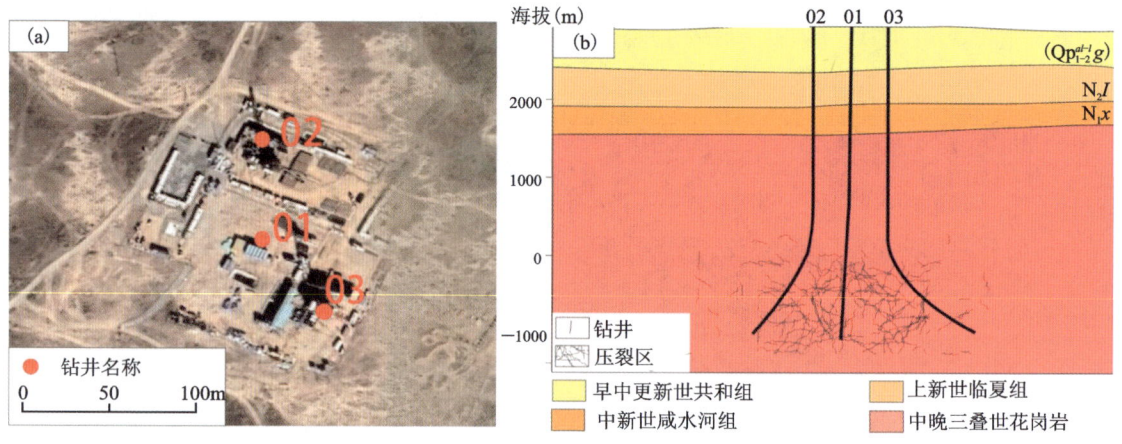

图 4-54 共和盆地干热岩场地平面和剖面图(朱贵麟等,2025)

GH-01 井储层改造主要分为小型压裂试验、压裂先导试验以及大规模增产试验 3 个步骤。持续 6d 的小型压裂试验共注入 1491m³ 压裂液,压裂液最高注入速率为 2.5m³/min,最大井口压力为 42.6MPa,有效改造储层空间为 $6×10^5$ m³,热储层渗透率约为 $2.6×10^{-5}$ μm²;而压裂先导试验中总共注入 4300m³,在不同注入速率下测试了裂缝扩展特征,其中压裂液最高注入速率为 3.05m³/min,最大井口压力 48.1MPa,有效改造储层空间为 $2.41×10^6$ m³;在前两次试验的基础上,开展大规模储层改造,旨在产生剪切裂缝,促进裂缝扩展,提高储层改造体积,压裂液注入量超过 $2×10^4$ m³,有效改造储层空间超过 $1.2×10^7$ m³(Ye et al.,2020)。最终实现了地热井组循环联通,有效改造储层体积为之前 2 倍以上,循环试验生产流量为 15.4~22.5m³/h,温度达到 110.4~127.7℃,注入井压力由 65.3MPa 下降至 54.6MPa。通过改造和注采试验后,储层等效渗透率为 $(2.2~322)×10^{-3}$ μm²(Ye et al.,2020)。通过压裂前 01 井投入示踪剂,02 井监测,压裂后 02 井投入示踪剂,01 井检测,期间 03 井关闭的方式研究 01 井和 02 井连通性的变化。相比压裂前,压裂后裂缝换热体积由 6.4m³ 提升至 174m³,示踪试验显示压裂后储层连通性更好、储层缝网联通更复杂,储层压裂改造效果较为成功(朱贵麟等,2025)。

在 GR1 井水力压裂过程中,流体注入共分为 5 个阶段,包含压力诊断试验、注酸液、滑溜水试验、暂堵试验和胶液试验。在不同压裂阶段采用了不同的注入方法,共注入 2913m³ 的液体,同时保持注入压力始终小于 41MPa,如表 4-14 所示。现场监测显示,随着注入液体体积累积到一定程度,微地震产生数量在滑溜水试验结束时增加,但微地震震级仍然没有太大变化,而在胶液试验后,微地震震级显著增加。整个压裂试验过程中,微地震活动较为频繁,其中 GR1 井西南侧和东北侧的微地震较为活跃(Chen et al.,2021)。

表 4-14 压裂参数表(Chen et al.,2021)

日期	压裂阶段	注入速率(m³/min)	流体体积(m³)	压力(MPa)
2019-8-16	断裂诊断试验	0.5	203	22.40~39.70
2019-8-27	酸化试验	1.2	160	16.81~31.56
2019-8-28	滑溜水试验	1.2~2.0	1000	30.10~39.89
2019-8-29	暂堵试验	1.2~1.6	1000	20.52~40.22
2019-8-30	胶液试验	0.7~1.3	550	29.55~40.19

2021 年,共和盆地 GH-01 等 3 井井间循环连通,并成功实现了我国首例干热岩试验性发电并网。干热岩电站采用了 340kW 和 1200kW 两个可以独立运转的有机朗肯循环发电机组,该机组包含换热器、透平膨胀机、发电机、工质泵、工质、空冷岛、并网系统以及相关设备,能够在 110% 额定负荷下良好运转(文冬光等,2023)。设计其温度、流量、压力分别为 100~180℃、10~180m³/h 和 10MPa,于 2021 年 9 月 26 日—29 日期间进行了持续 56.8h 的第一阶段测试,测试了有机朗肯循环机组的稳定性,并且在同年 11 月 9 日—15 日进行了第二阶段长达 132.2h 的测试,其间发电试验持续 72h,注入有机朗肯循环机组的水温在 110.4~125.7℃ 之间,流量达到 15.4~22.5m³/h(Ye et al.,2020)。实现了我国首次干热岩试验性发电并网。

共和盆地地热资源种类丰富,不仅包含干热岩地热资源,还蕴含着大量水热型地热、浅层地热,且具有埋藏浅、温度高的特点,存在巨大的地热开发利用潜力。目前,青海省已经着力规划将共和县恰卜恰镇打造为青海省首个地热供暖示范基地,将共和盆地作为地热能开发利用的重点地区,计划新增的城镇住房全部采用地热供暖,同时加大地热资源在发电、种植、养殖、旅游、农畜产品开发等多方面的利用,为促进地方经济社会发展做出积极贡献。2023 年,共和县恰卜恰主城区和城南片区地热供暖改造项目建成运行,是青海省首个地热供暖示范项目,供热面积可达 22 万 m²,结合干热岩 300kW 试采发电,采用浅层地热供暖和深层干热岩地热发电使得共和县实现零碳排放供暖以及清洁电力供应(赵振,2013;陈炫沂等,2022)。

共和盆地干热岩的地热发电成功试验推动我国干热岩资源勘探开发取得历史性重大突破,也为我国干热岩勘探开发提供了宝贵的经验。除我国台湾地区、云南省腾冲市等部分地区存在明确证据的火山活动或岩浆余热控制的高温地热系统外,已揭露的干热型地热系统多为特定水热系统翼部的不透水高温岩层或含少量蒸汽的高温岩层,干热型地热系统与水热型地热系统同源共生的特征十分明显。尽管多数孤立的温泉与深部干热岩是否存在联系尚不明确,但在一个相对较大的范围内出露众多的温泉,形成对流型地下热水时,则一定程度反映出其下部或上游深部可能发育有高温热源,或与深部干热岩构成一定的镜像关系。因此,温泉的群居性与成规模的水热型地热田是寻找干热岩资源的地热地质标志。我国主要活动块体和温泉分布如图4-55所示,高放射性产热型干热岩资源主要分布于华南地区,其放射性元素衰变生热贡献率占到40%以上,区域内干热岩资源的勘查应重点考虑燕山晚期花岗岩储层、一定厚度的保温盖层以及深大断裂导热作用。沉积盆地型干热岩资源主要分布于东部的华北、松辽等盆地。近代火山型干热岩资源主要分布于腾冲、雷琼、长白山以及大同等近代火山群分布区。此外,我国西藏的南部与云南的西部地区温泉的群居性与成规模的水热型地热田是寻找干热岩资源的重要标志(蔺文静等,2021)。

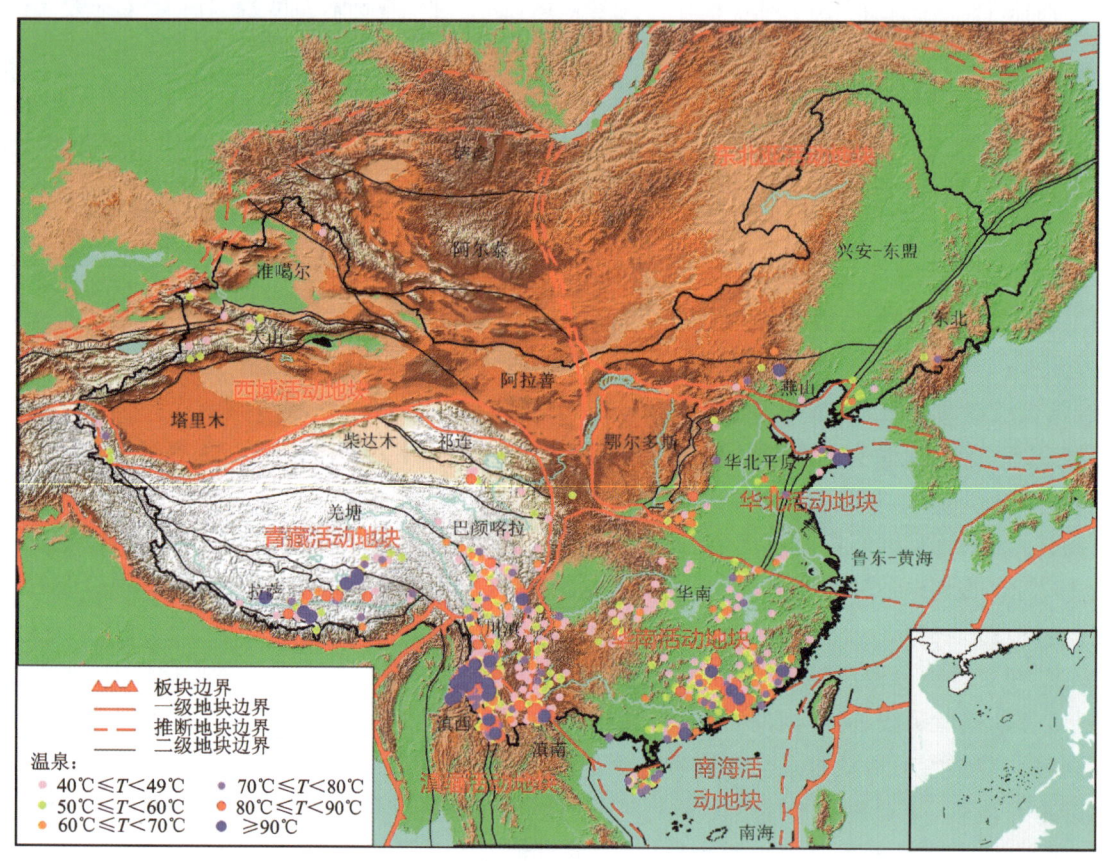

图4-55　中国主要活动块体及温泉分布示意图(蔺文静等,2021)

为了进一步开发共和盆地恰卜恰的干热岩地热资源,Xue等(2023)开展了CMG STARS数值模拟,研究恰卜恰干热岩的渗流传热规律。模型体积为2000m×1000m×3800m,x、y、z不同方向上分别有40×20×38个网格,选取恰卜恰地区干热岩热储3200～3700m层段作为增强型地热系统(EGS)开发层段。针对热储EGS开发层段水平方向和垂直方向网格进一步加密以确保计算结果的准确性。模型的参数如表4-15所示,模型包含1口注入直井和2口生产直井,组成一注两采的EGS系统,井间距设置为500m,井位分布模型如图4-56所示。热储层中的天然裂缝间距设置为10m。热储层段共设置5个水力压裂的裂缝,裂缝半长483m,高100m,宽3mm,水力压裂的裂缝平均渗透率为36μm^2。60℃的热水以30kg/s的流量通过注入井注入热储层进行 20 年的循环采热,生产井井底压力设置为 37MPa。该模型在热储层的顶部、底部以及四周的边界设置为隔水和隔热边界。

表 4-15 储层物性(Xue et al.,2023)

参数	取值
花岗岩密度(kg/m³)	2623
孔隙度(%)	2.49
渗透率($10^{-3}\mu m^2$)	0.26
花岗岩热导率[W/(m·℃)]	3.0
花岗岩比热容[J/(kg·℃)]	980
水平天然裂缝间距(m)	10
垂向天然裂缝间距(m)	10
初始压力(Pa)	$P=1.01\times10^5+10\,000z$
初始温度(℃)	$T=25+0.057z$

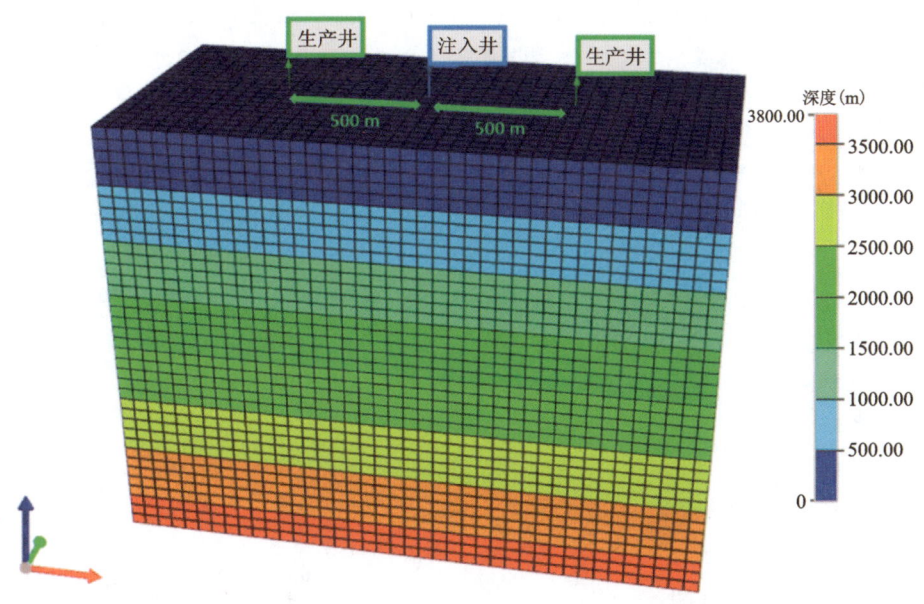

图 4-56 恰卜恰干热岩研究区模型(Xue et al.,2023)

考虑井距、注入速率、注入温度、水力压裂裂缝半长、水力压裂裂缝数量以及生产井井底压力等不同参数,具体参数的范围如表 4-16 所示,通过数值模拟研究不同的地质及工程因素对于热储开发的重要程度。在数值模拟的结果基础上对比研究不同参数对恰卜恰干热岩发电潜力的影响,计算公式为(Xue et al.,2023)

$$W_e = 0.45Q\Delta H(1-T_{rej}/T_{out})$$

式中:W_e 为地热发电潜力(W);Q 为系统产液速率(kg/s);ΔH 为注入和生产流体热焓的差

值(J/kg);T_{rej}为注入温度,本书取共和盆地的年平均气温为2.4~4.1℃;T_{out}为生产井产出液的平均温度(℃);$(1-T_{rej}/T_{out})$表示部分采出的地热能转化为地热电站的机械能;系数0.45表示在能量转换过程中仅有45%的能量转化为电能,每个地热电站的能量转换效率可能存在差异(Xue et al.,2023;Rafferty,2000)。

表4-16 模型的敏感性因素分析(Xue et al.,2023)

参数	取值
井距(m)	200,300,400,500,600
注入速率(kg/s)	30,40,50,60,70
注入温度(℃)	40,50,60,70,80
水力压裂裂缝半长(m)	50,150,250,350,450
水力裂缝数量(条)	1,2,3,4,5
生产井井底压力(MPa)	35,36,37,38,39

数值模拟结果如图4-57所示,水力压裂裂缝数量、水力压裂裂缝半长、注入速率、注入温度、注采井距参数以不同的方式影响热储产出的地热电量。相比其他参数,生产井井底压力

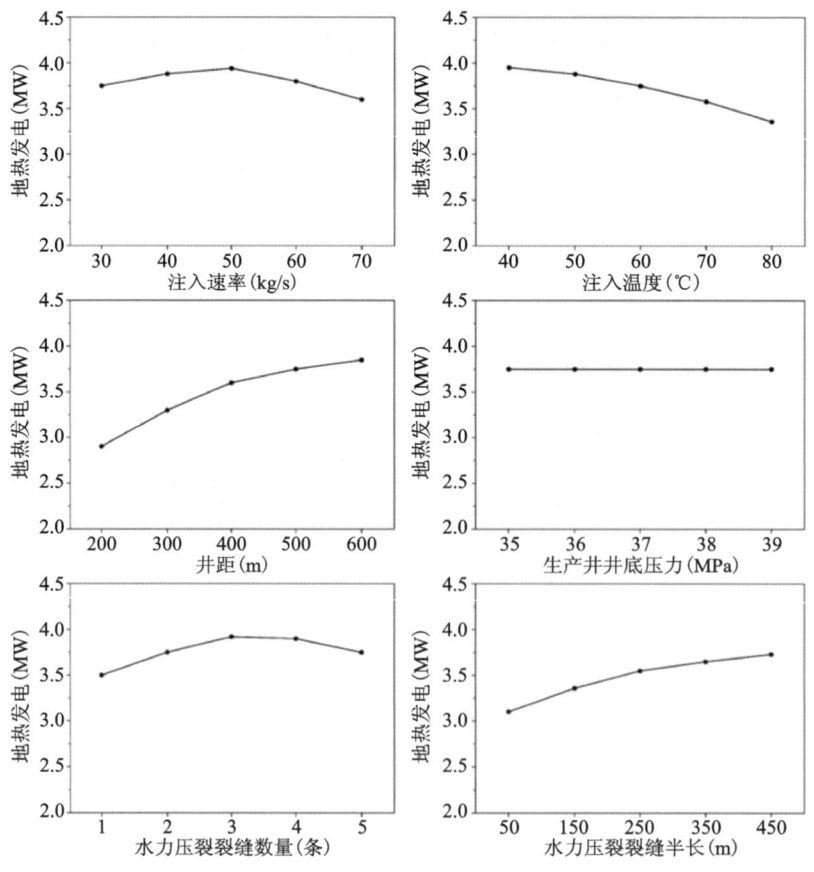

图4-57 地质和工程参数对干热岩EGS地热发电的影响(Xue et al.,2023)

对地热发电潜力的影响较小。当注采井间距较大、回灌温度较低时,水的注入温度和生产温度之间的差异更大,导致注入的水和生产的水之间热焓差增加,产出的地热流体发电潜力会增大。裂缝半长的增加在热储层中会形成一个更大的流体渗流传热区域,从而增大换热效率,产生更高的地热发电潜力。注入速率的增加使得地热发电潜力呈现出先增加、后减小的趋势,这是由于在较低注入速率时产水速率较低,产热量较低,而随着注入速率的增加,注采流速逐步达到最优。但当注入速率过高时,换热不充分容易导致冷水在生产井过早地产出,使得注采井之间发生短路,从而导致地热发电潜力降低。水力压裂裂缝数量的增加使得注入流体速率增大,从而产出更高的地热电力,但当水力压裂的裂缝数量过多时,也会导致注入的低温流体流速过快,从而发生短路造成热突破,导致产水温度迅速下降,由此产生的地热电力降低。

4.3.2 Soultz 干热岩

Soultz 干热岩试验区位于法国东北部的阿萨尔斯地区靠近莱茵地堑西边缘,具有较高的地温梯度和大地热流值。法国 Soultz 干热岩试验区处于欧洲上莱茵河地堑(The Upper Rhine Graben, URG),Soultz 地热田的前身是著名的 Péchelbronn Merkwiller 油田。该油田近 500 口油井的温度测量结果显示,其沉积盖层的地温梯度达到 110℃/km,且热流值大于 140mW/m^2(王晓星等,2012)。花岗岩基底地温梯度为 2.8℃/100m,热流值为 82mW/m^2,是现阶段公认的全球商业化最成功的干热岩 EGS 示范工程(李根生等,2022;Baria et al.,1999;Hooijkaas et al.,2006)。

上莱茵河地堑是欧洲大陆典型的新生代裂谷盆地。受区域断裂活动控制,上莱茵河地区在花岗岩基岩之上沉积了巨厚的沉积盖层,其中 Soultz 地区沉积盖层厚约 1400m,如图 4-58 所示。在拉张作用下,地壳和岩石圈伸展减薄,深部地幔热量传导加热地壳,地幔热源成为 Soultz 热储的主要热源。Soultz 干热岩区域存在的深大断裂形成了良好的构造热通道,而在花岗岩热储 1.4~5km 深度范围内存在大量的断裂带,这些断裂带为浅部地热流体的运移提供了良好的通道,使地热水由地堑肩部向中部流动,地下水流动进一步促进热量的再分配(Ledésert and Hébert,2020)。且该区域上覆热导率较小的砂泥岩层,阻止了热量的散失。多因素共同作用形成了如今 Soultz 地区平均高达 127mW/m^2 的大地热流值(Rafferty,2020;Aichholzer et al.,2016;Bailleux et al.,2011)。

Soultz 干热岩项目的研究与开发可分为 3 个阶段,即预备阶段,钻井、勘探和储层改造阶段,电厂建设和后续的监测阶段(许天福等,2016)。

预备阶段主要完成了开发前的准备工作,1984—1987 年对 Soultz 干热岩项目基地进行了文献搜集、地震调查再处理及解释和钻井准备工作。

钻井、勘探和储层改造阶段由 3 个连续阶段组成。地热井分布如图 4-59 所示。1987—1988 年,GPK1 井钻至 2km,井底温度 140℃。1991 年,将旧油井 EPS1 加深至 2.227km,在 0.930~2.227km 进行了连续取芯,为后续的岩石学、矿物学以及裂隙系统的研究提供了宝贵资料。1991—1998 年,在地下 3.6km 处建立 GPK1/GPK2 双井系统。1992 年,将 GPK1 井加深至 3.6km,井底温度为 168℃。1995 年,钻成 GPK2 井,井底距 GPK1 井约 450m,温度为

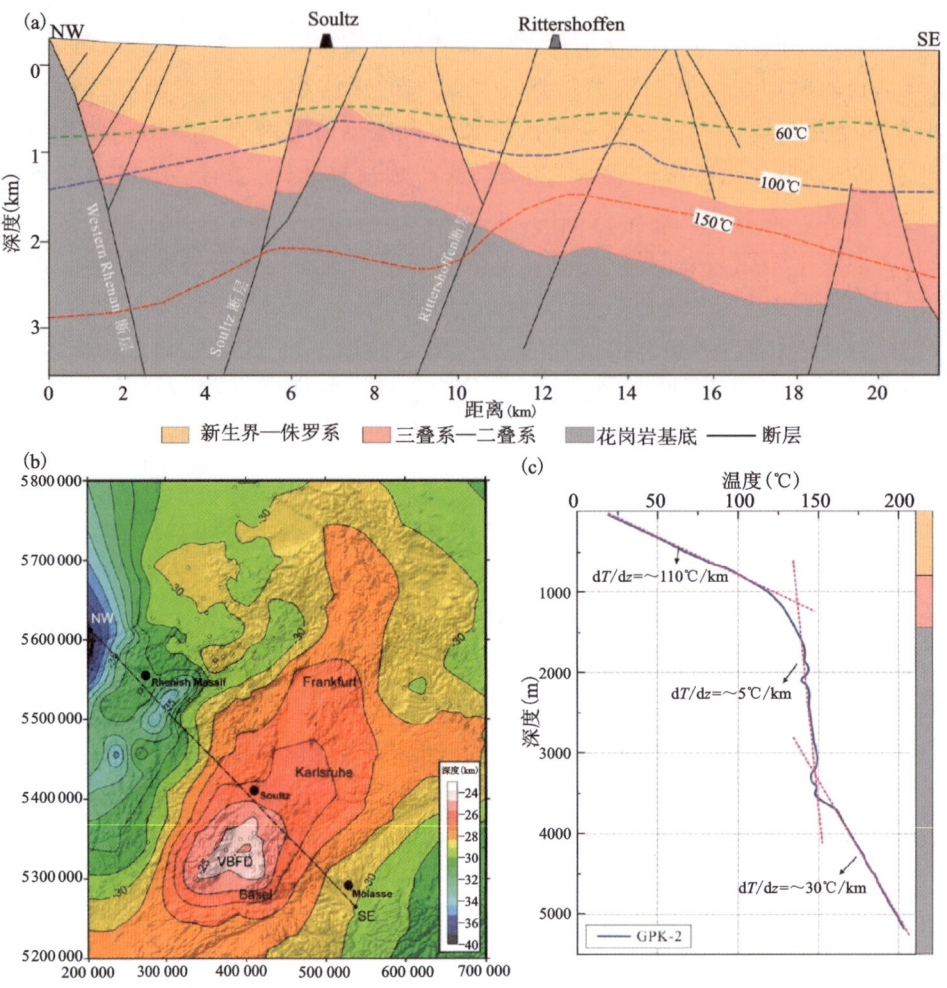

图 4-58 Soultz 地区地质剖面(a)和欧洲上莱茵河地堑地区莫霍面深度(b)
以及 GPK-2 测温曲线(c)(饶松等,2023)

168℃,并在 3.51km 处进行取芯,如图 4-60 所示。1997 年,在 GPK1 和 GPK2 井间首次进行了长达 4 个月的循环测试,产出温度为 142℃,注入和产出流量稳定在 25L/s,注入与采出过程中没有流体损失。但地层水比例不断增加,产出流体密度由 1.048g/cm³ 最终升至 1.063g/cm³。1999—2007 年,在地下 5km 处建立三井系统,实现了三井循环。1999 年,将 GPK2 井加深至 5.08km,储层温度升高至 202℃,在 4.5~5km 井段进行裸眼井激发。2001 年钻 GPK3 井至 5.1km,与 GPK2 井底间距为 600m,随后在 GPK2 和 GPK3 两井间进行循环测试,测试表明两井连通良好,生产指数达 3.5L/(s·MPa)。2003 年在同一井场钻取 GPK4 井,深度为 5.27km,井底距 GPK3 井约 650m。2004 年对 GPK4 井进行裸眼激发,随后在 2005 年在 3 井间进行了 5 个月的循环测试,循环测试结果显示储层有较强的不对称性,GPK4 井与 GPK3 井之间连通性差,随后对储层进行了整体化学激发(王晓星等,2012;李根生等,2022;Ravier et al.,2019;Calò et al.,2014)。

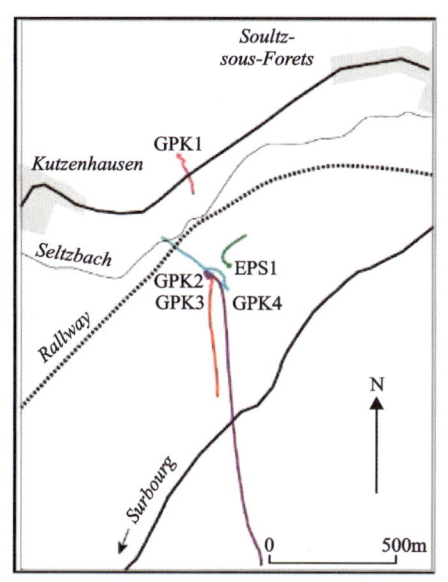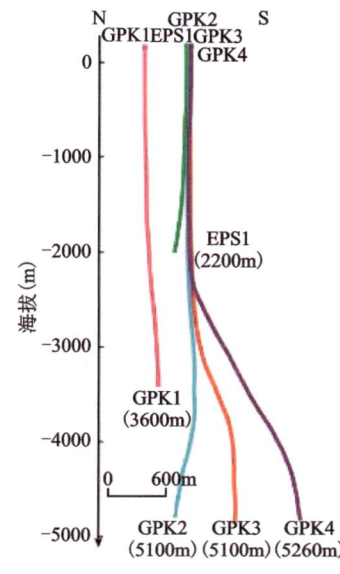

图 4-59　地热井位分布以及井剖面图(Sanjuan et al.,2015)

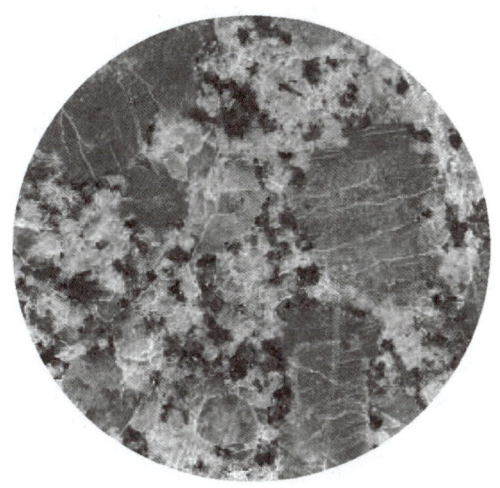

图 4-60　富含长石斑晶和黑云母的花岗岩取芯样品(GPK1 井 3.51km 深处)(王晓星等,2012)

第三阶段的地面电厂建设始于 2007 年,安装了总功率为 1.5MW 发电机组。地热流体矿化度高,采用有机朗肯循环,热电转换选用低沸点的异丁烷作为有机工作流体,汽轮机转速为 13000r/min,发电机采用异步方式,转速为 1500r/min,机组输出功率为 11kW,地热发电并入当地 20kV 电网。朗肯循环单元发电效率可达 11.4%,系统产热量稳定,1~2 口生产井即可满足系统循环发电。随后安装测试了总轴泵和电潜泵,并进行了一系列电厂初步测试和井间循环测试。其间法国、德国和瑞士等国科技人员共同开展了 Soultz 干热岩开发过程中的储层性能、电厂技术和环境污染方面的监测工作(翟海珍等,2014;Genter et al.,2010;朱桥等,2019)。

Soultz 干热岩花岗岩热储层发育天然裂缝,基质渗透率为 $10^{-19} \sim 10^{-20}$ m² (Ledésert et al.,2010;Sausse et al.,2010)。Soultz 干热岩主要采用水力激发方式,并利用微地震手段监测其激发所产生的岩石破裂事件,进而得到人造热储的时间和空间变化(Frey et al.,2022)。

微地震监测网由 6 口井构成,如图 4-61 所示,其中速度检波器被安装在 GPK1、EPS1 和 4616 井中(深度分别为 3.500km、2.017km、1.480km),加速度检波器安装在 4601、OPS4 和 4550(深度分别为 1.539km、1.484km、1.482km)井中。采集系统频率带宽为 10~1000Hz,采样间隔为 0.5ms,一个记录长度是 5s。使用法国石油研究院(IFP)的 Perseids 地震监测设备进行地震信号快速采集,使用 Semore Seismic 公司的 DIVINE 成像软件包进行数据处理。在 GPK2 井的激发过程中,为了更容易地打开深部裂隙,首先注入密度为 1.2g/cm³ 的盐水,随后注入淡水。GPK3 井激发阶段的前 6 天(2000 年 5 月 27 日—6 月 1 日)实施单井注水,考虑到两井同时进行激发,井之间注入压力产生叠加,将更有助于裂隙发育。2003 年 6 月 2—4

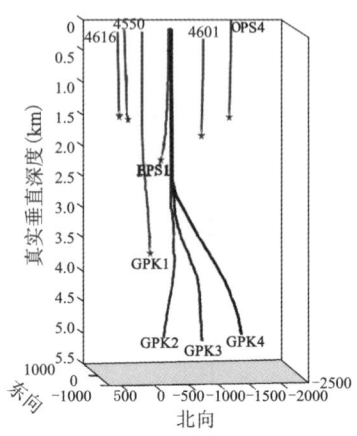

图 4-61 Soultz 干热岩微地震监测分布图(王晓星等,2012)

日进行了 GPK2 井和 GPK3 井同时注水的尝试,流速分别为 50 L/s 和 20 L/s。为了避免强地震事件的发生,GPK4 井减小注入流量和激发时间。激发结束之后,均通过循环测试对激发效果进行检验(王晓星等,2012)。

从微地震的监测结果来看,随着激发时间的延长,微地震的发生由注入井逐步向外扩散,累计事件的数量随注入体积的增大而增加,但微地震并不与注水结束同时停止,而是相对滞后,且最强烈的地震事件往往出现在关井阶段,并处于已激发区域的边缘。GPK2 井和 GPK4 井的第一次激发,激发前后生产指数均增大 20 倍,激发效果最为明显。GPK3 井虽然进行了双井激发,但是生产指数变化不大,原因可能是激发地层附近本身存在渗透率较大的破碎带,导致了快速导水(表 4-17)。

表 4-17 Soultz 干热岩水力压裂和微地震监测数据(王晓星等,2012)

井名	激发时间	注入量(m³)	注入流速(L/s)	微地震事件(件)	最大震级(ML)	激发体积(km³)	生产指数[L/(s·MPa)]
GPK2	2000-6-30—2000-7-06	23 400	31,41,51(峰值90)	触发 315 000 定位 14 000	2.6	0.468	激发前:0.2 激发后:4
GPK3	2003-5-27—2003-6-07	37 500	30,50(峰值60,90)	触发 92 980 定位 22 000	2.9	1.013	激发前:2 激发后:3

续表 4-17

井名	激发时间	注入量 (m³)	注入流速 (L/s)	微地震事件 (件)	最大震级 (ML)	激发体积 (km³)	生产指数 [L/(s·MPa)]
GPK4	2004-9-13—2004-9-17	9400	30 (峰值40～45)	触发 36 536 定位 5700	2.3	0.164	激发前:0.1 激发后:2
	2005-2-07—2005-2-12	12 300	30,45,25	定位 3000		0.179	激发前:2 激发后:2

钻井岩屑、取芯的分析以及测井资料解释证明，裂隙中充填有碳酸钙和其他可溶矿物。因此，Soultz 干热岩采用了一系列化学激发来增强地热井和近井周围渗透率，这也同时避免了水力压裂过程中可能诱发的地震(表 4-18)。激发使用的工作液主要包括以下 4 种:①盐酸 HCl。溶解裂隙中的次生碳酸盐(方解石和白云石)。②常规泥酸(regular mud acid，RMA)。由浓度为 12%HCl 和 3%HF 混合而成，溶解裂隙中的黏土、长石和云母。③有机土酸(organic clay acid，OCA)。由浓度为 5%～10%$C_6H_8O_7$、0.1%～1% HF、0.5%～1.5%HBF_4 和 1%～5%NH_4Cl 组成，针对高温或对 HCl 等敏感的高黏土含量地层，增大酸液有效作用距离，达到深部酸化目的。④螯合剂 $C_6H_9NO_6$(NTA)。由 NaOH 和浓度为 19%Na_3NTA 组成(pH=12)，可形成如 Fe、Ca、Mg 和 Al 等阳离子的络合物，降低此类阳离子活度，并使相应的矿物溶解，如方解石等。由于在使用 RMA、OCA 和 NTA 之前和之后，需要对井进行预冲洗和后冲洗。因此，除 HCl 外，其他化学激发均由专业服务公司完成(王晓星等，2012;冯波等，2019;Portier et al.，2009)。

表 4-18　Soultz 干热岩化学激发参数(王晓星等，2012)

井名	开始时间	工作液	注入体积(m³)	浓度(%)	流速(L/s)	持续时间(h)
GPK2	2003-02-13	HCl	650	0.18	30	6
	2003-02-14	HCl	810	0.09,0.18	15,30	10
GPK3	2003-06-27	HCl	865	0.45	20	12
	2007-02-15	OCA	250	—	55	约1.5
GPK4	2005-02-02	HCl	4700	0.2	27.2	48
	2006-05-17	RMA	200	—	22	约2.3
	2006-10-19	NTA	200	—	35	1.6
	2007-03-21	OCA	200	—	55	约1.0

井的连通性对于干热岩热储开发至关重要。数值模拟可以用来预测井的连通性以及不同注采情况下的热储产量。考虑裂缝和基质岩石的地质模型如图 4-62 所示，模型的尺寸在东西方向为 13km，南北方向为 11km，垂直方向为 5km，即地下 1000～6000m。模型中流体和

岩石的参数如表 4-19 所示。数值模拟采用 TIGER（THMC sImulator for GEoscience Research）研究 GPK1 井、GPK2 井、GPK3 井、GPK4 井的连通性。

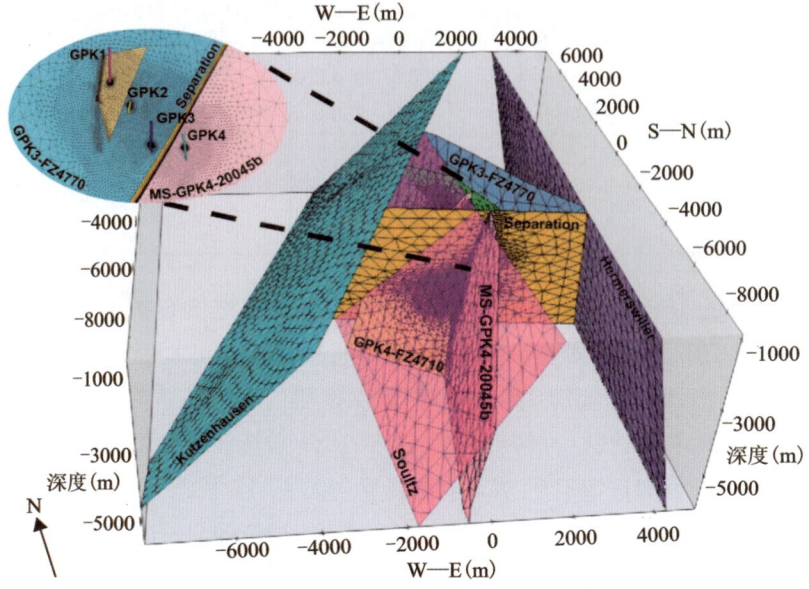

图 4-62　Soultz 干热岩模型（Egert et al.，2020）

表 4-19　模型的流体和岩石参数（Egert et al.，2020）

参数	数值
流体密度（kg/m³）	1065
流体黏度（Pa·s）	2.3×10^{-4}
流体压缩系数（Pa^{-1}）	2×10^{-9}
基质岩石压缩系数（Pa^{-1}）	5×10^{-13}
裂缝孔隙度	1
基质岩石孔隙度	1×10^{-2}
溶质的扩散速率（m²/s）	4×10^{-10}

在 GPK1 井、GPK2 井、GPK3 井的循环测试中，通过 GPK1 井和 GPK3 井注入、GPK2 井生产的方式，注入流量为 9～20L/s，记录注采过程中的压力变化，如图 4-63 所示。相较于 GPK3 井，GPK1 井附近有高渗透率通道，使得 GPK1 井压力上涨较小。GPK2 井前期模拟的压力变化相比实测的值小，而后期模拟的压力变化相比实测的值大，原因可能是套管漏失对压力变化的影响。GPK3 井的压力变化在前 20 天非常不稳定，是前期测试的流量一直在变化导致。后期注入流量稳定后，压力变化保持相对稳定。循环测试模拟结果和其他文献模拟的结果（Held et al.，2014）、实测值整体保持一致，模型的精度较高，模拟结果较为准确（Egert et al.，2020）。

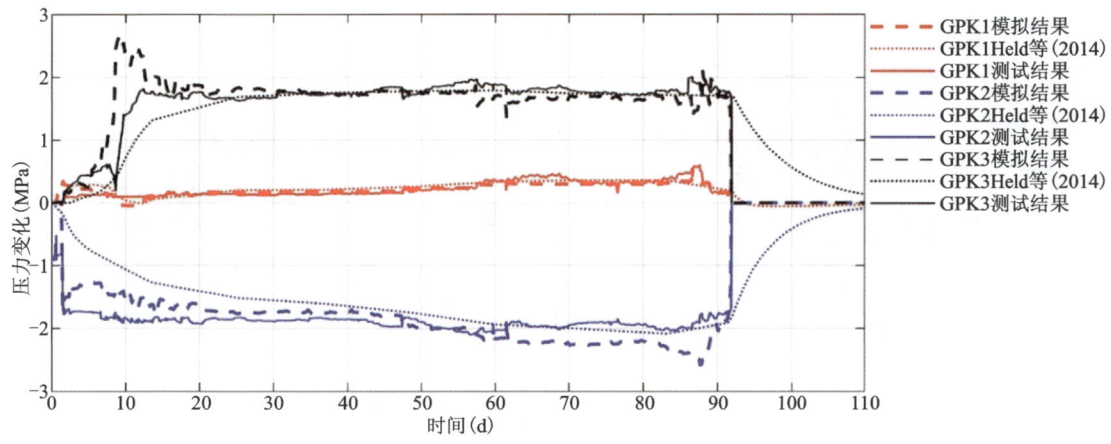

图 4-63　GPK1 井、GPK2 井、GPK3 井的循环测试压力变化(Egert et al.，2020)

使用该模型模拟 GPK2 井、GPK3 井、GPK4 井的连通性。在循环测试中，于 GPK3 井注入示踪剂，GPK2 井和 GPK4 井产出示踪剂。不同时间段热储的溶质浓度如图 4-64 所示，在 GPK3 井注入示踪剂，结果显示 GPK3 井和 GPK2 井之间裂缝的导流能力强，GPK3 井和 GPK2 井之间渗流路径通过裂缝 GPK3-FZ4770 和 MS-GPK2-2000a 相互连通，如图 4-65 所示。然而由于 GPK3 井和 GPK4 井之间存在东西方向的裂缝，南北方向的 GPK3 井和 GPK4 井之间连通性差。对 GPK3 井注入的示踪剂，24.6% 通过 GPK2 井采出，其中 14.5% 的示踪剂通过路径 1 的 GPK3-FZ4770 裂缝产出，其余 10.1% 的示踪剂通过路径 2 的裂缝 MS-GPK2-2000a 产出；仅有 0.4% 的示踪剂通过 GPK4 井产出，如表 4-20 所示。

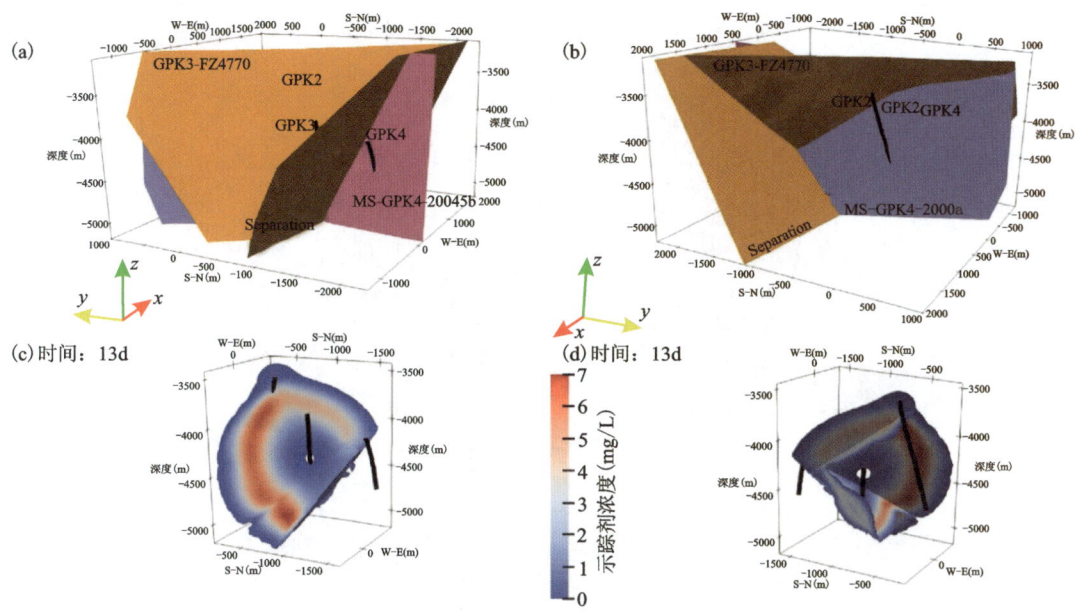

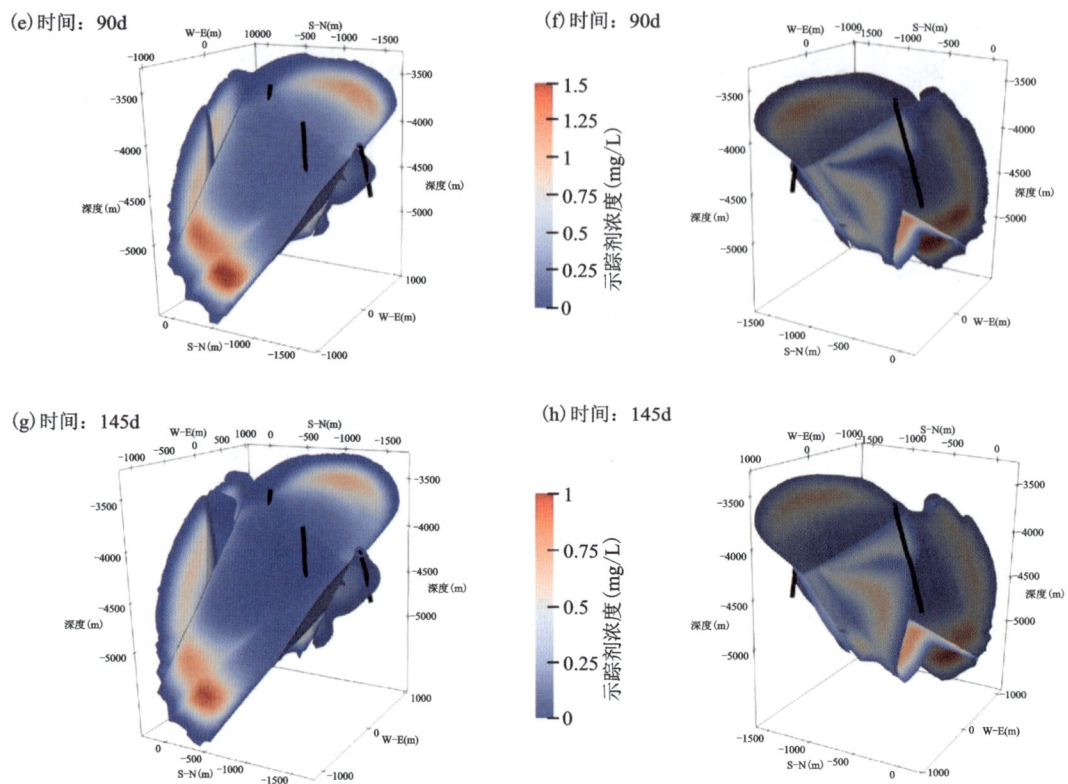

图 4-64 GPK2 井、GPK3 井、GPK4 井循环测试数值模拟(Egert et al.,2020)

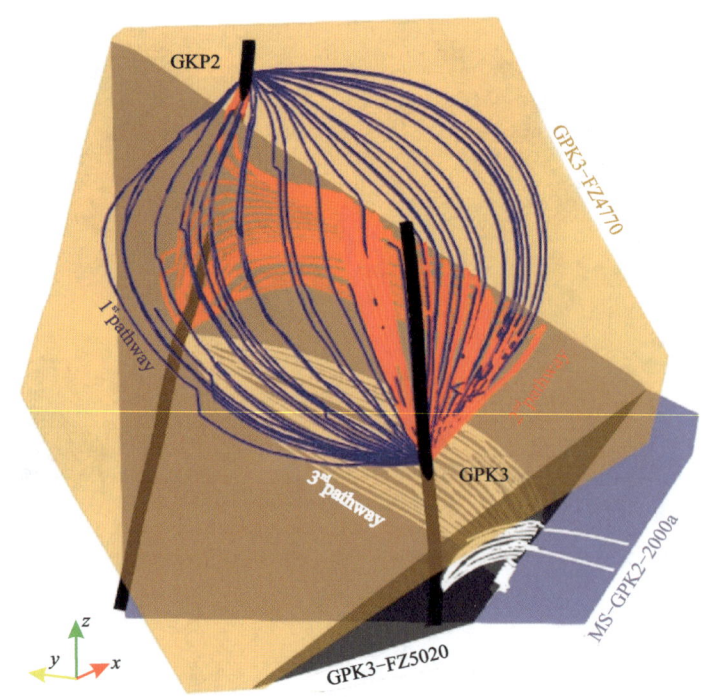

图 4-65 GPK2 井和 GPK3 井之间的渗流路径图(Egert et al.,2020)

表 4-20 循环测试 GPK2 井和 GPK4 井的示踪剂采出程度(Egert et al.,2020)

井	示踪剂采出程度(%)	波及体积(m^3)
GPK2-路径 1	14.5	4000
GPK2-路径 2	10.1	10 300
GPK4	0.4	133
合计	25.0	14 533

4.3.3 FORGE-Milford 干热岩

美国能源部实施干热岩地热能前沿瞭望研究计划(FORGE 计划)。美国 FORGE 计划是以干热岩勘探开发为约束,通过增强型地热系统(EGS)示范工程建设实践,形成新一代干热岩 EGS 试验平台。FORGE 计划筛选出干热岩开发建设和运营的场地。美国能源部对参与竞争的候选场地的要求主要包括:岩石类型为结晶岩(花岗岩);体积大于 $1km^3$;温度为 175～225℃;深度为 1.5～4km;具有 $10^{-16}m^2$ 量级的适当渗透率,低于可供开发的典型水热型地热系统的上限;已知应力方向和大小;诱发地震灾害的风险低;不与已开发的水热型地热系统相连通;不具有或具有较低的环境风险;具有足够的基础设施来支持研发工作以及储层建造、运营和维护(张炜等,2024)。

FORGE 计划致力于如下几个方面的工作:①创新干热岩钻完井方法,形成新型干热岩压裂与裂缝网络产生新方法;②利用现有压裂造缝技术,完善地应力场测量新方法;③研发高温钻具、分段压裂和高温花岗岩体水平钻进技术,并降低钻井成本;④开展干热岩开发过程中诱发地震活动的控制和预测技术研究;⑤开发温度场-渗流场-力学场-化学场耦合预测模型;⑥建立地震噪声强度与有效储层体积关系模型(张森琦等,2019)。

FORGE 计划主要目标是建造具有足够渗透性的裂隙网络,以长期从干热岩中提取地热能。在不造成热储层显著冷却的情况下,实现经济流速(大于 $4×10^{-2}m^3/s$)。避免诱发有危害性的地震,证实 EGS 技术的产业化应用可行性。为实现上述目标任务,美国能源部将FORGE 计划分为 3 个阶段,逐步推进(张森琦等,2019)。

(1)2015—2016 年,主要任务是筛选出 5 个干热岩勘探开发场地,每个场地投入 40 万美元,9 个月内完成场地论证。

(2)2016—2018 年,在 2A、2B 阶段结束时,在 5 个干热岩勘探开发场地中,犹他大学能源与地质研究院优选的米尔福德(Milford)EGS 场地和桑迪亚国家实验室优选的内华达州法隆(Fallon)EGS 场地潜力较大,这两个 EGS 场地进入第二阶段场地勘查与评估;每个场地投入1900 万美元,通过钻探确定干热岩可开采资源量。2C 阶段:投入 1000 万美元。在两个 EGS 场地中,选择一处进入 EGS 示范工程建设阶段。要求场地干热岩体的岩性必须为花岗岩,属于真正定义上的干热岩,钻探深度 1500～4000m,温度 175～225℃,可压裂大于 $1km^3$ 的花岗岩体积。

(3)2018—2023 年,选定一个场地用作干热岩 EGS 尖端研究,形成钻井和新工具测试的井下实验室,最终探索出技术经济可行且能实现干热岩 EGS 规模化的路径。本阶段计划用时5年,投入1.3亿美元,至少完成两口热岩井,开展压裂和井间流体连通试验等工作,其中一半的资金将用于各种研究活动。

FORGE-Milford干热岩EGS项目位于美国犹他州盐湖城以南350km和Milford以北16km处约5km²的区域,如图4-66所示。Milford EGS场地位于美国西部环太平洋地热带内,地处北美科迪勒拉山系中央轴带的盆岭省盆山交接区。场地附近区域地质条件复杂,以伸展性断裂、第四纪岩浆活动和高热流地热异常为主要特征。Milford EGS场地地质、水文地质和地热地质研究程度较高,现有数据丰富。20世纪70年代以来,至少有5家地热公司以及犹他大学能源与地质研究院(EGI)等机构一直调查研究Milford EGS场地所在地区的区域地质、水文地质和地热地质情况,先后完钻了100余口钻孔。其中,布伦德尔地热电厂运营30年期间先后完钻注采井10口。100余口钻孔测温结果表明,Milford谷地北部200m深、40℃以上的地热异常区东西宽约10km,南北长约15km,面积约200km²。EGS场地地下2000m深处温度为175℃,地温梯度为50~65℃/km。重力、大地电磁测深和钻探表明,4000m深度以浅、温度175℃以上的干热岩体分布面积大于100km²,体积超过100km³,地热资源开发潜力大。

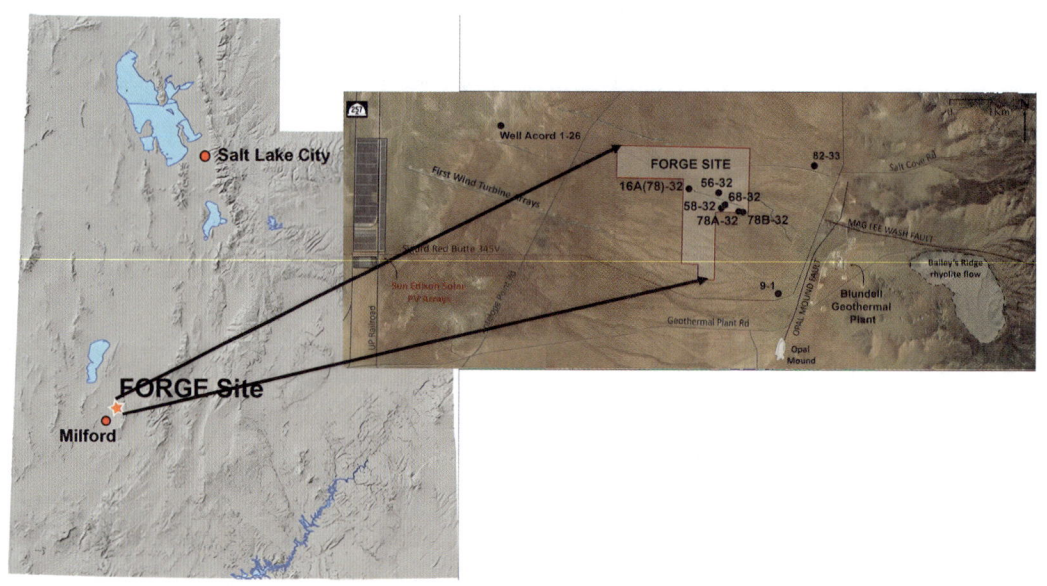

图4-66　FORGE计划干热岩项目地理位置图(U.S. Department of Energy,2024)

Milford干热岩地热系统是一种发育于高温水热型地热田旁侧的干热岩地热能聚集模式,因具有较高的地温梯度而出现在水热型地热田Roosevelt的边缘,如图4-67所示。Milford干热岩热储层岩石非常致密,具有极低的孔隙度和渗透率,不含有热流体,并且分布有裂隙方位多变且相对密集的裂隙网络。

FORGE Milford场地2km、3km深度的地温等值线图如图4-68所示。该区域在较浅的深度(<4km)就具有较高的温度(>200℃)。强烈的伸展作用、活跃的岩浆作用使得Milford干热岩场地具有较高的热流(Jones et al.,2024)。大范围地幔源氦渗入以及岩浆作用使得深部储层岩体受热后熔化并释放出大量的放射性^{4}He,形成区域地幔氦异常(Moore et al.,2023;Simmons et al.,2024)。Milford EGS场地热储层热源为5km以下的部分熔融体,

第4章 地热开发

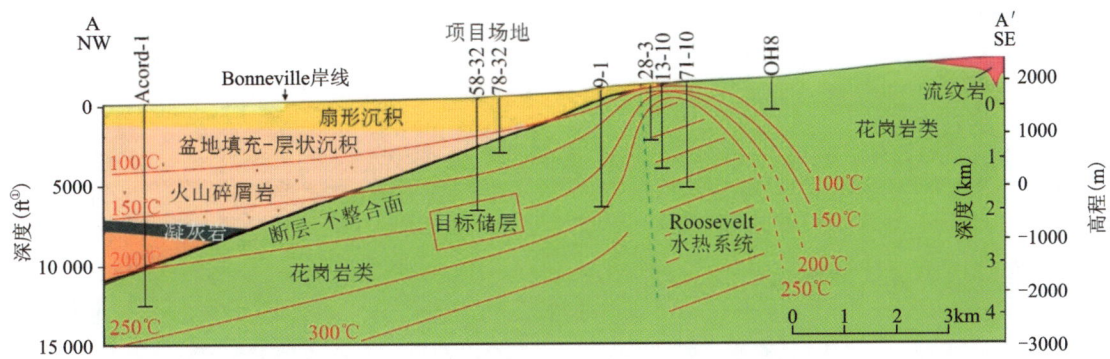

图 4-67 Milford 场地地质特征剖面示意图（张炜等，2024）

Roosevelt 地热田热流体中的异常 ^{3}He/^{4}He 值和相关证据也支持了这一解释（张森琦等，2019；Jones et al.，2024；毛翔等，2019；张超等，2022）。古近系以来，该区域长期处于近东西向的拉张伸展环境下，发育有多处伸展断裂，其中 Opal Mound 伸展断裂近乎垂直，以其为界东西两侧具有不同的传热机制，东侧以对流传热为主，西侧为传导型地热系统（张森琦等，2019；Simmons et al.，2016；Allis et al.，2016；Moore et al.，2019）。

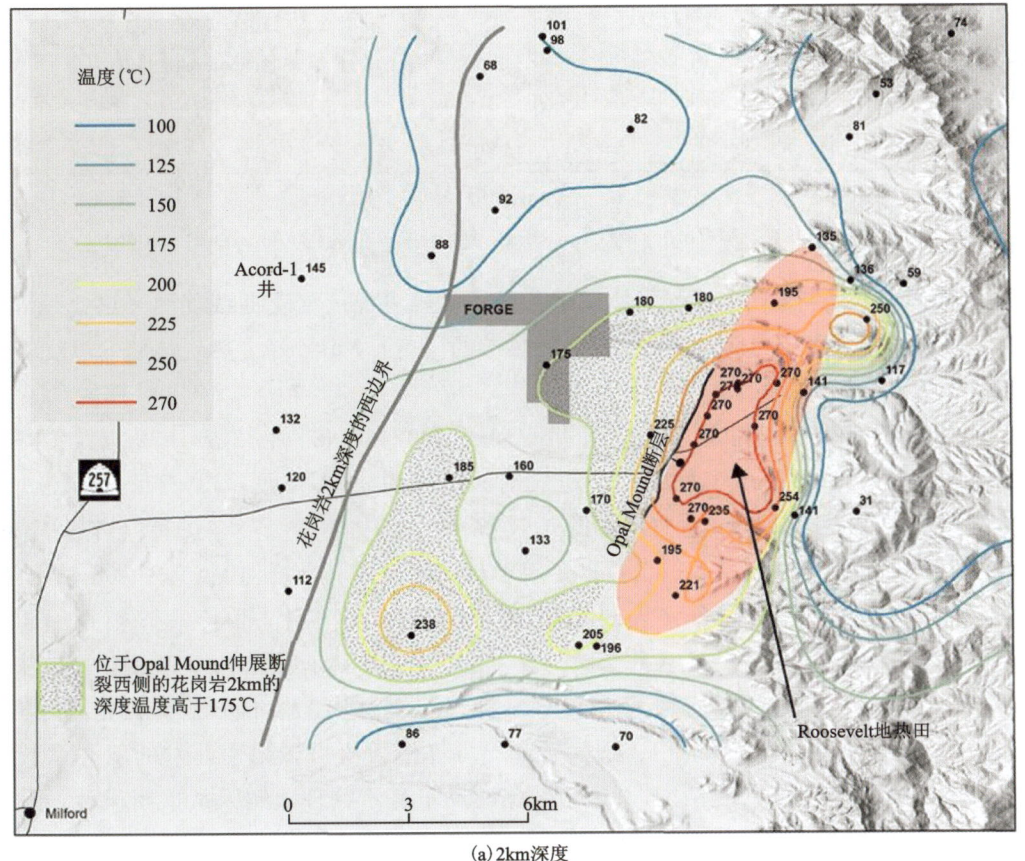

(a) 2km 深度

---

① 1ft＝304.8mm。

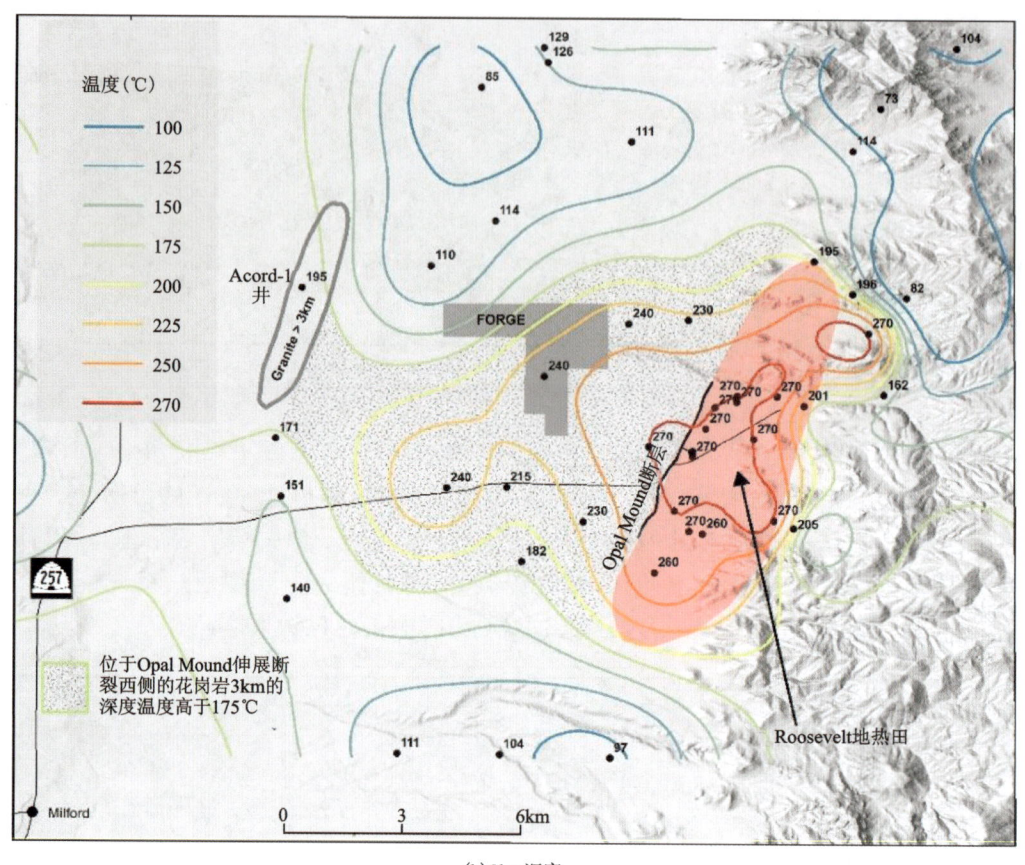

(b) 3km深度

图 4-68 FORGE Milford 场地 2km、3km 深度地温等值线图（Allis et al.，2016）

FORGE Milford 干热岩 EGS 场地周围井的温度随着深度变化曲线如图 4-69 所示，图中红色区间为预测的该场地 1500～4000m 深度热储的温度。Milford 干热岩热储的温度符合美国能源部的 EGS 场地筛选标准。

目前 Milford 干热岩项目区域包含直井 56-32、58-32、68-32、78-32、78B-32 以及斜井 16A(78)-32、16B(78)-32，井的现场配置以及地质剖面图如图 4-70 和图 4-71 所示，Milford 干热岩场地不同的井温度随深度变化曲线如图 4-72 所示。其中直井 58-32 于 2017 年 9 月完钻，深度 2297m，井底温度 197℃。58-32 井主要用于热储层描述和地震监测。直井 68-32 于 2019 年 3 月完钻，深度 305m，68-32 井主要用于地震监测。直井 78-32 于 2019 年完钻，深度 1000m，井底温度 106℃。斜井注入井 16A(78)-32 于 2021 年 1 月完钻，16A(78)-32 井以近似平行于最小水平主应力的方向钻至 1810m 垂深，然后与竖直方向偏斜 65°钻进，最终钻至 3349m 总测深和 2609m 真垂深，井底温度为 220℃，将作为项目试验性开发的双井系统中的注入井；针对 16A(78)-32 井的钻探，采用了数据驱动下基于物理限制因素重新设计的钻井控制流程，使钻井时间减少了一半以上（计划用时 136d，实际用时 74d）。直井 56-32 于 2021 年 2 月完钻，深度 2287m，井底温度 224℃，56-32 井主要用于地震监测。直井 78B-32 于 2022 年 7 月完钻，深度为 2896m，井底温度约 240℃。在注入井 16A(78)-32 完钻并且完成水力压裂

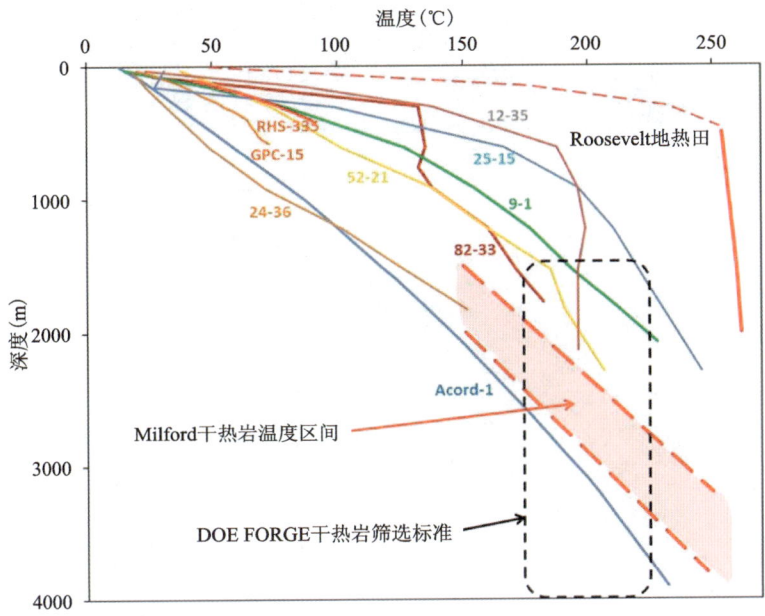

图 4-69　FORGE Milford 场地周围井的温度随深度变化曲线（Allis et al.，2016）

之后，2023 年 4—7 月生产井 16B(78)-32 完钻。生产井 16B(78)-32 斜井段与注入井 16A(78)-32 斜井段保持平行，与垂直方向夹角 65°，生产井斜井段在注入井斜井段上方 100m（Jones et al.，2024；Allis et al.，2019；Moore et al.，2020；亢方超等，2022）。

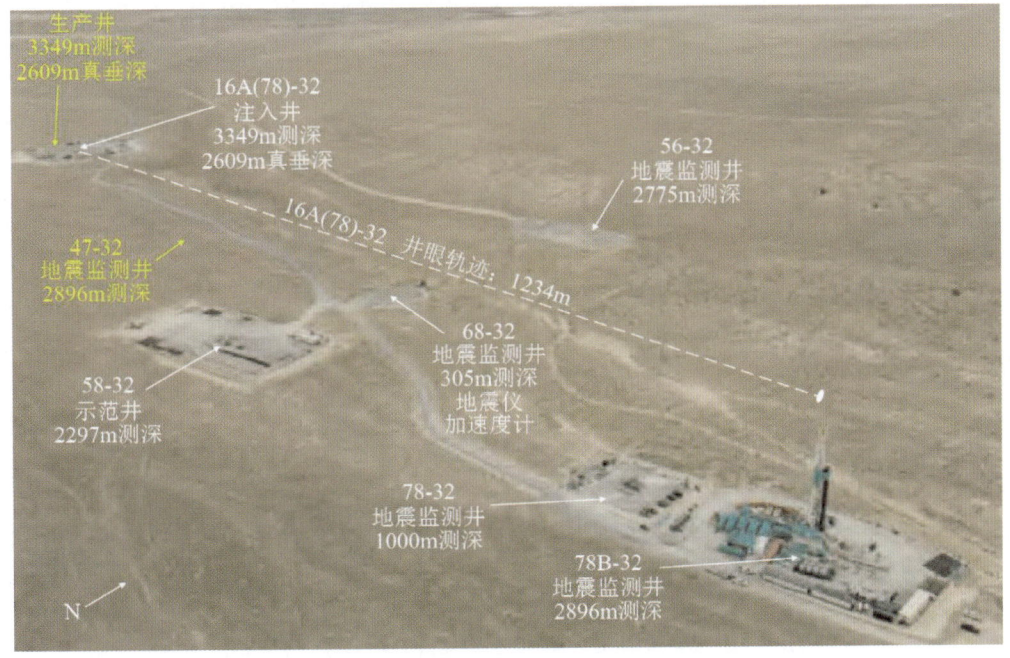

图 4-70　Milford 干热岩 EGS 现场（张炜等，2024）

注：已完成钻井用白色文字标记，计划钻井用黄色文字标记，白色虚线表示 16A(78)-32 井的井眼轨迹。

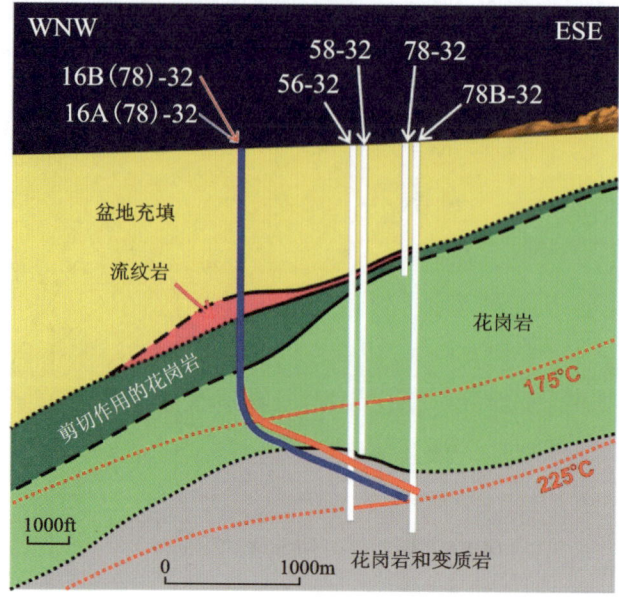

图 4-71 Milford 干热岩 EGS 场地地质剖面示意图(Jones et al.,2024)

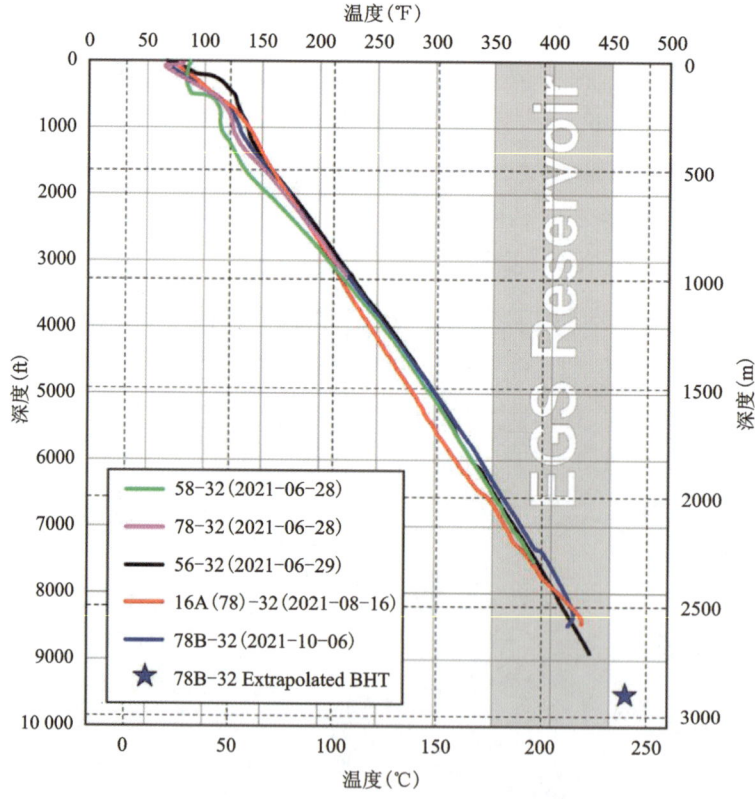

图 4-72 Milford 干热岩场地不同的井温度随深度变化曲线(Jones et al.,2024)
注:℉=(9/5)℃+32;1ft=0.305m。

注入井16A(78)-32的测井曲线如图4-73和图4-74所示,黄色和绿色的区域代表每3m收集岩屑,并对岩屑进一步分析。深度2400m以下花岗岩和变质岩交替出现,变质岩主要是片麻岩。裂缝的测井响应表现为声波传播时间更长、孔隙度更大、电阻率更小、密度更小。不同钻井岩芯资料如图4-75~图4-77所示。Milford干热岩热储花岗岩基质渗透率为$3 \times 10^{-19} m^2$,孔隙度0.13%。测井和岩芯资料显示,Milford干热岩场地热储层发育天然裂缝。天然裂缝的分布和方位不均,尤其在花岗岩和片麻岩的界面发育天然裂缝。天然裂缝的存在有助于水力压裂进一步改造干热岩热储(Jones et al.,2024)。

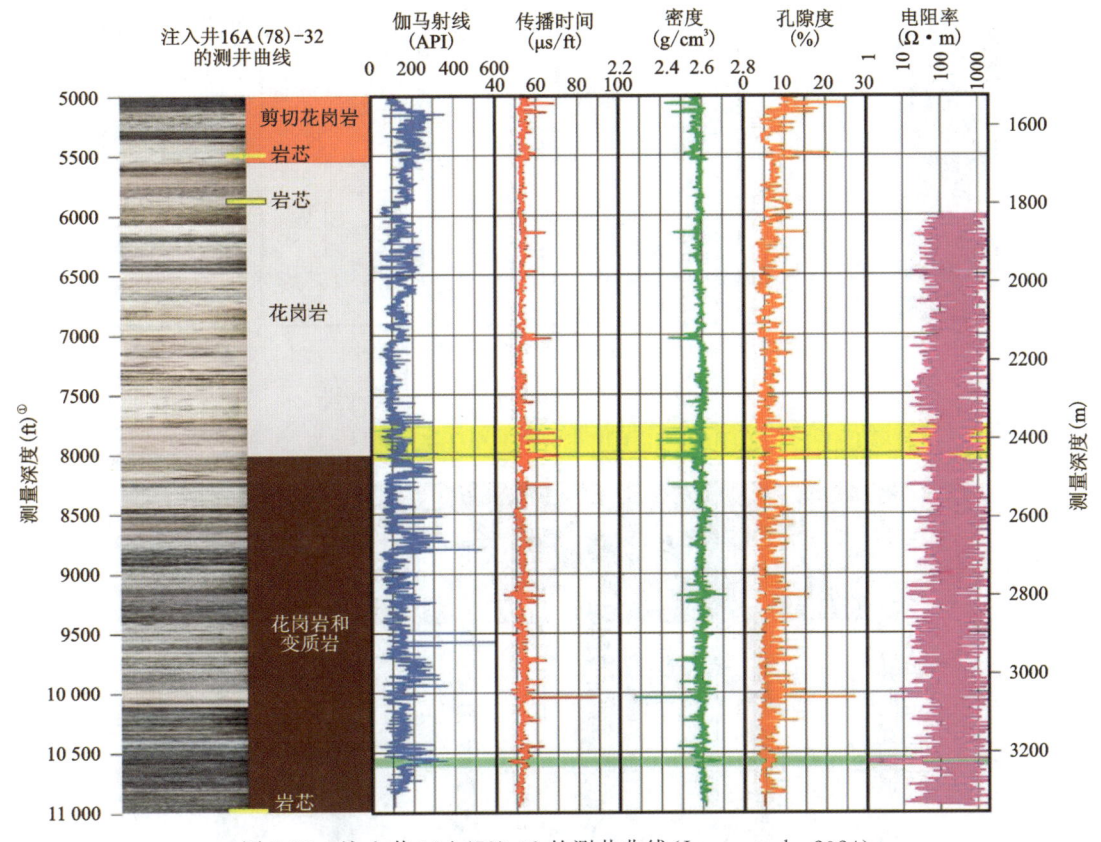

图4-73 注入井16A(78)-32的测井曲线(Jones et al.,2024)

注入井16A(78)-32进行了水力压裂。如图4-78所示,压裂前后地层微电阻率扫描成像测井对比显示压裂后热储层裂缝增多,热储流动能力显著增强(张森琦等,2019;Moore et al.,2020)。注入井16A(78)-32水力压裂各阶段流量为90~140L/s,微地震的震级不超过0.5(Niemz et al.,2024)。注入井16A(78)-32水力压裂的微地震监测如图4-79所示,微地震监测技术可以用于推测水力压裂裂缝的方位和裂缝参数(Finnila et al.,2023)。第一阶段在该井的最前端采用滑溜水压裂,产生的裂缝半长为54~110m。第二阶段采用滑溜水压裂,产生的裂缝半长为42~61m。第三阶段采用凝胶压裂,产生的裂缝半长为74~149m(Moore et al.,2020;Finnila et al.,2023)。

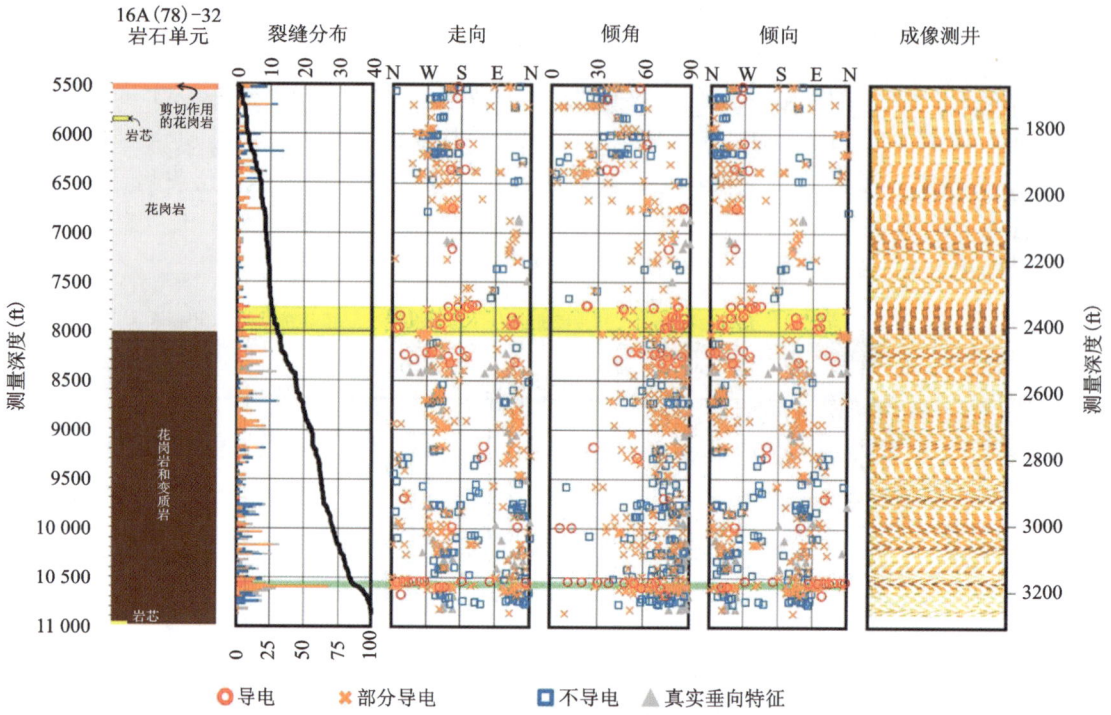

图 4-74　注入井 16A(78)-32 天然裂缝成像的测井解释(Jones et al.,2024)

图 4-75　直井 58-32 不同测量深度的岩芯(Jones et al.,2024)

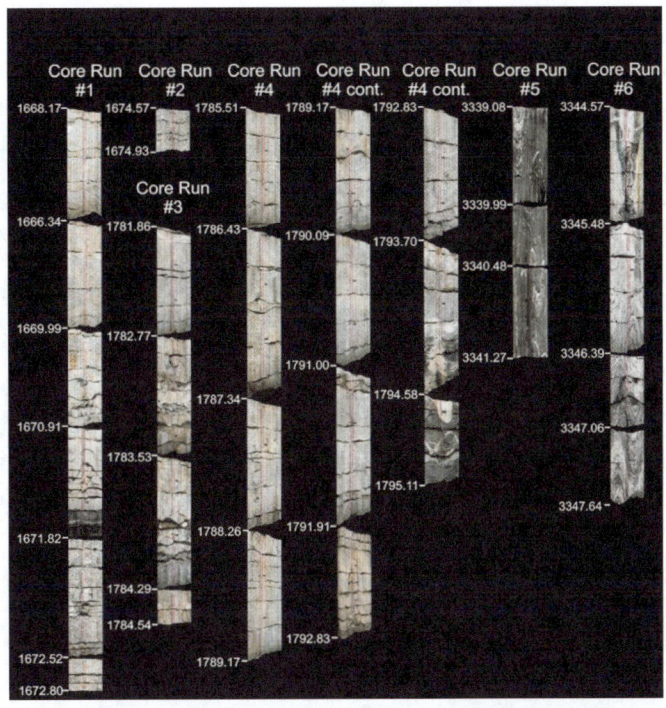

图 4-76 斜井注入井 16A(78)-32 不同测量深度的岩芯(Jones et al., 2024)

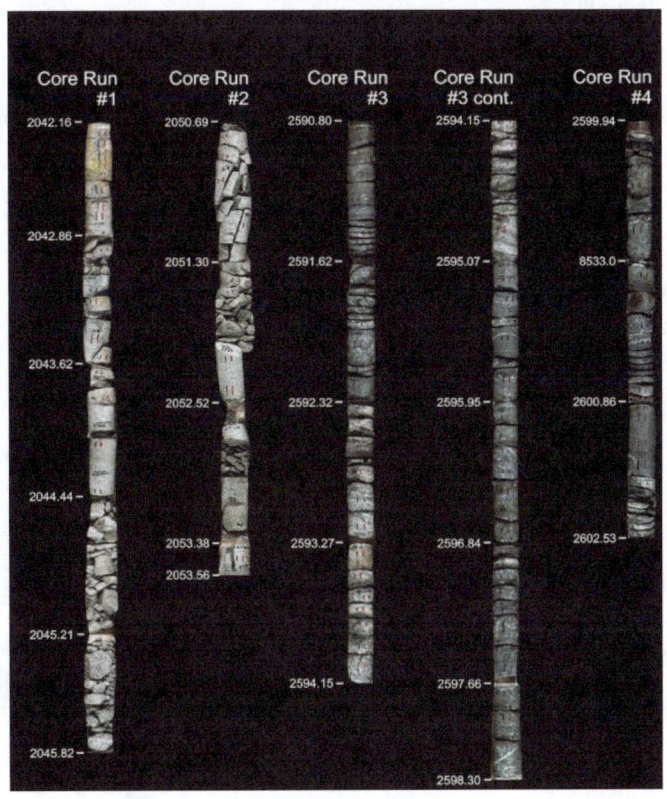

图 4-77 直井 78B-32 不同测量深度的岩芯(Jones et al., 2024)

图 4-78 压裂前后地层微电阻率扫描成像测井对比(Moore et al.,2020)

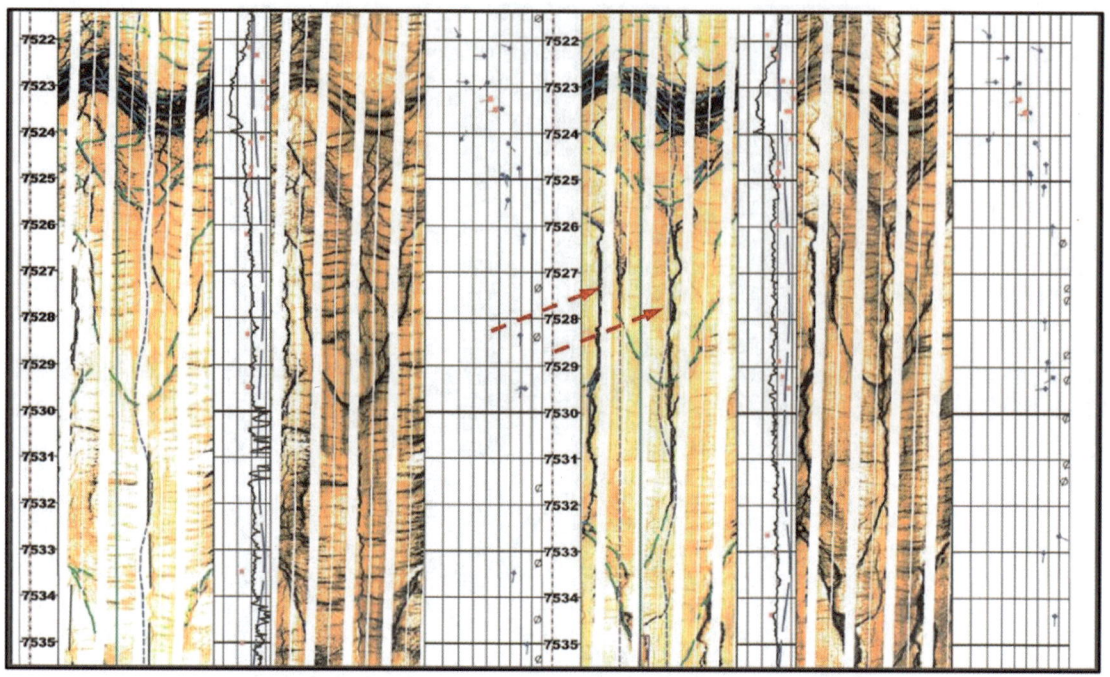

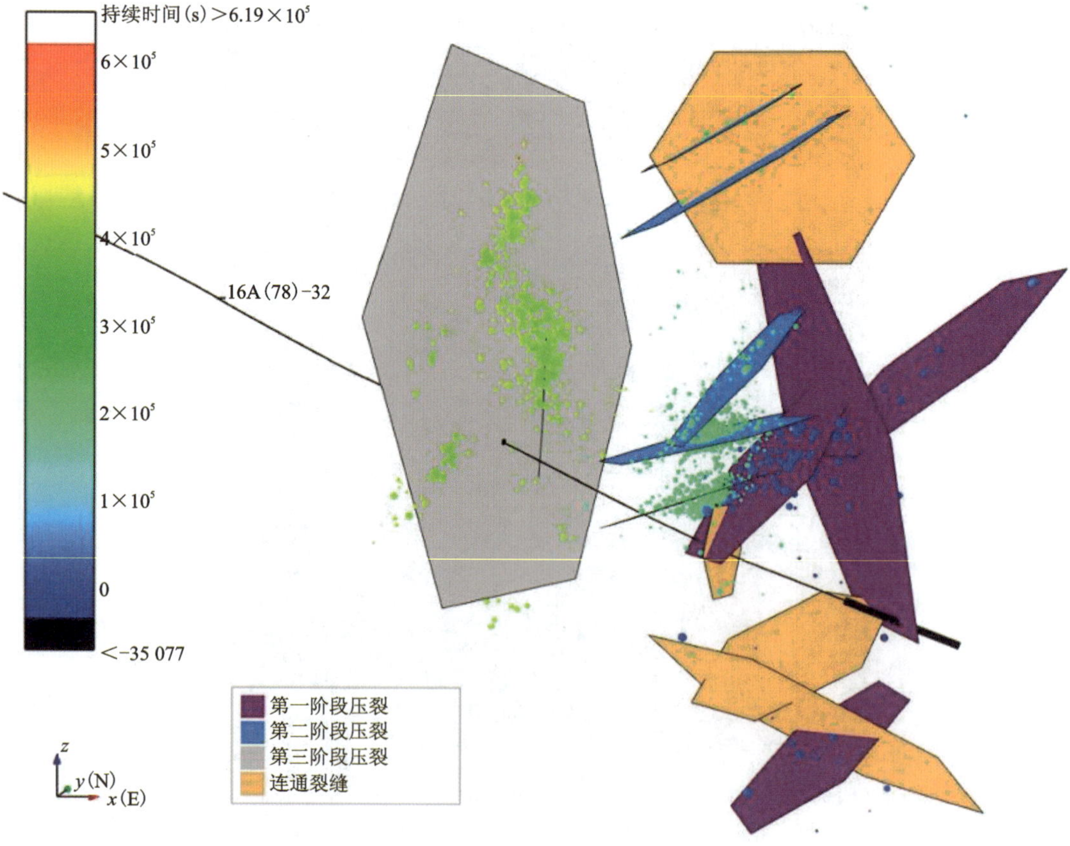

图 4-79 注入井 16A(78)-32 水力压裂微地震监测(Finnila et al.,2023)

注入井 16A(78)-32 和生产井 16B(78)-32 进行了 9h 的循环测试,注入速率 40L/s,产出速率 21L/s,产出水的温度为 139℃,Milford 干热岩热储层注采井之间成功建立了连通,FORGE Milford 场地干热岩 EGS 试验取得初步成功(Xing et al.,2024)。

数值模拟有助于优化 Milford 干热岩 EGS 开发方案(Asai et al.,2018;Janiga et al.,2022)。Petrel 地质模型如图 4-80 所示,粉色和蓝色的平面代表断层,黄色的多边形区域代表 EGS 热储层,蓝色代表热储层顶部,红色代表热储层底部,其温度在 175~225℃ 之间。

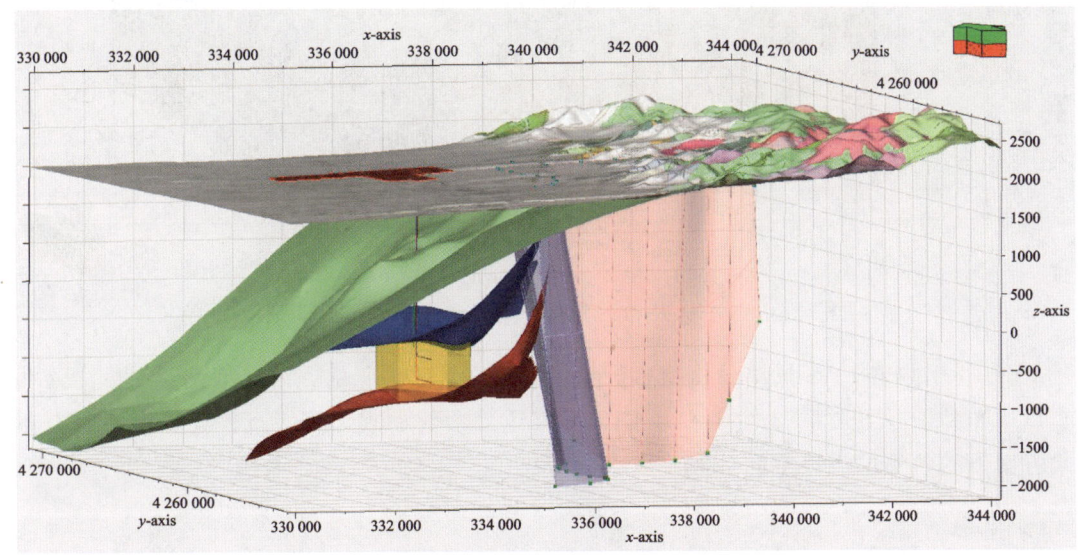

图 4-80 Milford 场地地质模型(Janiga et al.,2022)

Milford 干热岩 EGS 热储层孔隙度和渗透率模型如图 4-81 和图 4-82 所示,该模型在 x、y 和 z 方向分别有 48×40×20 个网格,共计 38 400 个网格。模型的孔隙度和渗透率非均质性强。

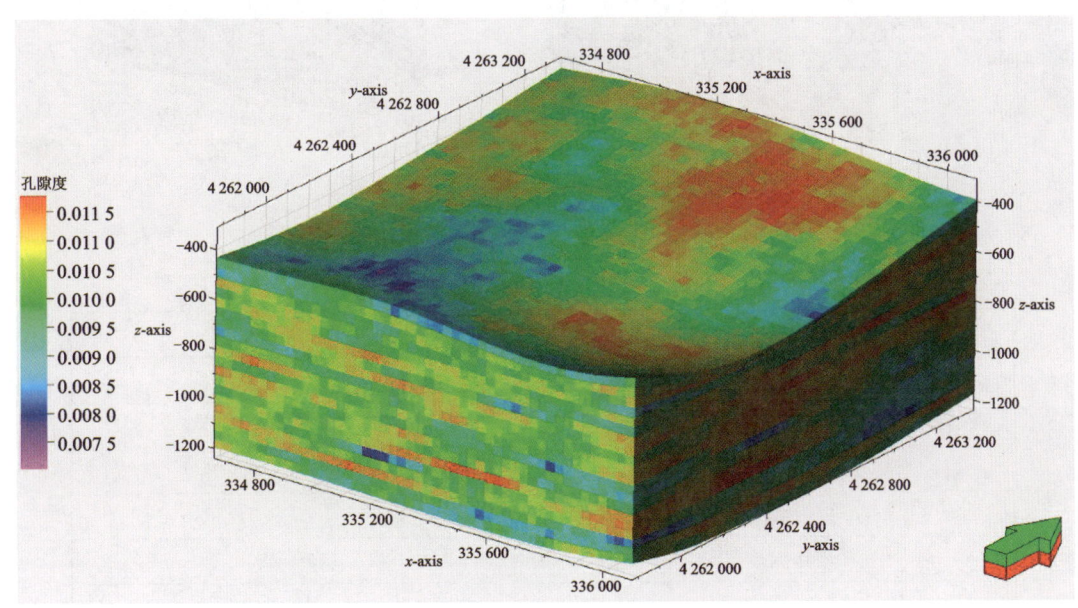

图 4-81 Milford 干热岩 EGS 热储层孔隙度模型(Janiga et al.,2022)

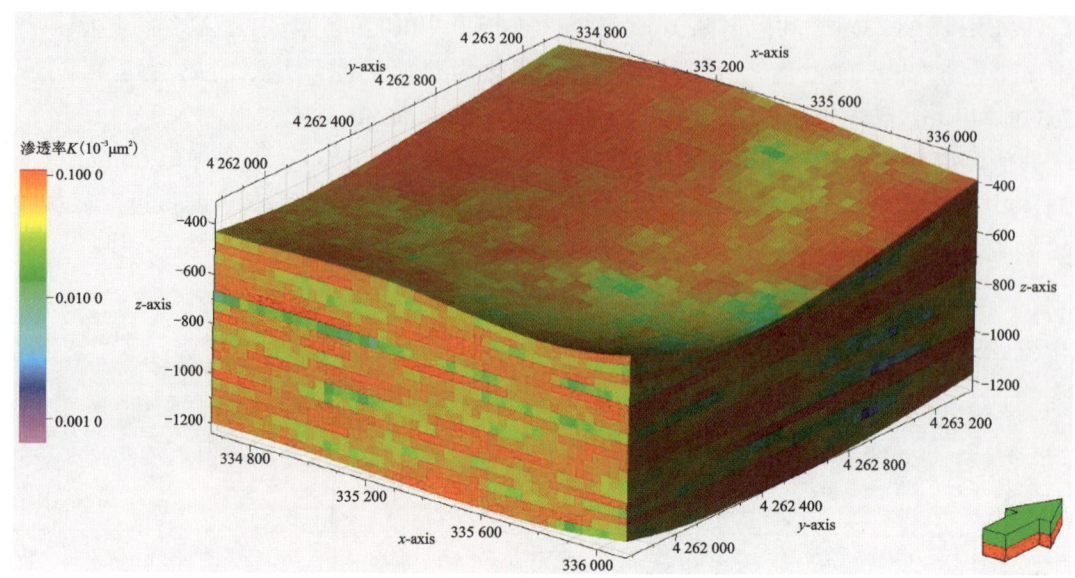

图 4-82　Milford 干热岩 EGS 热储层渗透率模型(Janiga et al.,2022)

Milford 干热岩 EGS 热储层模型参数如图 4-83、表 4-21 所示。该模型设置 1 口注入井 I1 和 1 口生产井 P1,注入井 I1 在生产井 P1 上方,注采参数如表 4-21 所示,数值模拟研究不同注采方案下的热储层温度空间分布。

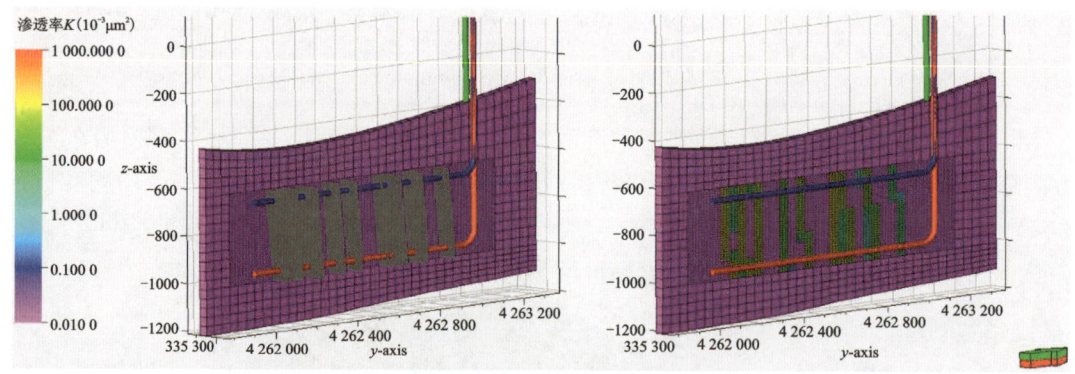

图 4-83　水力压裂的裂缝渗透率模型(Janiga et al.,2022)

表 4-21　Milford 干热岩 EGS 热储层模型参数(Janiga et al.,2022)

参数	取值
孔隙度(%)	$1\times10^{-7}\sim0.0118$
x 方向渗透率($10^{-3}\mu m^2$)	$1.77\times10^{-6}\sim0.1216$
y 方向渗透率($10^{-3}\mu m^2$)	$2.47\times10^{-6}\sim0.1297$
z 方向渗透率($10^{-3}\mu m^2$)	$2.97\times10^{-6}\sim0.1115$
热储温度(℃)	175～225
热储层压力(MPa)	20.3

续表 4-21

参数	取值
岩石压缩系数(1/MPa)	2×10^{-7}
热储层比热容[J/(kg·℃)]	790
热储层热导率[W/(m·℃)]	3.05
水力压裂裂缝渗透率($10^{-3}\mu m^2$)	1~623.99
注入井 I1 深度(m)	2 302.41
生产井 P1 深度(m)	2 602.41
注入速率(kg/s)	25
生产速率(kg/s)	25
注入温度(℃)	55
注入井压力(MPa)	24
生产井压力(MPa)	8

注采 10 年后热储层温度空间分布如图 4-84 和图 4-85 所示。注入井与生产井之间存在 4 个主要的注采通道由水力压裂的裂缝连通。案例 1 中注入温度为 55℃,注入流量为 25kg/s,

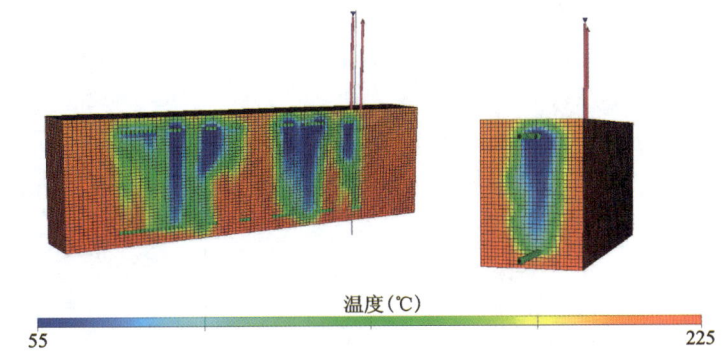

图 4-84　案例 1 注入流量 25kg/s:注采 10 年后热储层温度空间分布(Janiga et al.,2022)

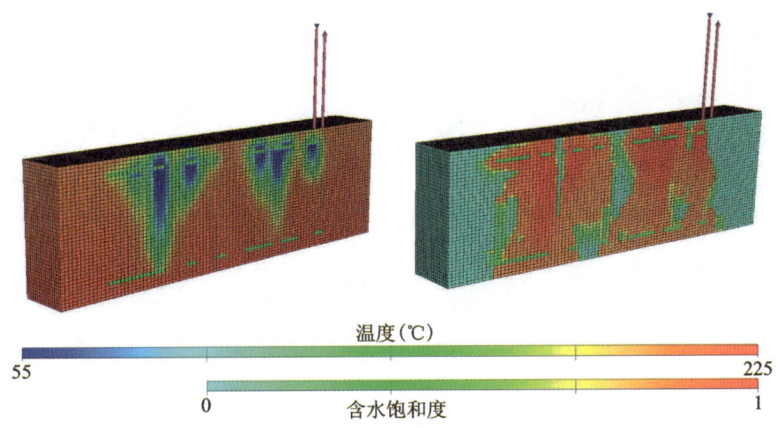

图 4-85　案例 2 注入流量 10kg/s:注采 10 年后热储层温度空间分布和含水饱和度分布(Janiga et al.,2022)

注采 10 年后产出液的温度由 215℃下降为 128℃。案例 2 中注入温度为 55℃,注入流量为 10kg/s,注采 10 年后产出液的温度由 215℃下降为 185℃。注采的速率对于 Milford 干热岩开发至关重要。在进一步部署 Milford 干热岩 EGS 注采开发之前,应通过数值模拟进一步优化 Milford 干热岩 EGS 开发方案。

4.3.4　Cooper 盆地 Habanero 干热岩

Habanero 干热岩 EGS 试验项目位于澳大利亚中东部的 Cooper 盆地。Cooper 盆地是一个典型的板内克拉通盆地,为北东走向,横跨南澳大利亚州的东北部与昆士兰州西南部,面积约 $1.3 \times 10^5 km^2$,是澳大利亚主要的天然气生产地,如图 4-86 所示。与美国 FORGE、法国 Soultz 等干热岩 EGS 项目场地具有丰富的地表地热显示不同,Habanero 干热岩项目场地无明显地表地热显示,其地热异常是经由先期的石油钻探发现的。地球物理探测显示该区域存在较大范围的低重力异常区,推测该地区存在大面积花岗岩体。Cooper 盆地地热异常主要来源为高放射性花岗岩的放射性生热,属于典型的热壳冷幔型岩石圈热结构(饶松等,2023)。放射性元素测试结果表明,Cooper 盆地花岗岩体的放射性生热率介于 $7.2 \sim 10.1 \mu W/m^3$ 之间,是世界上花岗岩体平均放射性生热率的 2~3 倍,属于异常高放射性产热花岗岩。图 4-86

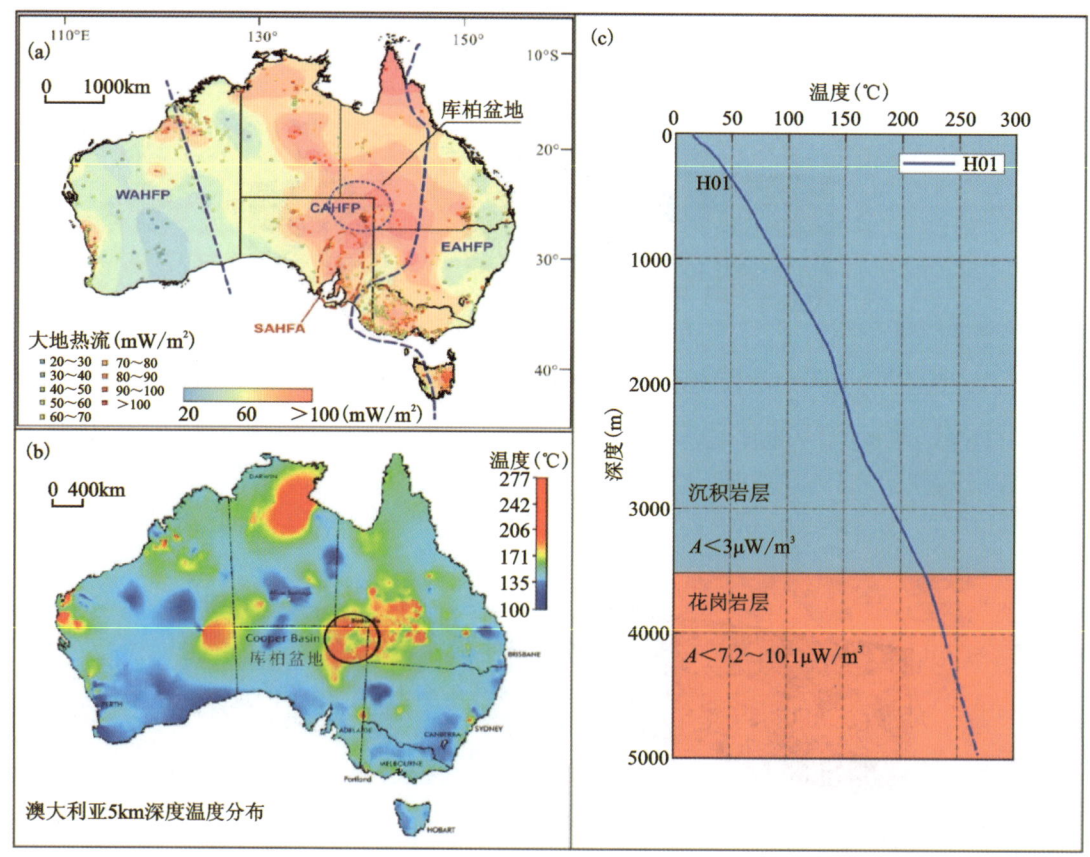

图 4-86　澳大利亚大地热流(a)、5km 深度温度分布(b)和 Habanero-01 井测温曲线(c)(饶松等,2023)

展示了澳大利亚大地热流分布,可见 Cooper 盆地表现为明显的区域地热异常,其大地热流值在 90~110mW/m² 之间,平均值大于 100mW/m²(Beardsmore,2004)。Habanero 干热岩为传导型地热系统,深部储层的花岗岩岩体以热传导的形式传递热量(Kong et al.,2021)。高放射性花岗岩体之上覆盖了厚度约为 3500m 的热导率较低的沉积层作为 Habanero 地热系统的盖层,能够提供优质的隔热作用(Ayling et al.,2016)。钻孔测温显示,Cooper 盆地 5km 深度温度大于 200℃,明显高于盆地周缘地区(毛翔等,2019)。花岗岩储层在早二叠世冰期(约 300Ma)的冰川和热液侵蚀作用下,形成了部分天然裂缝。Cooper 盆地 Habanero 干热岩具有较高的 EGS 开发潜力(Tomac and Sauter,2018;梁旭,2023;Meixner et al.,2014)。

Cooper 盆地 Habanero 热储 EGS 井位分布如图 4-87 所示,Habanero 场地热储层发育断层和天然裂缝(Apak et al.,1997;Kulikowski et al.,2018;Didana et al.,2017)。在 2002—2012 年间,Habanero EGS 场地共施工完成了 4 口 4km 以深的干热岩钻井(图 4-87),水力压裂情况如表 4-22 所示。2003 年完成了第一口干热岩钻井 Habanero-01,终孔深度为 4421m,井底的 753m 钻入花岗岩储层,井深 4391m 处温度高达 248.3℃。Habanero-01 井井底的 282m 为直径 6in(1in=0.0254m)的裸眼井段,其余部分采用套管完井。完井后的试采试验表明,储层的天然裂隙内存在原生卤水,且形成了约 34MPa 的超压环境,Habanero-01 井的水流阻抗为 $1MPa/(L·s^{-1})$,说明花岗岩在上覆密闭沉积层和天然卤水的共同作用下形成了承压含水层。Habanero-01 井在钻井施工过程中存在大量的泥浆漏失,在 Habanero-01 井周围形成了半径约为 150m 的椭圆形泥浆环。Habanero-01 井完井后,于 2003 年 12 月对其进行了为期 10d 的水力压裂,泵注压力峰值接近 70MPa,最大泵注速率为 40L/s,共注入超 20 000m³ 的水,压裂过程中监测到 27 000 次微震事件。微震事件的空间分布表明储层内存在由构造活动产生的平面断层结构(Asanuma et al.,2005)。2005 年对 Habanero-01 井进行了第二次水力压裂,监测到 16 000 次微震事件,微震事件的空间分布表明,本次水力压裂使储层在水平方向上得到了小幅扩展,且改善了储层的水力连通性,Habanero-01 井的水流阻抗下降至 $0.625MPa/(L·s^{-1})$。根据监测到的 Habanero-01 井压裂诱发微震事件的空间分布范围,项目组于 2004 年在 Habanero-01 井西南约 500m 处布设了 Habanero-02 井。但由于钻柱丢失和钻井堵塞等问题,该井的终孔深度为 4358m,随后对该井进行了小规模的水力压裂,注压裂液量仅 3800m³,最终该井被废弃。2007 年,在 Habanero-01 井东北约 600m 处完成了井深为 4221m 的 Habanero-03 井,井底温度达 245℃。Habanero-03 井的测井成像记录表明,储层内发育一个垂向厚度为 5~10m 的水平断层带,断层带内天然裂隙集中发育,且该断层带的位置与 Habanero-01 井压裂诱发微震事件的空间分布一致。该断层带被称作 Habanero 断层或主断层,通常被认为是区域构造活动形成的。由于断层内天然裂隙发育,有助于水力压裂建立 EGS 渗流通道(Li et al.,2022)。Habanero-03 井与 Habanero-01 井开展了短期的对井循环试采试验,在循环流速为 13~15kg/s 的条件下,产出流体温度可达 212.5℃。但由于套管故障,该井于 2009 年被废弃。2012 年,在 Habanero-01 井东北约 700m 处布设了井深为 4225m 的 Habanero-04 井,该井与 Habanero 断层结构相交,为与 Habanero-01 井建立对井循环系统提供了有利条件。同年 11 月,对 Habanero-04 井进行了水力压裂,压裂液的注入总量达 34000m³,最大泵注速率达 60L/s,压裂井井口压力峰值约 80MPa。水力压裂显著改善了

Habanero-04 井周围的储层渗透性,Habanero-04 井的流动阻抗约为 0.22MPa/(L·s^{-1})。2013 年 4—9 月对 Habanero-01 井和 Habanero-04 井开展了循环试采试验。在试验后期,最大的循环流速可达 18.9kg/s,产出流体温度可达 213℃,回灌温度 80℃(王丹等,2024;Hogarth et al.,2013;Hogarth and Bour,2015)。2013 年 4 月,基于 Habanero-01 和 Habanero-04 对井建立了装机容量为 1MW 的 EGS 电站投产,地热电站现场如图 4-88 所示。但后续建设存在资金问题致使项目停产(Holl and Barton,2015;Hogarth and Holl,2017)。Habanero EGS 项目积累了宝贵的干热岩开发实践经验,4 口干热岩钻井的水力压裂均未使用支撑剂,除了 Habanero-01 井的第一期压裂注入了饱和的 NaCl 型咸水,其他均为清水压裂。该项目证实了放射性生热的花岗岩作为干热岩 EGS 开发的可行性(Jia et al.,2022)。

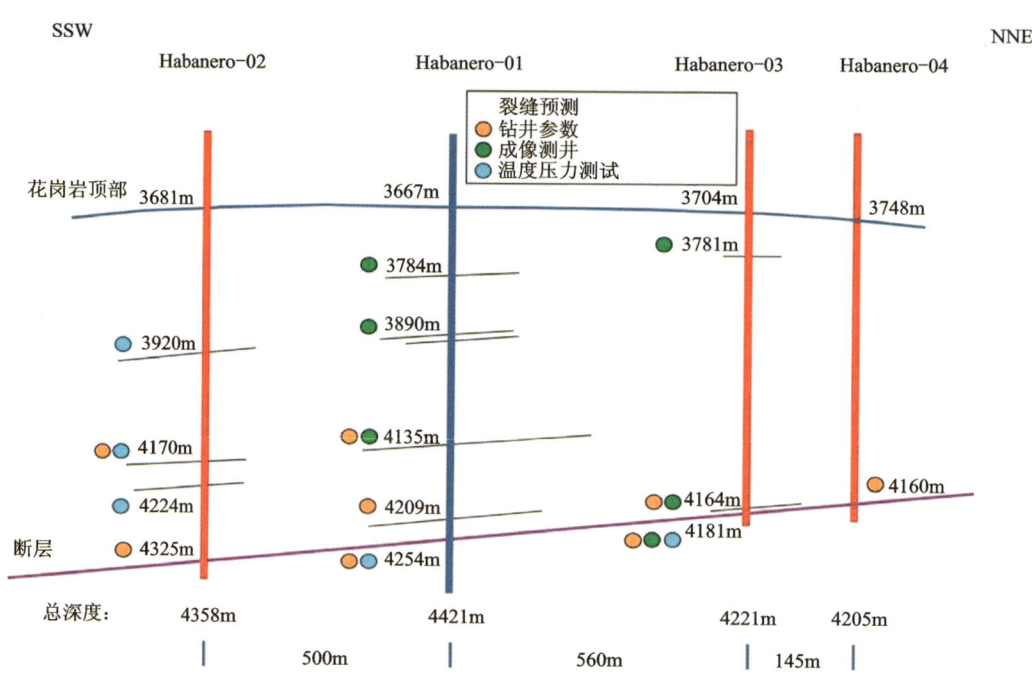

图 4-87　Habanero 干热岩 EGS 井位分布示意图(Ayling et al.,2016)

表 4-22　Habanero EGS 场地的 EGS 钻井和水力压裂情况汇总(梁旭,2023)

井编号	深度(m)	井底温度(℃)	压裂时间	压裂注液量(m³)	压裂周期(d)	诱发微震事件数量	备注
Habanero-01	4421	250	2003	20 000	10	27 000	
			2005	22 500	13	16 000	
Habanero-02	4385		2005	3800			2005 年废弃
Habanero-03	4221	245	2008	2200			2009 年废弃
Habanero-04	4225		2012	34 000	17.5	23 960	

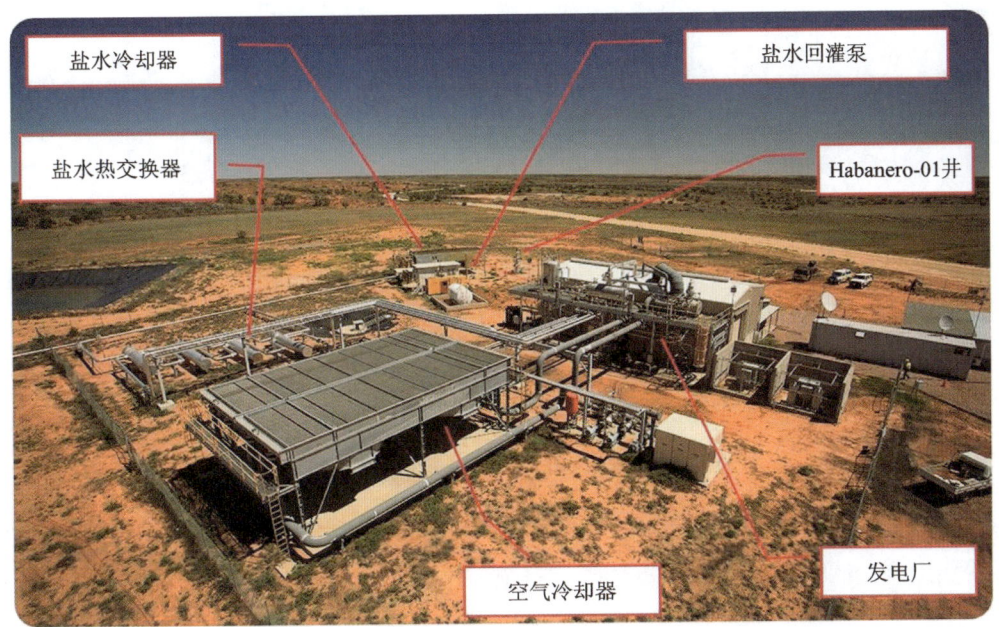

图 4-88　Habanero 干热岩地热电站现场（Hogarth and Bour,2015）

为进一步评价 Habanero-01 和 Habanero-04 井间的有效流动循环体积和水力压裂的改造效果,在 Habanero-04 井的水力压裂完成后,开展了 Habanero-01 和 Habanero-04 对井示踪试验。试验以化学性质稳定且热稳定性较好的 2,6-二萘磺酸钠作为示踪剂,以 Habanero-01 井为注入井,以 Habanero-04 井为开采井。示踪试验于 2013 年 6 月开始,此时该场地也同时开展了 Habanero-01 和 Habanero-04 的对井循环试采试验,且循环流速稳定在 15kg/s,注采井间的循环压力差稳定在 10.5MPa。在试验开始时向 Habanero-01 井瞬时注入 100kg 2,6-二萘磺酸钠,随后继续向 Habanero-01 井以 15kg/s 的稳定流速注入清水,并使 Habanero-04 井以同样的速率开采。试验过程中在 Habanero-04 井进行连续的取样测试,记录开采井产出流体示踪剂浓度随时间的变化情况如图 4-89 所示。示踪剂注入的第 6d 监测到了 Habanero-04 井产出流体示踪剂浓度的初始值,第 16d 产出流体示踪剂浓度达到了峰值,为 1.1×10^{-6}。示踪试验从 2013 年 6—9 月,共持续了 70d。考虑试验过程中停泵和回灌流体的影响,获得了稳定流条件下的示踪剂在产出流体中的浓度变化。Habanero-01 和 Habanero-04 的对井循环的有效循环体积为 31 000m³（梁旭,2023）。

Habanero-04 井在水力压裂完成后,作为开采井与 Habanero-01 井建立了对井 EGS 系统,于 2013 年 4—9 月开展了为期 150d 的循环试采试验。在试验初期循环流速在 13～24kg/s 的范围内波动,60d 后循环流速稳定在 15kg/s。试验过程中对 Habanero-04 井进行降压开采,并将开采流体由 Habanero-01 井全部回灌至储层,试验过程中未出现明显的流体损失。由于在 2012 年底 Habanero-04 井的水力压裂过程中注入了大量的低温清水压裂液,Habanero-04 井周围形成了一定规模的低温区,开采初期 Habanero-04 井产出流体温度较低,

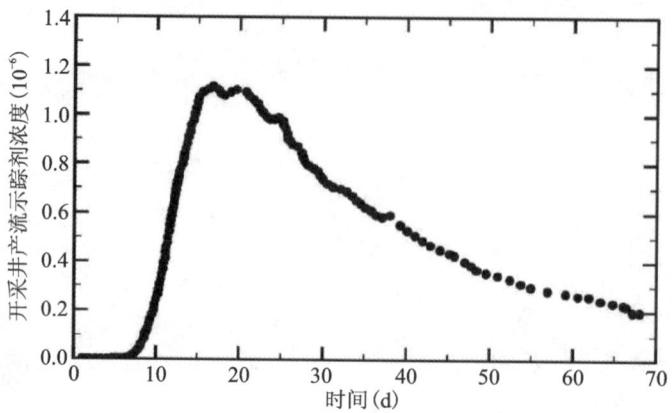

图 4-89　Habanero-01 和 Habanero-04 井间示踪试验的示踪剂浓度变化曲线(梁旭,2023)

约为 180℃;随着热储层内低温流体的采出,高温的热储层流体运移至生产井被采出,产出的流体温度逐渐上升,开采后期产出流体温度达到 213℃,如图 4-90 所示。

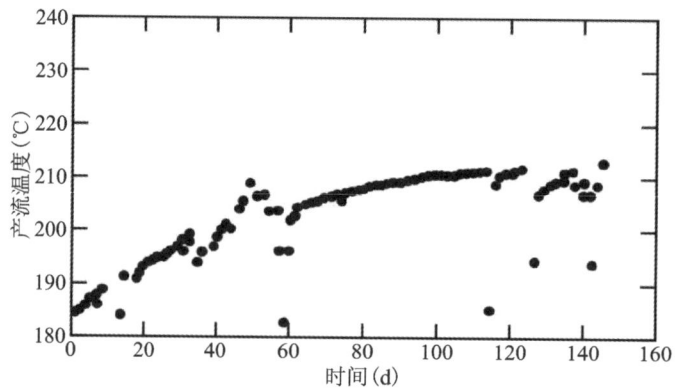

图 4-90　循环试采试验中 Habanero-04 井产出流体温度的变化(梁旭,2023)

为了进一步优化注采方案,Llanos 等(2015)使用 TOUGH2 模拟 Cooper 盆地 Habanero 干热岩不同注采方案的热储层温度变化。模型如图 4-91 所示,模型 x、y、z 方向尺寸为 4000m×5000m×5000m。z 方向根据温度随深度变化划分共 9 层 72 000 个网格,每层 8000 个网格均为 50m×50m。蓝色和绿色表示模型的花岗岩热储层划分为第 5 层至第 9 层。其中第 5 层和第 9 层较厚代表未压裂的花岗岩储层,第 6 层和第 8 层分别为厚度 25.6m 的未压裂的储层。第 7 层压裂热储层厚度为 5m。第 7 层储层的平面图如图 4-91 所示,该层包括压裂断层区(浅蓝色)、压裂泥浆污染区(红色)、未压裂断层区(黄色)、东部断层边界(深蓝色)。每层的参数如表 4-23 所示。模型中设置有 Habanero-01 井、Habanero-02 井、Habanero-03 井、Habanero-04 井和早期的石油与天然气井 McLeod 1(McL)。

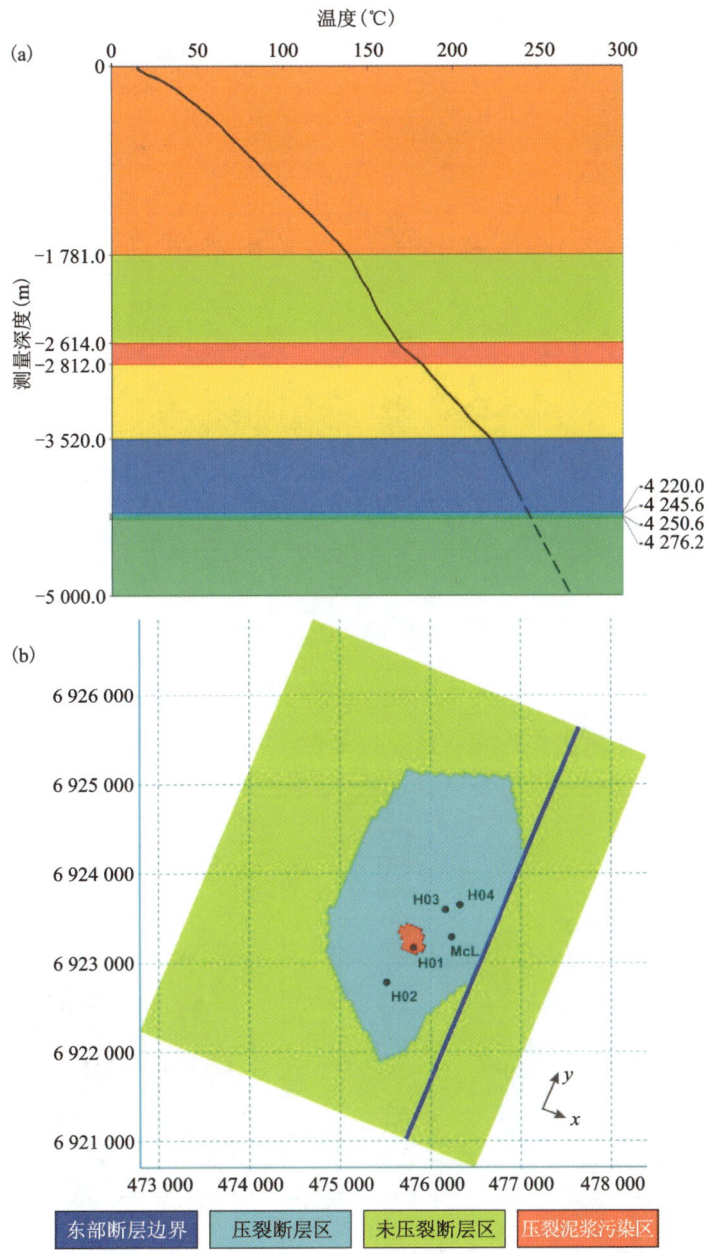

图 4-91 Habanero 干热岩 TOUGH 数值模拟模型(Llanos et al.,2015)

表 4-23 Habanero 热储岩石物性(Llanos et al.,2015)

热储层	岩石密度 (kg/m^3)	孔隙度 (%)	k_x $(10^{-3}\mu m^2)$	k_y $(10^{-3}\mu m^2)$	k_z $(10^{-3}\mu m^2)$	地温梯度 (℃/km)	热导率 [W/(m·℃)]	比热容 [J/(kg·℃)]
1	2500	5.0	0.1	0.1	0.01	69.3	1.950 0	950
2	2500	3.0	10^{-11}	10^{-11}	10^{-12}	36.3	4.990 0	960

续表 4-23

热储层	岩石密度 (kg/m³)	孔隙度 (%)	k_x ($10^{-3}\mu m^2$)	k_y ($10^{-3}\mu m^2$)	k_z ($10^{-3}\mu m^2$)	地温梯度 (℃/km)	热导率 [W/(m·℃)]	比热容 [J/(kg·℃)]
3	2500	2.0	10^{-11}	10^{-11}	10^{-12}	56.4	2.000 0	960
4	2000	1.0	10^{-12}	10^{-12}	10^{-13}	60.4	2.500 0	960
5	2700	0.3	10^{-7}	10^{-7}	10^{-7}	30.6	3.777 5	960
6	2700	0.3	10^{-7}	10^{-7}	10^{-7}	31.0	3.395 0	960
7-压裂断层区	2600	1.4	600	1200	40	31.0	3.395 0	960
7-压裂泥浆污染区	2600	0.36	29	58	10	31.0	2.500 0	900
7-未压裂断层区	2700	0.3	10	10	10	31.0	3.395 0	960
8	2700	0.3	10^{-7}	10^{-7}	10^{-7}	31.0	3.395 0	960
9	2700	0.3	10^{-7}	10^{-7}	10^{-7}	31.0	3.395 0	960
东部断层边界	2500	5.0	10^{-7}	10^{-7}	10^{-7}		2.500 0	900

模型第 7 层热储层的初始压力和初始温度如图 4-92 所示。

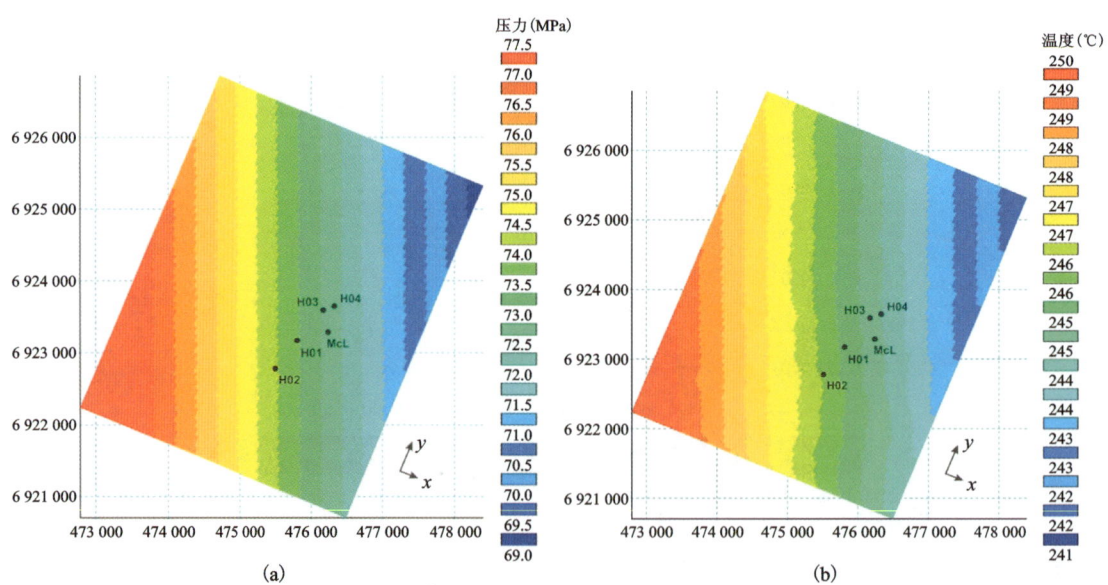

图 4-92　Habanero 模型第 7 层热储层的初始压力和初始温度(Llanos et al.,2015)

通过不断调整模型的孔隙度和渗透率开展数值模拟,以拟合 Habanero-01 井、Habanero-03 井、Habanero-04 井之间的示踪剂循环测试结果用于确保该模型的准确性。如图 4-93 和图 4-94 所示,现场测试的示踪剂流量结果与数值模拟的结果基本吻合,该模型精度较高可以用于后续的注采方案研究。

第 4 章 地热开发

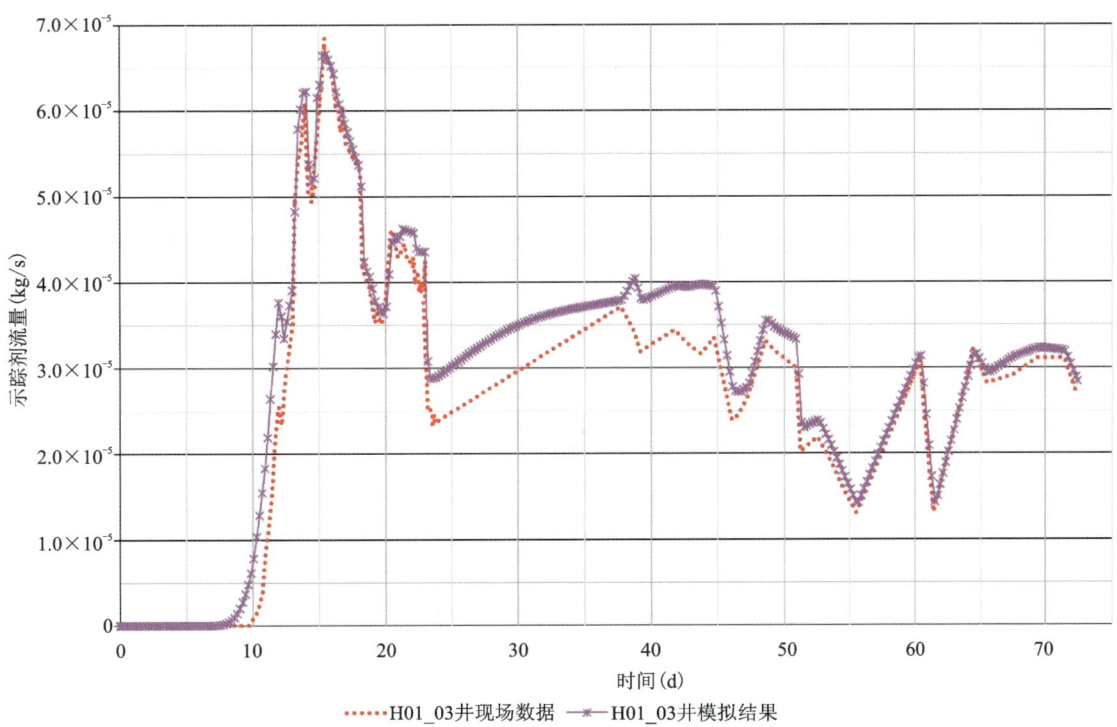

图 4-93　Habanero-01 井和 Habanero-03 井的示踪剂测试数值模拟数据与实测数据拟合（Llanos et al.，2015）

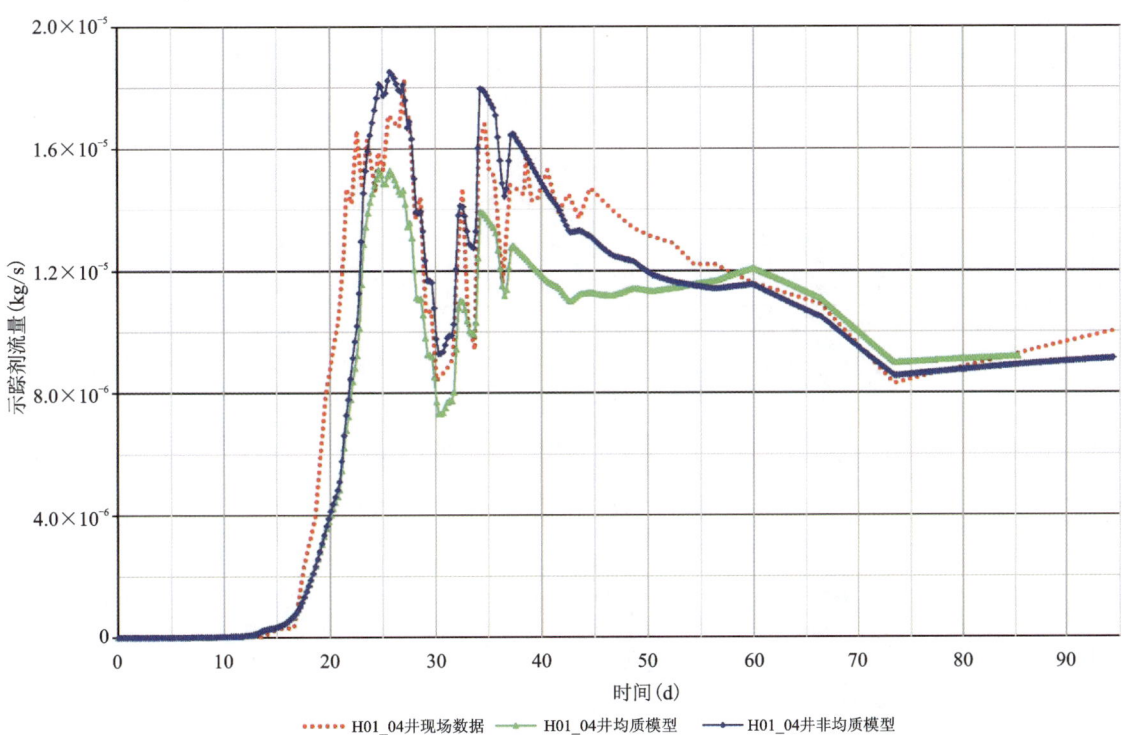

图 4-94　Habanero-01 井和 Habanero-04 井的示踪剂测试数值模拟数据与实测数据拟合（Llanos et al.，2015）

模拟设计3口注入井和3口生产井以及线性驱、4点法、5点法井网如图4-95所示,注入井采用不同的注入流速25kg/s、35kg/s、45kg/s,注采井井距为1100m,水的回灌温度为95℃。不同注采井网和不同流速开采20年后热储层的温度分布如图4-96所示。线性驱、4点法、5点法井网在35kg/s的注采流速下生产井开采20年井口产出液温度变化如图4-97所示。相比4点法、5点法井网,线性驱产出液温度最高,地热采收率最高。这主要是由于线性驱生产井P1、P2、P3位于热储层构造低部位温度更高。5点法产出液温度最低,主要是由于注采井之间渗流通道渗透率较好,温度较低的注入水更容易在5点法的井网配置下从P3井产出。尤其在45kg/s的注采流速下,注入井I2、I3和生产井P3之间容易造成短路,在较短的开采时间内发生热突破,导致产出液温度大幅降低(Llanos et al.,2015)。

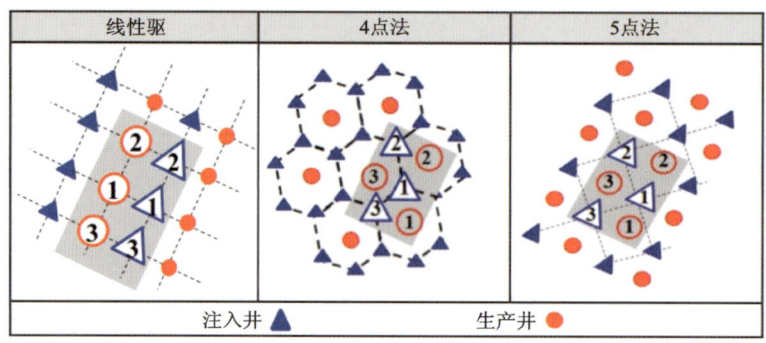

图4-95 不同的注采井网布井方式(Llanos et al.,2015)

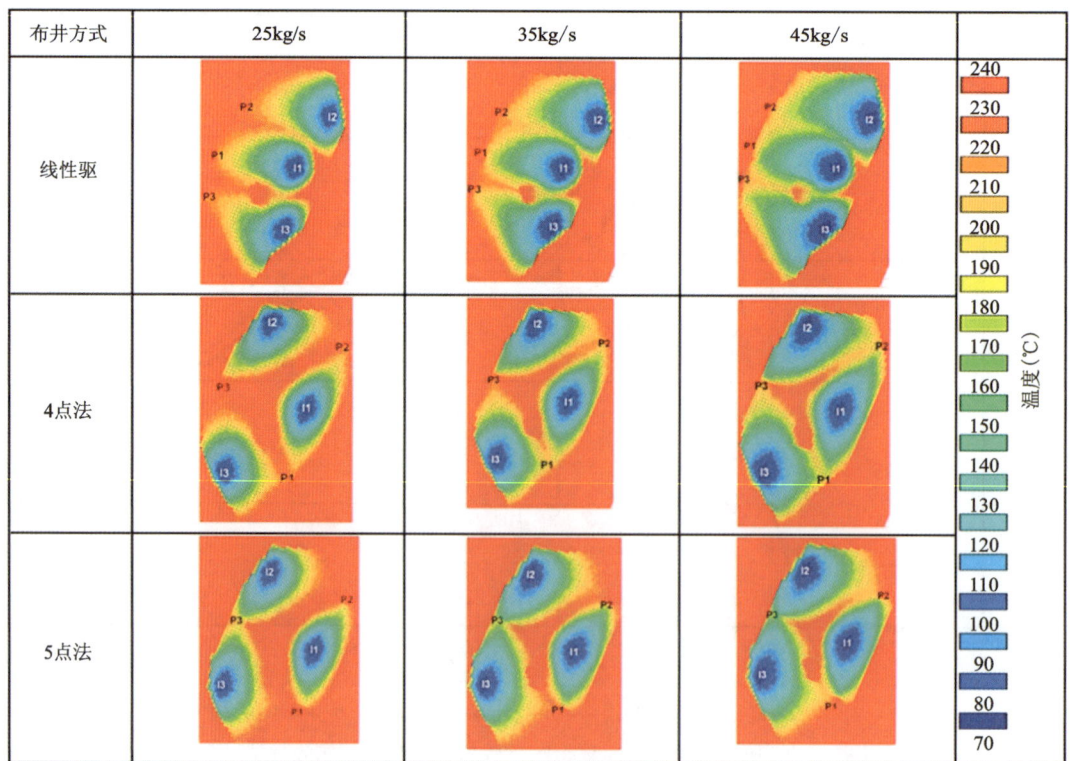

图4-96 不同注采井网和不同流速开采20年后热储层的温度分布(Llanos et al.,2015)

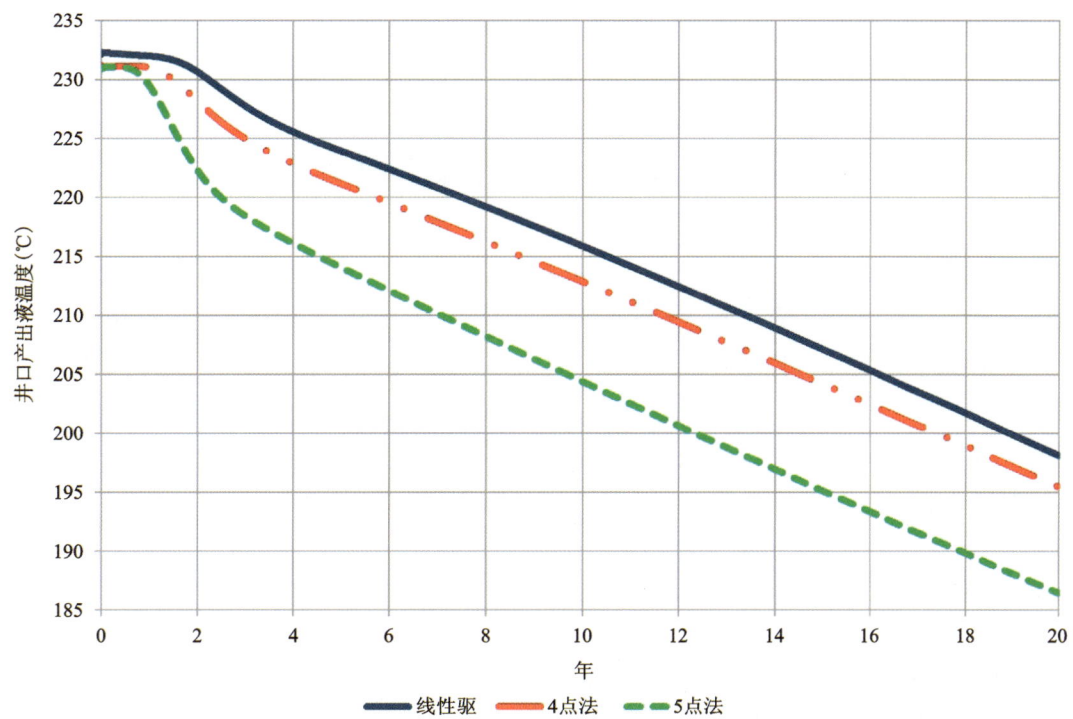

图 4-97　在 35kg/s 的注采流速下不同注采井网开采 20 年生产井井口产出液温度变化(Llanos et al.,2015)

第 5 章 地热田管理

本章主要介绍热储可持续开发的部分管理方式,包括地热回灌、示踪剂监测、干热岩高效开发。

5.1 地热回灌

随着热储的持续开发,热储的压力会逐渐下降,可能进一步影响热储产量。水热型地热系统通常需要回灌来维持地层压力,避免压降所带来的产量下降,同时需要合理的井距来避免热突破。以液体为主的汽-液两相热储分为低焓、中焓和高焓 3 类,低焓热储系统特点是存在裂缝,热储渗透率较高,当地层压力下降时,热储系统会有边水补给;中焓热储系统渗透率通常低于低焓系统,一般只有少数裂缝,地层压力下降时,井筒附近会发生局部沸腾,导致流体热焓升高;高焓系统一般裂缝数量较少,岩层致密,渗透率较低,生产过程中会在生产井筒附近发生局部沸腾。以蒸汽为主的汽-液两相系统会产生蒸汽和大量不流动的水,由于储层和边界的渗透性,热储层补水量有限,随着生产过程压力下降,需要回灌来维持地层中的液体含量。意大利 Larderello 地热发电站是世界上第一座地热发电站,为了处理蒸汽冷凝水,1974 年开始采用回灌技术,试验表明回灌可使热储层压力有所回升,产热量显著增加。美国 Geysers 地热田是目前世界上最大的地热田,其热储开发过程中 LF6 井蒸汽产量衰减曲线如图 5-1 所示。针对热储压力下降过大导致的地热田产汽量和发电能力严重下降的问题,同时为了处理蒸汽冷凝水,1970 年开始进行回灌,结果表明回灌明显改善了地热田的产能。目前除了用冷凝水进行回灌,还可用地表水和处理过的城市污水。

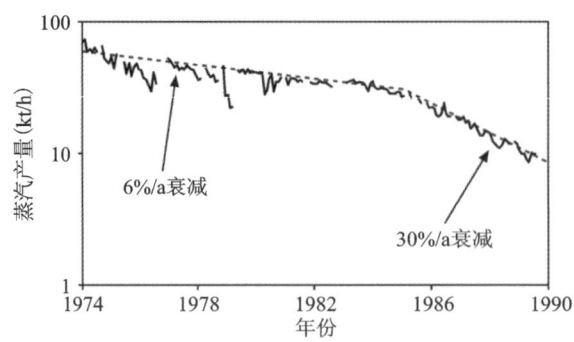

图 5-1 美国 Geysers 热储开发 LF6 井蒸汽产量衰减曲线(Grant and Bixley,2011)

回灌对生产的影响取决于热储特征,地热开发回灌系统具有独特性,每个地热回灌工程都会因为热储地质条件不同而存在差异。回灌系统一般可以根据循环工作流体是否与储层产生直接接触,将地热系统划分为开放式和封闭式回灌系统,如图 5-2 所示。不同的回灌系统有一定的优缺点:对于开放式回灌系统,其注采量大,传热效率高,是目前主流的水热型地热开发回灌模式,一般适用高渗透率的地热储层;对于封闭式回灌系统,采用同轴套管换热技术和 U 型井技术实现取热不取水,由于其传热效率易受流量的影响,其注采流量与开放式的回灌系统相比一般较小,适用于低渗透率的地热储层。

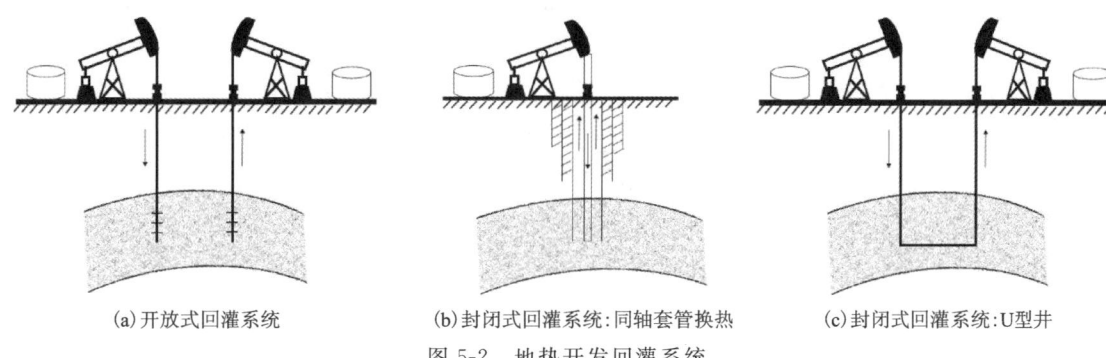

(a) 开放式回灌系统　　(b) 封闭式回灌系统:同轴套管换热　　(c) 封闭式回灌系统:U型井

图 5-2　地热开发回灌系统

截至 2019 年,全球以液体为主的汽-液两相系统地热田共有 74 个,装机容量占地热发电总装机容量的 68%;而以蒸汽为主的汽-液两相系统地热田仅有 8 个,但装机容量占总装机容量的 20%;水热型地热田有 58 个,发电装机容量仅占总装机容量的 12%。我国羊易地热田属于高温水热型地热田,羊八井地热田属于以液体为主的汽-液两相低焓型地热田(曹倩等,2021)。对于不同类型的热储,回灌率如表 5-1 所示。以蒸汽为主的汽-液两相热储系统的回灌率是 58%,回灌液包括冷却塔中的残余液态水和外部补水;以液体为主的汽-液两相高焓热储系统回灌率为 57%,中焓和低焓分别为 68% 和 82%;水热型热储系统的回灌率可达 96%。

表 5-1　不同类型热储的回灌率(曹倩等,2021)

热储类型	总生产量(t/h)	总回灌量(t/h)	回灌率(%)
水热型	46 383	44 331	96
低焓(以液体为主的汽-液两相)	50 361	39 875	82
中焓(以液体为主的汽-液两相)	21 561	14 722	68
高焓(以液体为主的汽-液两相)	69 684	39 577	57
以蒸汽为主的汽-液两相	13 644	7883	58

回灌设计中需要避免回灌水过快地到达开采井,导致开采井的温度降低。当注采井间距较小,或两口井之间存在开放的裂缝等流动通道时,有可能会造成热突破现象。在一些地热田开发过程中出现了热突破现象,如美国 Beowawe 地热田、美国 Lightning Dock 地热田和美国 Tuscarora 地热田等(曹倩等,2021)。菲律宾地热田 PN-26 井发生过热突破现象,热突破开始发生在回灌 18 个月后,4 年内产出液温度下降了 50℃(Malate and O'sullivan,1991)。

因此,回灌井与地热生产井之间的井距是回灌设计中的重要内容,回灌位置选择不当会对热储开发造成影响。

在以灌定采的对井开发地热模式中,注入井和生产井应满足100%的回灌率,回灌温度可根据实际情况取值。地热流体回灌100a内冷锋面不应到达开采井,热储温度下降2℃以内,即不产生热突破(王贵玲等,2020)。由于热储具有独特性,因此各个地热田之间的井距参数不具有普适性。根据对80多个地热开发回灌项目的统计,得到了每种系统回灌井和生产井的井距范围和温差,如表5-2所示。我国现有的地热开发项目显示最优的注采井距是400～500m,而且往往需要注入井的数量比生产井要多,注入井与生产井的数量比值在1～1.3最优,实现100%的同层回灌。地热回灌注入井在高构造部位、地热生产井在低构造部位的情况热储开发效果最好。高构造部位热储压力低,在此部位部署注入井回灌难度相对较低;低构造部位热储温度更高,在此部位部署生产井产出液温度相对更高。此外,回灌流体温度与热储层结垢有着紧密的联系。2012—2013年在陕西渭河盆地利用一口生产井和一口回灌井进行回灌试验,将热储地层水和回灌的地热尾水进行配伍实验,测试水样在配伍后的浊度,试验结果表明回灌温度在50℃时,原水和尾水配伍较好(沉淀量小于100mg/L),50℃时石膏仅有轻微的沉淀趋势,而方解石和白云石基本不结垢,随着温度升高沉淀开始增多(曹倩等,2021)。

表5-2 生产井与回灌井的距离范围和回灌温度(曹倩等,2021)

热储类型	井距范围(km)	回灌温度(℃)
水热型	0.2～6	45～147.5
低焓(以液体为主的汽-液两相)	0.2～4	30～163
中焓(以液体为主的汽-液两相)	0.1～4	25～180
高焓(以液体为主的汽-液两相)	0.5～3	30～226
以蒸汽为主的汽-液两相	—	冷凝水

砂岩热储由于其储层特性,实施地热开发回灌时可能会面临堵塞问题,进而影响生产。对40个地热田的回灌项目研究发现,80%的砂岩热储回灌井出现了不同程度、不同类型的堵塞,堵塞原因主要为悬浮物、微生物以及化学沉淀等(曹倩等,2021)。碳酸盐类、部分铝硅酸盐类和铁类矿物沉淀受温度影响较大,地层温度升高会加速其化学堵塞的形成,随着温度的上升,悬浮物堵塞和化学堵塞会构成协同效应。同时悬浮物颗粒布朗运动速度也因温度上升而增大,使堵塞更严重;回灌产生气体堵塞的原因主要是大体积气泡进入储层内部难、气泡直径与底层喉道大小相当;腐生菌和铁细菌是造成微生物堵塞的主要菌种。通过加入阻垢剂可有效防止化学堵塞,采取多级过滤可减缓物理堵塞,在回灌系统中加入自动排气装置可防止气体堵塞,对尾水进行灭菌处理可降低微生物堵塞风险(刘斌等,2024)。

5.2 示踪剂监测

在地热开发过程中,为了确定热储层流体的渗流路径、预测热突破、评估热储层的传热面积、注采井之间的连通性,可以在注入的流体中添加示踪剂。示踪剂是为观察、测量和研究某种物质在特定过程中的行为或者特征而加入的一种标记物。示踪剂监测可以有效地提供热储层管理的渗流传热信息,实现热储高效开发(李佳琦,2015)。在地热对井回灌中选择某种化学元素或同位素作为示踪剂加入回灌水中,随回灌水通过注入井回注进入地热储层,可以更好地监测热储有利区内所有对井回灌开采运行状况和动态特征,获得地热开发理论研究的原始野外数据,用示踪试验数据绘制出示踪剂响应曲线,确定示踪剂峰值到达时间,分析回灌水运移方向、回灌速率等规律,研究热储层在回灌前后压力场、温度场、渗流场和化学场的变化,进而建立地热开发回灌模型,完善回灌开采地热的科学理论。理想的地热示踪剂应具备使用成本低廉、安全环保、不吸附、化学性质稳定、极低检出浓度的特点。荧光物质、色素、染料类物质检出极限低,且在自然深层热储中天然丰度几乎为零,一直是示踪剂技术研究的重点方向。传统示踪剂包括钼酸盐类、卤素盐类、同位素、卤代烃类等。许多种荧光物质,如荧光素钠、罗丹明、萘磺酸钠等,因其自然丰度基本为零,热稳定性较好,检测设备简便,且检出极限低,被广泛应用于地热系统示踪实验中。对于含蒸汽的高温地热系统,烃类、卤代烃类、醇类也常被用作示踪剂,用于考察气液两相质量分配比例、相对迁移速度和闪蒸温度(王贵玲和陆川,2023)。在回灌过程中采用示踪剂监测是研究干热岩压裂产生的裂缝密度、裂缝连通性的重要手段,同时也是评价注入流体回收率和地热能产出能力的重要手段。

以天津市东丽湖地区为例,在2018—2019年供暖期集中采灌期间选用1,5-萘磺酸钠作为示踪剂开展群井示踪试验。在DL-48B回灌井中投放1000kg1,5-萘磺酸钠,周围生产井作为示踪试验监测对象。在热储层示踪剂注采试验中,回灌流量为28.6kg/s,回灌温度为32℃,产出流量为23.5~45.8kg/s,产出温度为90~100℃。只有示踪剂浓度至少为1.0×10^{-9}mol/L时,才可以检测到示踪剂的回收情况。天津东丽湖地区雾迷山组地热开发DL-48井的示踪剂响应曲线如图5-3所示。示踪剂首次到达时间为3d,回收率为3.2×10^{-3}%(殷肖肖等,2021)。

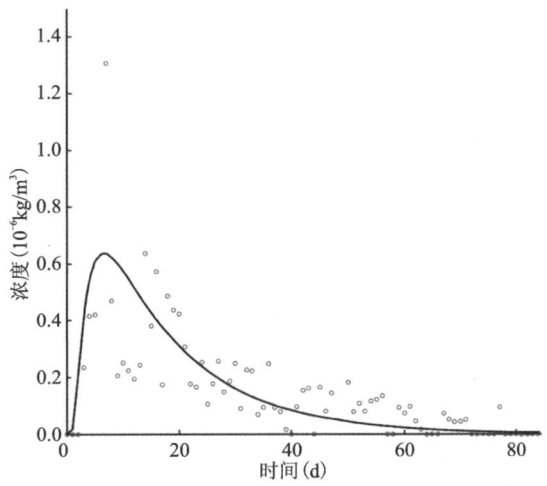

图5-3 天津东丽湖地区DL-48井示踪剂响应(殷肖肖等,2021)

示踪剂渗流通道雷达图如图5-4所示,优势通道的方向主要集中在东北方向。这主要是由于研究区内沧东断裂及其次生断裂沿研究区东北方向较为发育。试验中示踪剂回收率低,是因为碳酸盐岩热储渗流路径主要受渗流优势通道和水头压力的控制(殷肖肖等,2021)。

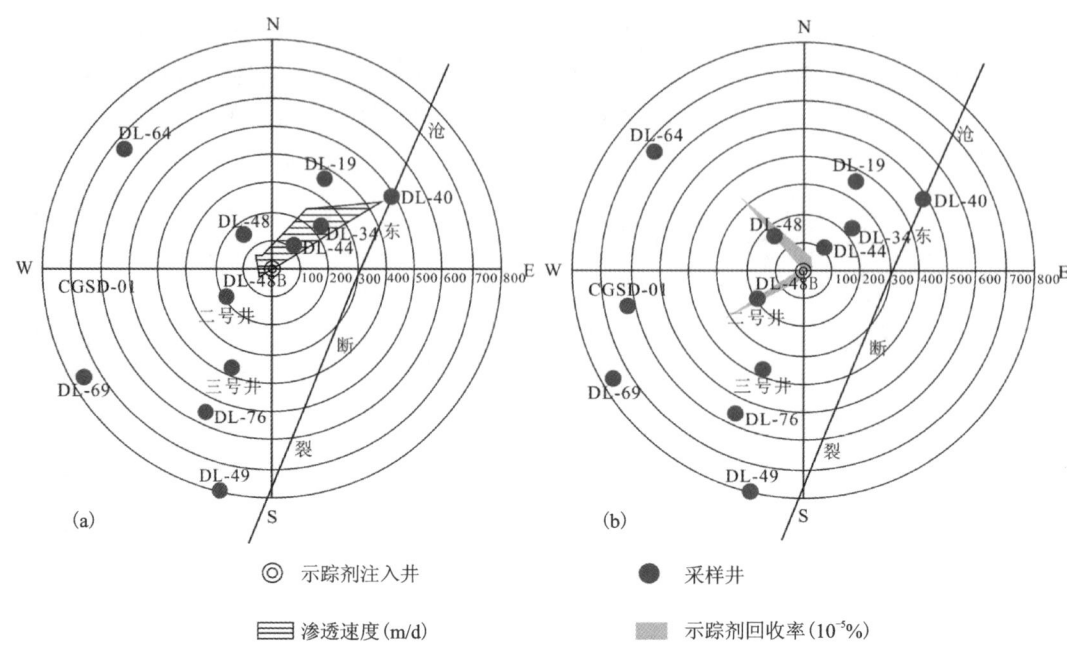

图 5-4 天津东丽湖地区雾迷山组热储渗流速度(a)与示踪剂回收率(b)雷达图(殷肖肖等,2021)

5.3 干热岩高效开发

干热岩开发过程中需要采用增强型地热系统(EGS)。增强型地热系统(EGS)是指在干热岩热储层钻两口或多口井至一定深度,当热储层的地质条件符合地热商业开发需求时,在热储层构建水力连通的通道,形成一个热交换器,如图 5-5 所示。

相比于油气和中低温地热储层,干热岩储层地质条件复杂,具有典型的"四高"特征:①高温度。干热岩温度高于 180℃,大部分干热岩储层温度都在 200℃以上,美国 Geysers 以及冰岛的 EGS 示范项目中的部分储层甚至高达 400℃,如图 5-6 所示。②高硬度。干热岩地热资源主要赋存于高温坚硬的花岗岩中,埋深大部分超过 3000m,部分地层岩石单轴抗压强度在 200MPa 以上,可钻性达 10 级,研磨性极强。③高应力。由于构造运动活跃,最大水平主应力当量钻井液密度超过 2.8g/cm³,是常规泥页岩的 2 倍以上。④高致密。地层岩石密度大(2.8~3.1g/cm³)、孔隙度和极低渗透率($<10^{-6}\mu m^2$)。复杂的地质条件使得干热岩地热开采在钻井建井、压裂改造储层和采热等关键环节面临重大难题和技术挑战(李根生等,2022)。

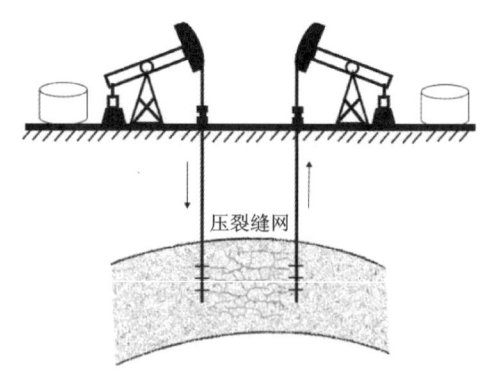

图 5-5 增强型地热系统

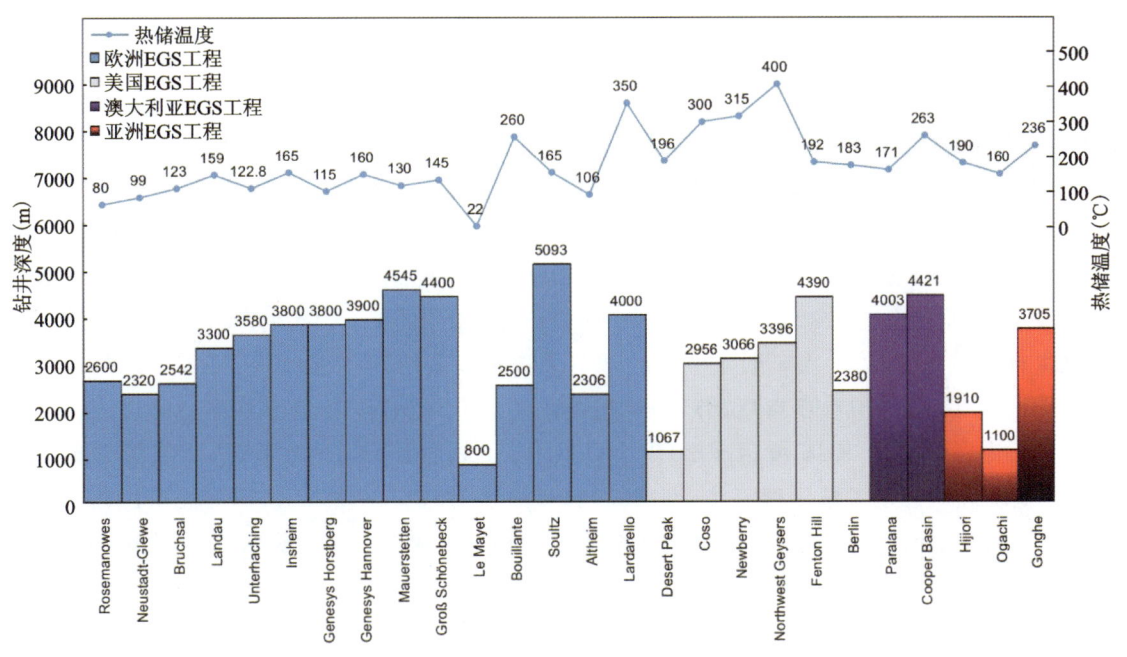

图 5-6　世界典型 EGS 工程井深与热储温度（Breede et al.,2013）

干热岩热储层开发效率低、开采难度大。干热岩开发面临诸多难点,包括岩石硬度高、破裂压力高、压裂过程中压裂液漏失严重、压裂的裂缝扩展预测困难、压裂过程中可能诱发地震等。目前使用的干热岩储层改造方法主要包括化学刺激法、水力压裂法和储层热改造法。化学刺激法主要包括酸化法和碱化法,该方法是通过向注入井和生产井中注入酸性或碱性液体,从而溶蚀裂隙以增强裂隙渗透率,其改造效果主要受各种形式的刺激剂与岩石矿物组成的影响。水力压裂又称水力改造,该技术主要依靠高压流体在低渗储层内形成裂缝网络,一般注入清水或高黏度的压裂液,促使岩石在垂直最小应力方向发生开裂和扩展,扩大流体与储层的换热面积。目前已被广泛应用于低渗致密储层改造。热改造是在比岩石破裂压力更低时将冷的流体注入高温地层,促使高温岩石发生收缩并形成裂缝,研究认为注入的冷流体温度与热储层温度温差大于 100℃时才能进行热改造（荀杨等,2023；何森等,2021；黄若宸等,2022；陆川和王贵玲,2015）。

近年来,超临界流体压裂工艺逐渐成为研究热点。超临界流体运用于干热岩 EGS 研究和工程试验稍晚于页岩油气储层压裂。有些高温地热储层在 2～4km 深处地层温度和压力接近或超过水的临界条件（374℃,22.1MPa）。目前,超临界流体压裂的工作流体主要使用超临界 CO_2。CO_2 的临界温度为 31℃,临界压力为 7.38MPa。与传统的水力压裂相比,超临界 CO_2 压裂会同时产生多条开度较小、较曲折的裂缝。普遍认为这种现象可解释为接近或处于超临界状态的低黏度流体渗透进入岩层已有微裂隙,即使在较低压力作用下也能形成较大规模的复杂缝网,有利于干热岩 EGS 开发（李根生等,2022；陆川和王贵玲,2015）。

干热岩压裂的裂缝扩展需要通过微地震技术进行监测。微地震是指在受外力作用以及温度等因素的影响下,岩体中的一个或多个局域源以瞬态弹性波的形式迅速释放其能量的过程。微地震起源于材料中的裂纹(断层)、岩层界面的破坏、基体或夹杂物的断裂。采用微地震监测仪器来采集、记录和分析微地震信号,并据此来推断和分析震源特征的技术称为微地震监测技术。如若注入流量或总量较大,造成较大规模的岩体破裂、滑动或激活已有结构面,这将会导致诱发地震现象。随着干热岩EGS研究和工程实践的开展,与之相关的EGS活动引发地震活动屡有发生。法国Soultz干热岩项目为了提高热储层之间连通性,通过水力压裂技术进行储层改造。2000年,水力压裂期间记录了超过10 000次微地震事件,震级在0.9~2.6之间。2003年,GPK3井在11d内注入了40 000m³的水用于压裂,诱发30个超过2级的地震,其中最大震级达到2.9级。美国Newberry Volcano的EGS场地于2012年对NWG55-29井进行水力压裂,第一次刺激定位了约175个微地震事件,震级在0~2.5之间。2009年,德国Landau EGS场地在压裂后循环采热初期诱发2.9级地震,导致部分项目停滞。韩国在Pohang干热岩开展的EGS项目于2017年11月15日诱发了5.5级地震,直接导致项目暂停。该地震被认为是大量压裂液注入激活了已有断层所致。干热岩EGS工程项目相关的诱发地震现象综合研究表明,相比于其他因素,累积注入量与诱发地震震级有明显的正相关关系。微地震监测技术在干热岩EGS监测裂缝扩展以及预防控制诱发地震有着重要作用(李根生等,2022;陆川和王贵玲,2015)。

开发致密干热岩储层时,多以水力压裂法建立热交换通道开发地热,天然裂缝的存在对于水力压裂岩石破裂机理、裂缝延伸规律、裂缝真实形态和复杂压裂缝网等有一定影响。干热岩压裂所产生的裂缝与页岩油气压裂所产生的裂缝有所区别。注入水与干热岩的温差效应会导致岩石微破裂。此外,页岩油气压裂所产生的裂缝多为拉张型裂缝,而干热岩压裂过程中多产生剪切型裂缝(Jiang et al.,2023)。干热岩的岩体条件、埋藏深度与温度虽然各不相同,目前主要的储层改造技术均为清水或高黏液体压裂技术,有可能会采用辅助酸化改造技术,少部分井采用了分层压裂技术,最大压裂深度5270m,且全程采用微地震监测裂缝扩展并记录微地震事件。干热岩压裂技术具有如下特点(陈作等,2019):

(1)注入排量小,持续时间长。干热岩压裂因起裂压力高、期望形成的裂缝面积和连通体积较大等原因,注入排量一般小于3.0m³/min,且持续时间较长。例如,美国Newberry项目的55-29井,压裂作业时注入排量1.3~1.4m³/min,注入时间长达960 h;美国Fenton Hill EGS试验场的EE-3井在压裂时平均注入排量1.4m³/min,也有极少数井(如EE-2井)注入排量达到6.48m³/min。干热岩井压裂施工数据如表5-3所示。

(2)干热岩压裂注入液量大。例如,美国Newberry干热岩项目的55-29井在压裂时单层注入液量超过5000m³,最大液量为26 225m³;美国Fenton Hill试验场的EE-2井注入液量21 300m³,EE-3井注入液量则达到了75 903m³。

(3)清水压裂,清水中不添加支撑剂。干热岩压裂过程中有可能不使用压裂液基液或交联压裂液,而是采用清水或降阻水,且不使用支撑剂,主要依靠剪切裂缝或微裂隙来保持裂缝导流能力。

(4)采用辅助酸化措施,提高近井裂缝的渗透性。干热岩开发一般先采用水力压裂,之后再采用盐酸、氢氟酸或螯合酸进行酸化,以提高裂缝的连通性和渗透率。例如,法国Soultz干热岩项目的GPK4井在压裂后,采用15%HCl+3%HF进行酸化处理,注水井的注入速率提高了35%。

表 5-3　干热岩井压裂施工数据(陈作等,2019)

干热岩项目	井名	井型	压裂井段(m)	储层岩性	注入液量(m³)	排量(m³/min)
美国 Fenton Hill	EE-2	直井	3450~3470	花岗闪长岩	21 300	6.48
	EE-3	直井	3474~4584	花岗闪长岩	75 903	1.4
法国 Soultz	GPK1	直井	2850~3400	花岗岩	25 300	2.16
	GPK2	定向井	3210~3880	花岗岩	28 000	3
	GPK3	定向井	4400~5000	花岗岩	23 400	3
	GPK4	定向井	4500~5000	花岗岩	34 000	3
	GPK5	定向井	4400~5000	花岗岩	21 600	1.8~2.7
澳大利亚 Habanero	Hab1	直井	4140~4420	花岗岩	20 000	1.56

(5)分层压裂。为建立较大规模的人工热储层或与对应注采井建立连通关系,部分井采用了分层压裂技术,分层压裂工具为裸眼耐高温封隔器或可热降解的暂堵材料。例如,法国 Soultz 干热岩项目的 GPK2 井采用裸眼耐高温封隔器对上储层和下储层分别进行了压裂改造。监测结果显示该井上、下两个储层在分层压裂后实现了连通。

(6)人工改造热储层的空间范围是决定干热岩开发效果的关键因素。因此,整个压裂过程中均要采用微地震技术进行压裂裂缝监测。Geysers 项目中所有注入井和生产井均进行了长时间的压裂裂缝监测。

(7)改造体积大,效果明显。美国 Fenton Hill 试验场 EE-3 井的裂缝微地震监测结果发现其改造体积达 $3000 \times 10^4 m^3$,生产井产水流量 5.34 L/s,产水温度 177.1℃。法国 Soultz 干热岩项目的 GPK1 井、GPK2 井、GPK3 井和 GPK4 井水力压裂后生产指数(单位井口压力下对应的产水流量)提高了 15~20 倍,产水流量达 18 L/s,注水井和生产井的井口压力基本不变,产水温度稳定在 164℃ 左右,实现地热能可持续开发。

(8)压裂结束后微裂缝继续扩展。裂缝监测结果表明,干热岩注采井每一次压裂结束关井后,仍产生大量微地震事件,这说明因热应力的长期作用,微裂缝仍在继续扩展。

在干热岩开发过程中,水力压裂引起的微地震通过实时的监测,可以有效地避免地震的发生。如图 5-7 所示,以芬兰赫尔辛基的干热岩开发 OTN-3 井为例。该井经过 49d 的作业,在定向井井段 5500~6100m 处注入 $18\,160 m^3$ 的压裂液,注入排量 $0.4~0.8 m^3/min$。随着压裂液的注入,水力压裂引发的微地震监测显示,震级一旦显著增加,便会迅速减少或者停止泵入压裂液。微地震实时监测可以保障压裂液持续泵入的情况下,水力压裂引发的微地震震级始终小于 2 级,确保该工区干热岩的可持续开发(Kwiatek et al.,2019)。

此外,U 型井技术可以有效地避免压裂诱发地震情况的发生,进而开发干热岩。如图 5-8 所示,U 型井技术是指一口注入井与一口生产井在地下热储层可以形成一个闭环的回路。在使用 U 型井技术开发干热岩过程中,并不需要从地下热储层产出流体,而是在注入井中注入低温的工作流体,如水或者二氧化碳,该流体在井筒中与地下干热岩储层换热从而升温变成高温流体,然后高温流体在井筒内通过闭环的回路从生产井中产出到地表。U 型井技术既可

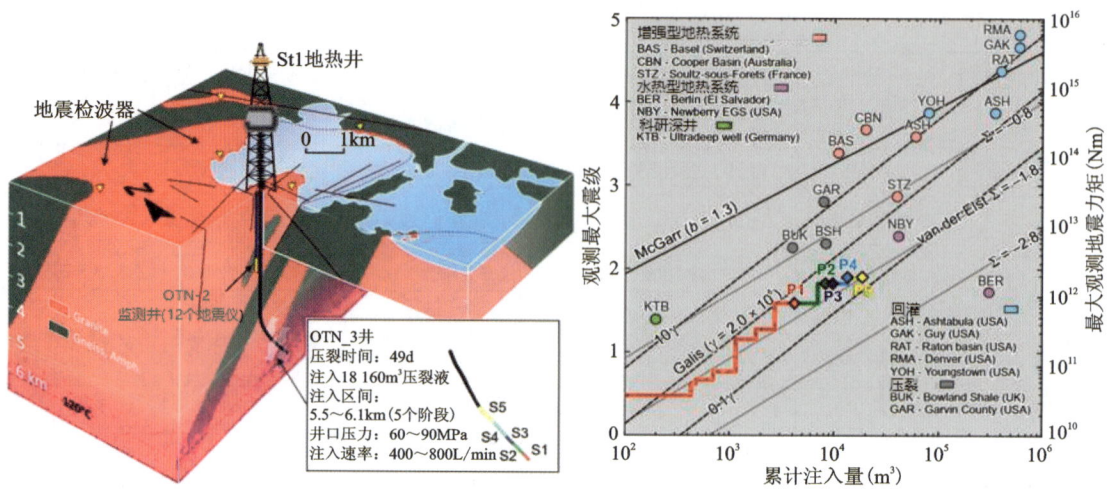

图 5-7　微地震监测与压裂液排量控制（Kwiatek et al.，2019）

以有效降低水力压裂带来的成本，也可以避免因压裂导致的地震等问题，或者是长时间产出地层热水之后发生的地下储层水位下降或者地面发生沉降等问题（Barry-Hallee，2022；Eavor Technologies Inc.，2022；张倩等，2024），起到取热不取水的地热开发效果。

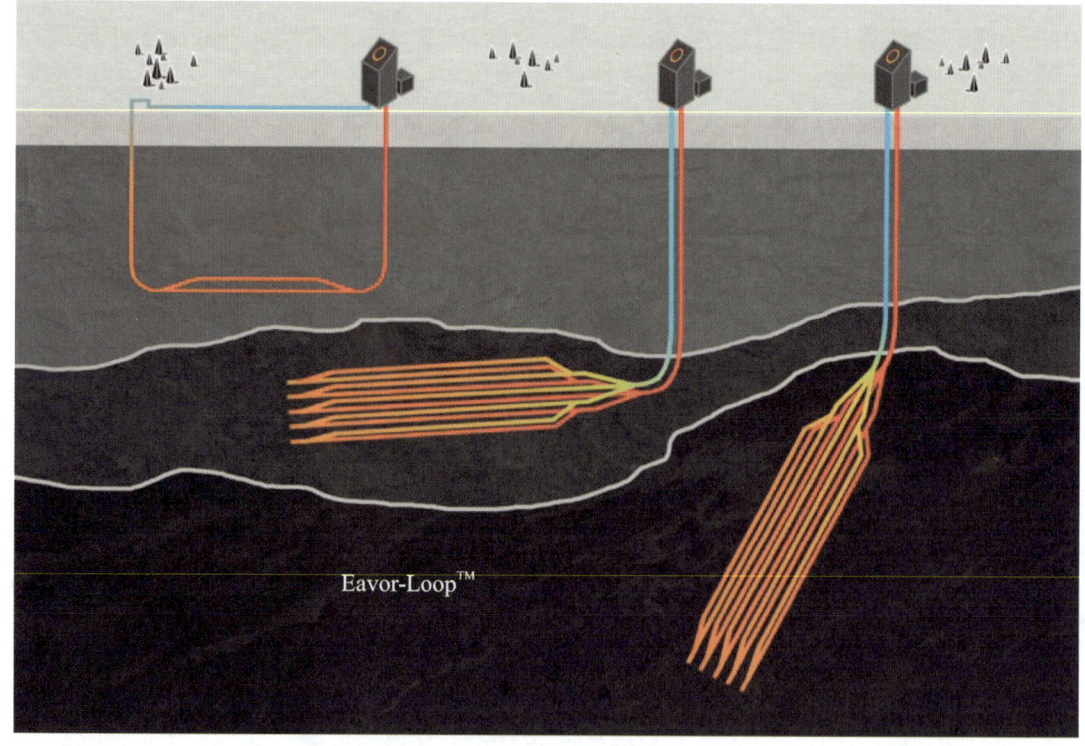

图 5-8　Eavor-Loop U 型井示意图（Eavor Technologies Inc.，2022）

第6章 地热开发利用展望

本章主要介绍地热开发利用的研究方向和未来展望,包括地热开发耦合 CCUS、地热能联合太阳能发电、地热储能、地热制氢、地热卤水提取锂矿和钾盐、人工智能在地热勘探开发的应用等。

6.1 地热开发耦合 CCUS

2000 年,Brown 提出利用超临界二氧化碳作为携热介质开采地热资源,同时可实现二氧化碳地质封存。相较于水,二氧化碳具有更好的流度比,如图 6-1 所示。二氧化碳作为工作流体开发地热,流量更大,比利用水来开发地热效果更好(Pruess,2007;Xu et al.,2016;Wang et al.,2018;Singh et al.,2023)。如表 6-1 所示,二氧化碳注入热储层过程中,二氧化碳-水-岩石相互作用可能会发生二氧化碳溶解、盐析、矿物质与二氧化碳的矿化反应、应力应变等,影响二氧化碳采热和二氧化碳封存。

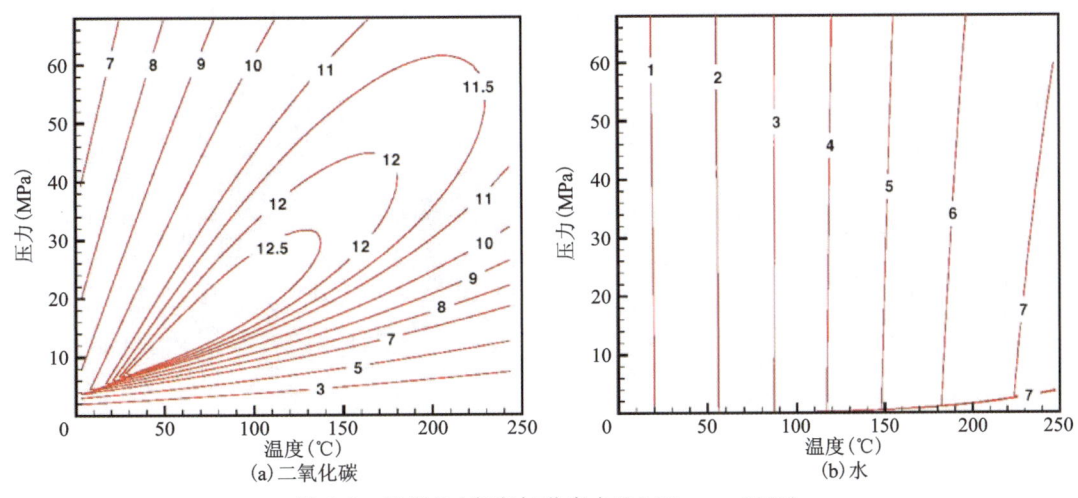

图 6-1 流度比(密度与黏度之比)(Pruess,2007)

表 6-1 二氧化碳采热研究

研究	储层	主要结论
Brown,2000	干热岩	利用二氧化碳开发干热岩过程中,滞留的二氧化碳可以实现二氧化碳封存
Pruess,2007	干热岩	二氧化碳比水的流度比高,二氧化碳采热效果更好

续表 6-1

研究	储层	主要结论
Pang et al.,2012	咸水层	二氧化碳-水-岩石相互作用会影响二氧化碳采热和二氧化碳封存
Xu et al.,2014	咸水层	二氧化碳采热过程中矿化反应会导致储层的孔隙度发生变化，从而影响二氧化碳采热效果
Vilarrasa et al.,2016	咸水层	二氧化碳注入高温咸水层采热过程中会改变有效应力从而影响断层和裂缝的稳定性，影响二氧化碳安全封存
Cui et al.,2018	咸水层	二氧化碳采热之前注入低浓度盐水有助于减缓盐析对二氧化碳采热的影响
Wu and Li,2020	咸水层	二氧化碳采热过程中矿物质的溶解沉淀需要进一步的研究

近年来，随着油气田勘探开发技术逐渐用于地热勘探开发，二氧化碳利用与封存耦合油气田地热开发的研究受到广泛关注。油气田拥有详细的地质资料，可以为碳捕集、利用与封存(CCUS)研究提供重要的地质数据。此外，油气田还含有大量的地热资源，其地面设施如注采井和管道等均可以用来开发地热，将油气井改造为地热井开发地热资源，可以节省大量费用，变废为宝。二氧化碳驱油采热及碳封存一体化技术示意图如图6-2所示。第一阶段为油田一次开采；第二阶段利用注入二氧化碳补充地层压力，通过二氧化碳与油气流体的重力分异作用以及混相作用提高储层油气的流动性，开展二氧化碳提高油气采收率的工作；第三阶段利用枯竭的油气藏开展二氧化碳封存；第四阶段，待油气藏压力恢复后，油气藏中存在大量的二氧化碳和地层充分换热成为二氧化碳地热田，从生产井中采出的二氧化碳循环注入实现地热开发，从而依次实现二氧化碳提高油气采收率、二氧化碳封存、二氧化碳采热。如果采出流体温度高于100℃可用于地热发电，如果采出流体温度低于100℃可用于生活供暖、输油伴热、管道清洗等。利用油气田现有的基础设施、开发经验、储层地质和生产数据，通过CCUS与油气田地热协同开发技术，可实现油气田的低碳转型和地热能的高效利用。

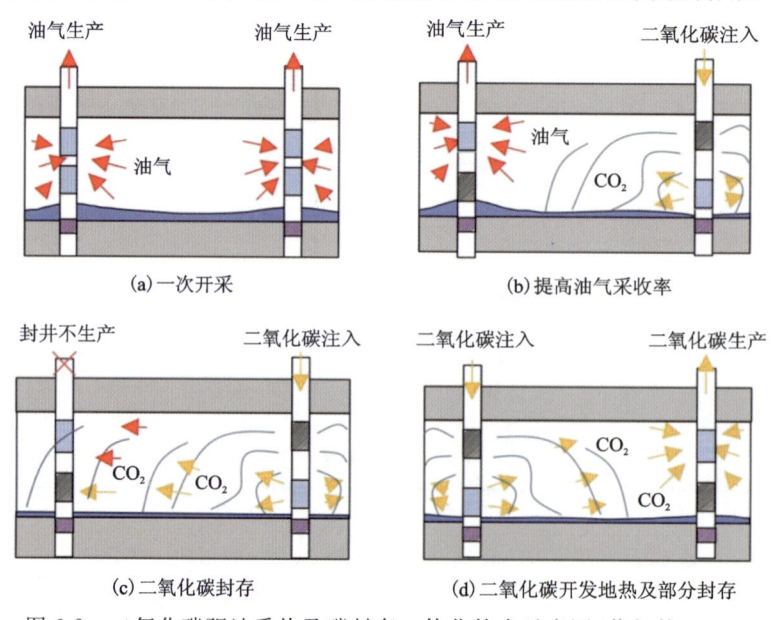

图 6-2 二氧化碳驱油采热及碳封存一体化技术示意图(蒋恕等,2023)

第 6 章 地热开发利用展望

油气田开采过程中含水率会逐渐上升,以往伴随油气产出的地层水往往会收集处理之后被注入地下其他的储层用来避免环境污染。如今,越来越多的研究聚焦于利用油气生产过程中产出的地层水中的地热资源用于供暖或者发电,节约大量的燃煤燃气,取得了一定的经济效益和社会效益,如表 6-2 所示。

表 6-2 油气田地热开发利用

项目位置	地热开发利用	参考文献
阿尔巴尼亚	油田产出 66℃ 热水用于供暖	Wang et al.,2018
匈牙利	油田产出热水用于供暖	Wang et al.,2018
中国胜利油田	2002—2015 年油田产出热水用于供暖,节约 30 000t 标准煤和 20 000t 原油的消耗	Wang et al.,2018
中国辽河油田	油田产出热水用于供暖,每年节约 24 000t 标准煤的消耗	Wang et al.,2018
中国大庆油田	油田产出热水用于供暖,每年节约 7000t 标准煤的消耗	Wang et al.,2018
中国中原油田	油田产出热水用于供暖,每年节约 3000t 标准煤的消耗	Wang et al.,2018
美国怀俄明油田	油田产出 100℃ 的热水用于发电,装机规模 132kW	Wang et al.,2018
美国北达科他油田	油田产出 100℃ 的热水用于发电,装机规模 250kW	Wang et al.,2018
中国华北油田	油田产出 110℃ 的热水用于发电,装机规模 310kW	Wang et al.,2018
中国西南油气田	油气田产出 103℃ 的热水用于发电,装机规模 80kW	蒋恕等,2023

以印度尼西亚的 Arun 凝析气田为例,介绍地热开发耦合 CCUS 的相关研究。Arun 凝析气田位于印度尼西亚北苏门答腊亚齐,距离海岸约 10km,如图 6-3 所示。它于 1971 年底由美孚石油印尼公司通过钻探 Arun-1 井发现。Arun 碳酸盐岩储层宽约 4.8km,长约 16km,埋藏深度 3048m,厚度约 150m。该凝析气田的初始天然气地质储量为 5000 亿 m^3,初始凝析油地质储量为 8.4 亿桶。预计最终采收率为初始天然气地质储量的 94% 和初始凝析油地质储量的 87%(Suhendro,2017)。

Arun 凝析气田由 4 个生产群组开发。在凝析油分离后,产出的天然气被重新注入储层以维持压力。Arun 凝析气田 1977—1997 年间共回注 1400 亿 m^3(约 30% 初始地质储量)伴生天然气,1989 年凝析油产量达到最大值 13 万桶/d,而天然气产量在 1995 年达到最大值 1 亿 m^3/d。Arun 凝析气井配备耐高压、耐高温以及耐腐蚀的不锈钢井口,每个生产群组都配备了用于气体再注入的压缩机设备和发电厂。生产的气体和凝析油通过管道输送到液化天然气设施。2015 年,当国际油价(WTI)从 105 美元/桶跌至 37 美元/桶时,Arun 凝析气田暂停了开采。在关井停产之前,Arun 凝析气田仍有约 1 亿桶凝析油(约 13% 的初始凝析油地质储量),该凝析气田每天的产气量约 2300 万 m^3/d,产凝析油量约 2400 桶/d。此外,Arun 凝析气田在储层深度约 3000m 处的温度为 177℃。除了大量的残余油气资源以外,Arun 凝析气田拥有大量的地热资源。Arun 凝析气田参数如表 6-3 所示,二氧化碳可以作为工作流体在 Arun 凝析气田开展二氧化碳驱油、二氧化碳采热和二氧化碳封存。

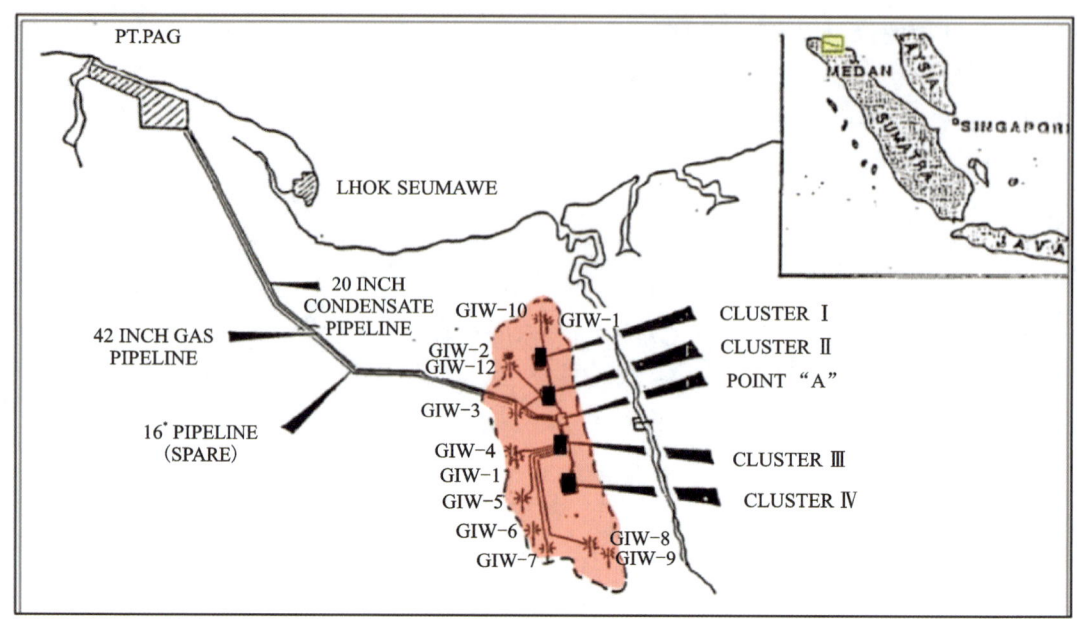

图 6-3　Arun 凝析气田位置图（Suhendro,2017）

表 6-3　Arun 凝析气田参数

储层参数	
面积（km²）	94
深度（m）	3063
厚度（m）	45.7
孔隙度（%）	16.1
初始压力（MPa）	49
初始温度（℃）	177
初始含水饱和度（%）	10.7
气体地质储量（亿 m³）	4757
凝析油地质储量（百万桶）	840
参考文献	Pathak et al.,2004

储层的模型如图 6-4 所示,Arun 凝析气田模型共有 3380 个网格。其中,每一个网格 x 和 y 方向各 500m,模型中共有 65 个生产井和 12 个注入井。

模型 z 方向上共分为 5 层。从上至下,Arun 凝析气田模型储层的水平渗透率如表 6-4 所示。该模型垂向渗透率与水平渗透率的比值为 0.1。

第 6 章 地热开发利用展望

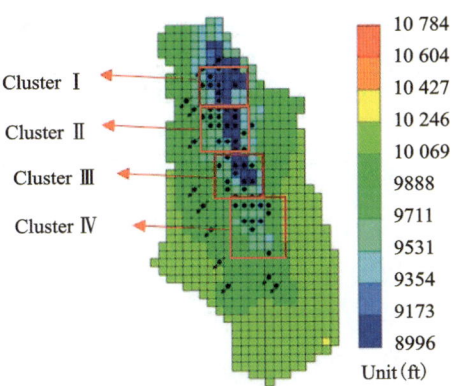

图 6-4 Arun 凝析气田模型图(Zhang and Lau,2022)

表 6-4 Arun 凝析气田模型从上至下储层的水平渗透率(Zhang and Lau,2022)

储层的渗透率($10^{-3}\mu m^2$)	
第一层	51.5
第二层	131
第三层	15
第四层	6.7
第五层	1.2

储层凝析气体的相态图如图 6-5 所示。黑线代表储层原始气体组成的相态图,蓝线代表掺入 20% CO_2 后的相态图,黄线代表掺入 40% CO_2 后的相态图。当储层中注入的 CO_2 越来越多,储层的 CO_2 浓度越来越高时,两相区逐渐减小。

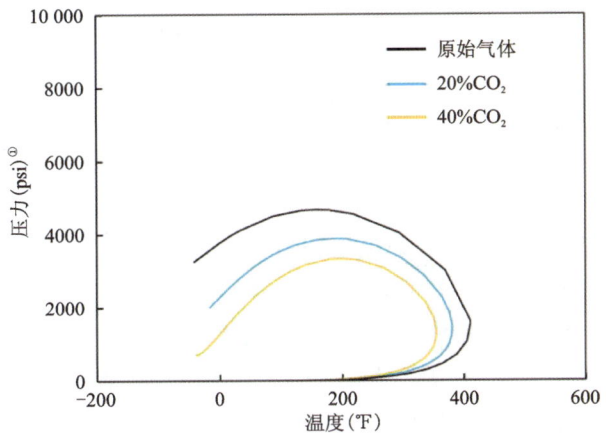

图 6-5 CO_2 与 Arun 储层凝析气混合的相态图(Zhang and Lau,2022)

Arun 凝析气田在 1977—1997 年间将伴生气回注地下储层以维持地层压力确保储层中更多的凝析油产出。凝析气的组成以及回注气体的组成如表 6-5 所示。

---

① 1psi=6895Pa。

表 6-5　Arun 凝析气田凝析气和回注气体组成(Zhang and Lau,2022)

凝析气组成(摩尔分数%)	
H_2O	5.9
CO_2	13.76
N_2	0.32
C_1	67.32
C_2—C_{7+}	12.7
回注气体组成(摩尔分数%)	
CH_4	75
CO_2	15
C_2H_6	5.5
C_3H_8	2.2
C_{4+}	2.3
参考文献	(Suhendro,2017)

Arun 凝析气田生产过程数值模拟如表 6-6 所示,1977—1997 年生产过程中采出的气体全部回注至地层,1997 年之后产出的气体停止回注,开井生产让地层压力自然衰退。2015 年由于国际油价降低,产出的凝析油和天然气带来的收益难以支撑运营的成本,Arun 凝析气田停产。2021—2107 年间开展二氧化碳驱油采热及碳封存一体化的数值模拟。

表 6-6　生产过程数值模拟(Zhang and Lau,2022)

年份	生产过程
1977—1997	伴生气回注
1997—2015	停止回注伴生气,开井生产
2015—2021	关井
2021—2037	二氧化碳采凝析油
2037—2057	二氧化碳封存
2057—2107	二氧化碳采热

在模拟二氧化碳注入 Arun 凝析气田之前,首先对 1977—2015 年间 Arun 凝析气田的历史生产数据(包括注入气体、气体产量、凝析油产量、水的产量、储层压力)进行了历史拟合,如图 6-6 所示。其中注入气体拟合精度为 99%,储层压力拟合精度为 97%,凝析油产量拟合精度为 96%,水的产量拟合精度为 94%,气体的产量拟合精度为 88%。数值模拟历史拟合的误差可能来自储层的非均质性。气体的渗流相对于水和凝析油渗流更加容易,导致气体产量的拟合误差大于凝析油和水的产量拟合误差。此外,数值模拟拟合 1977—2015 年间 Arun 凝析气田油气水产量时,有时模拟值大于实际生产的油气水产量,有时模拟值小于实际生产的油气水产量,这部分误差可能是由于未将井的工作制度调整(如修井作业等)考虑到数值模拟

中。该数值模拟拟合的效果整体较好,Arun 凝析气田的模型精度较高,可以用于开展二氧化碳注入 Arun 凝析气田后续的二氧化碳驱油、采热及碳封存一体化研究。

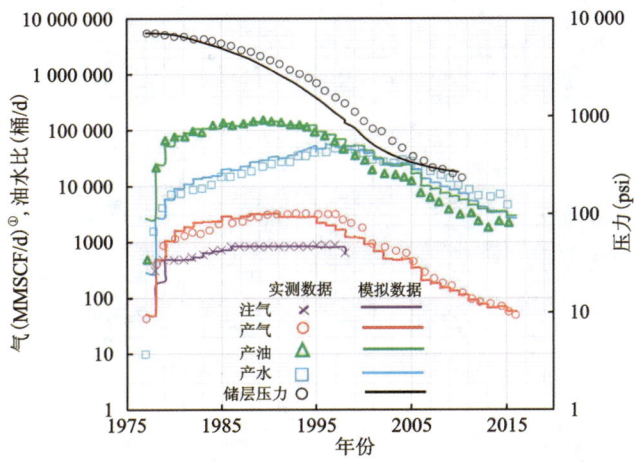

图 6-6　Arun 凝析气田生产历史拟合(Zhang and Lau,2022)

通过历史拟合得到可靠的 Arun 凝析气田模型之后,模拟预测二氧化碳驱油、二氧化碳封存、二氧化碳采热的过程,模拟结果如图 6-7 所示。二氧化碳在储层中的浓度分布变化如图 6-8 所示。通过采用"构造低部位注入二氧化碳、构造体内封存二氧化碳、构造高部位生产原油和地热"的技术思路,每注入 1t 二氧化碳可得 0.8t 凝析油。待油气枯竭后,每循环注入采出 1t 二氧化碳可得地热发电量 400kW·h;利用二氧化碳开发原油以及地热取得的收益,可在 Arun 油田累计封存 6000 万 t 二氧化碳。对比我国目前的二氧化碳封存项目每注入 1t 二氧化碳得到 0.1～0.5t 原油(蔡博峰等,2020),该研究可以大幅提高碳捕集、利用与封存(CCUS)的经济效益。

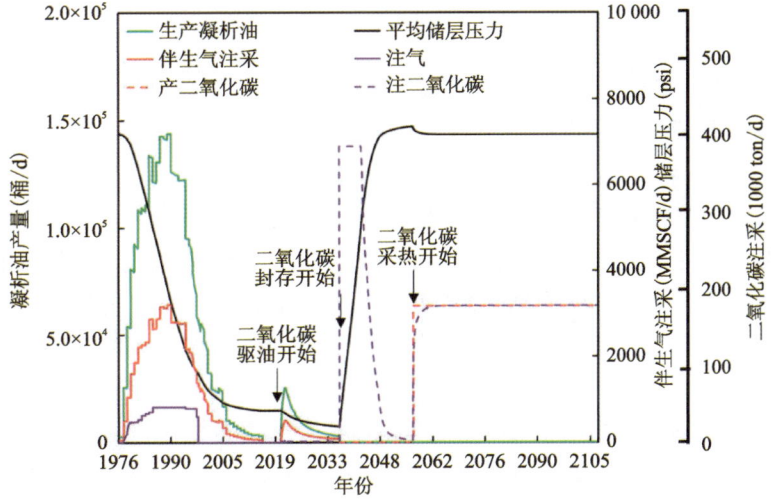

图 6-7　Arun 凝析气田生产预测(Zhang and Lau,2022)

① MMSCF 表示百万标准立方英尺,约为 28 317m^3。

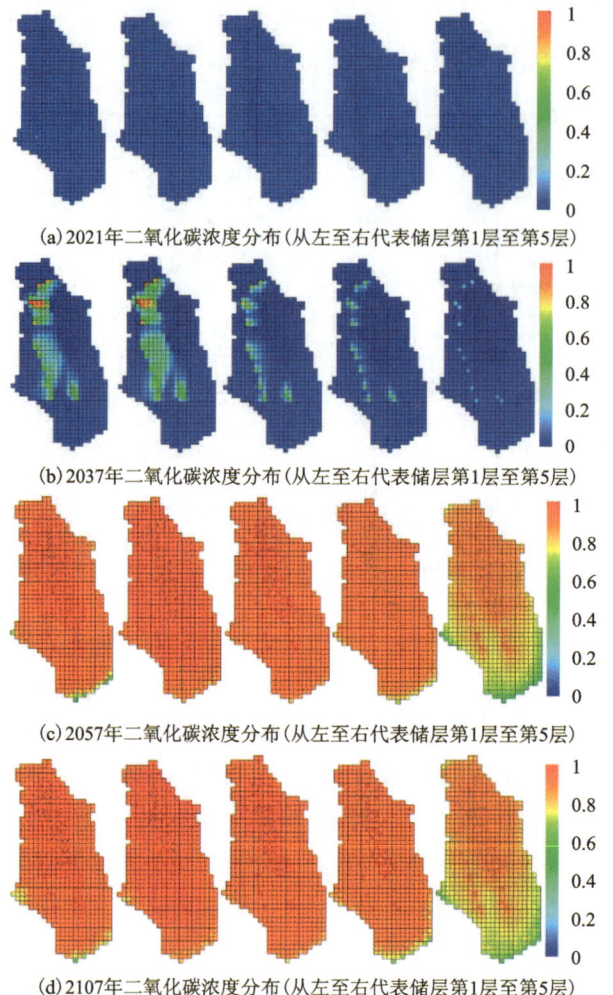

(a) 2021年二氧化碳浓度分布(从左至右代表储层第1层至第5层)

(b) 2037年二氧化碳浓度分布(从左至右代表储层第1层至第5层)

(c) 2057年二氧化碳浓度分布(从左至右代表储层第1层至第5层)

(d) 2107年二氧化碳浓度分布(从左至右代表储层第1层至第5层)

图 6-8　Arun 凝析气田二氧化碳浓度分布变化(Zhang and Lau,2022)

在 Arun 凝析气田数值模拟预测二氧化碳驱油、二氧化碳封存、二氧化碳采热的过程中,没有考虑产出液在井筒中的温度损失。Arun 凝析气田生产过程中从 3063m 深的储层到井口的温度损失约 13%。储层的温度是 177℃,在井口产出的温度约 154℃。此外,该模型数值模拟过程中没有考虑二氧化碳溶解、储层矿化反应、二氧化碳-水-岩石相互作用的应力应变对储层的孔隙度和渗透率的影响等(Zhang and Lau,2022)。研究表明,二氧化碳与水混注可有效减缓二氧化碳开发地热过程中二氧化碳从生产井中逸出的问题。然而,二氧化碳与水混注的比例以及二氧化碳与水混合后对井筒以及地面设施的腐蚀问题,需要进一步的研究(Xue et al.,2024)。

除了陆上油气藏,随着海上油气开发的深入,海洋油气设施退役弃置逐渐成为工程界和学术界的最大挑战之一。除了昂贵的海洋平台废弃处置费用,海上油气平台的报废处理还面临着安全、技术和环境等诸多方面的挑战。许多废弃井都蕴含丰富的地热资源,将其改造成地热井再利用是个很好的选择。这不仅能减少钻探地热井的成本、节省了海洋平台废弃处置费用,还能充分利用废弃的油气井、管道、泵、海上平台和其他基础设施,降低地热开发利用的成本及其环境影响。我国海上高温地热资源主要分布在南海区域。海上地热钻探成本大约是陆地地热钻探的3～10倍,迄今国内外海上地热资源开发利用成功案例极少,究其原因主要是陆地地热开发比海上地热开发更具经济效益。海上地热开发关键技术主要包括海洋地热资源勘探和评价技术、地热取热技术、热电转换技术、废弃海洋油气井和平台改造技术、环境影响评价技术等(田振环等,2024)。

6.2 地热能多能互补

6.2.1 地热能联合太阳能发电

地热电站运行稳定且不受天气影响,然而地热电站的建设受地热资源分布影响较大,而且随着地热持续开采,地热储层温度和地热流体产量会逐渐下降,进而影响地热发电量;太阳能发电主要受太阳能辐射强度影响,发电不稳定且容易受天气因素影响,如白天太阳能辐射强度高,夜晚则没有太阳能的辐射。如果将太阳能和地热能联合起来发电,就能够取长补短,改善发电站的稳定性并提高发电效率。太阳能与地热能联合发电有多种方式。

1. 以地热能为主的太阳能联合地热发电系统

中深部地热能产出的地热水温度不够高的情况下,采用闪蒸或有机朗肯循环发电的效率低,容易造成地热资源的浪费。如果在已有的地热发电系统中增设一个太阳能集热装置,可以提高蒸汽产量或蒸汽温度,增加系统的发电量,也可以在保持系统发电量不变的前提下,降低地热水的质量流量,延长地热储层的开发利用年限。以地热能为主的太阳能联合地热发电系统可以有多种方式,便于太阳能辅助地热发电。如图6-9所示,在地热井和汽水分离器之间增设一个太阳能集热器,可以提高地热水的温度,增加蒸汽产量。

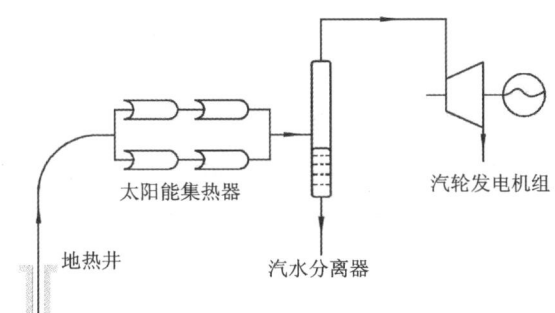

图6-9 太阳能集热器位于地热井和汽水分离器之间(徐琼辉等,2016)

如图6-10所示,在地热井产出液经过第一个汽水分离器和第二个汽水分离器之间的管路上增设一个太阳能集热器,这样从第一个汽水分离器出来的地热流体能够再次受热蒸发,从而增加蒸汽产量。

如图6-11所示,在地热井产出液经过汽水分离器和汽轮发电机组之间的管路上增设一个太阳能集热器,这样能够提高进入汽轮发电机组的蒸汽温度,让饱和蒸汽变成过热蒸汽,从而提高系统发电量。

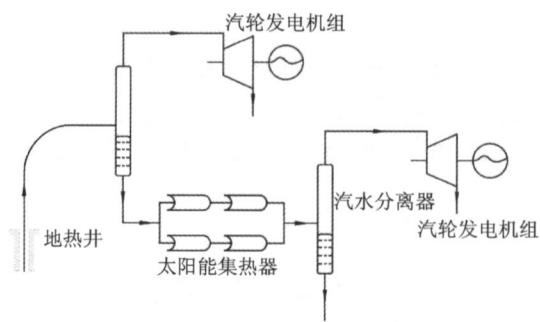

图 6-10　太阳能集热器位于两个汽水分离器之间(徐琼辉等,2016)

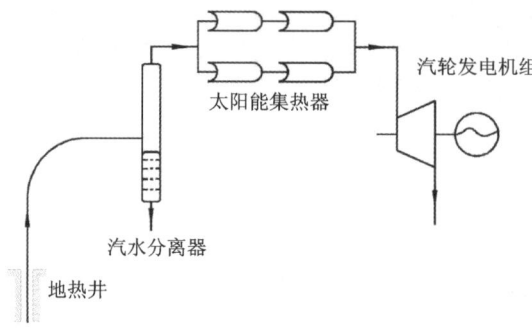

图 6-11　以太阳能集热器加热饱和蒸汽的联合发电系统(徐琼辉等,2016)

如图 6-12 所示,从冷凝器分离出来的冷凝液被太阳能集热器加热,再与地热井出来的地热水混合,可以提高混合液体的温度和蒸汽产量。

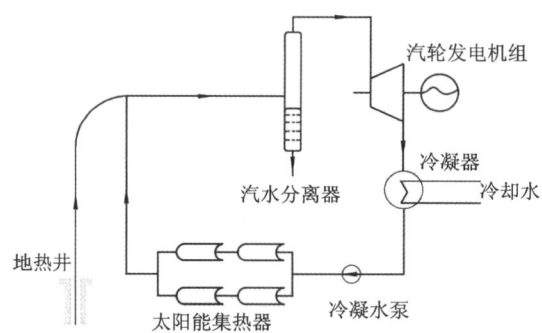

图 6-12　以太阳能集热器加热冷凝水的联合发电系统(徐琼辉等,2016)

2. 以太阳能为主的太阳能联合地热发电系统

除了以地热能为主的太阳能联合地热发电系统使用太阳能辅助地热发电以外,地热也可以用来辅助太阳能发电,形成以太阳能为主的太阳能联合地热发电系统。如图 6-13 所示,地热流体用于加热进入太阳能集热器前的工作流体,虽然地热流体的温度一般会低于太阳能集热器所能达到的温度,但是地热流体的温度会高于冷凝器中冷凝流体的温度。因此,在太阳能发电系统中利用地热能可以为冷凝器返回的工作流体提供热量,提高进入太阳能集热器的流体温度,进而提高太阳能集热器的产汽量和蒸汽温度,增加系统的发电量。

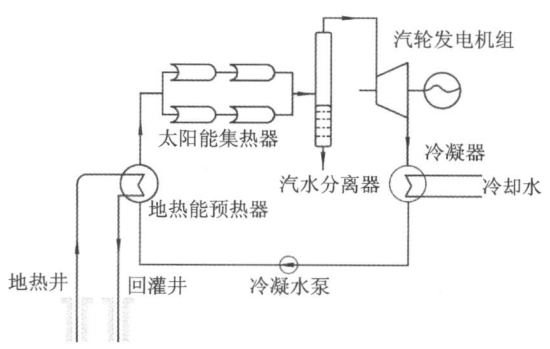

图 6-13　地热能加热太阳能发电系统中的冷凝水(徐琼辉等,2016)

世界首座太阳能联合地热能发电站于 2012 年在美国内华达州建成。该电站在已建成的 Stillwater 地热电站附近安装了 89 000 多块太阳能电池板,如图 6-14 所示,使得电站发电总量达到 59MW,比原来单一的地热电站增加了 26MW,可以为数以千计的家庭提供充足的电力(徐琼辉等,2016)。

图 6-14　Stillwater 太阳能联合地热能发电站(Richter,2021)

6.2.2　地热储能

近年来,在加快清洁能源开发利用的同时,光伏发电、风电出现送出难、消纳难的问题。"风光"无限的背后挑战却也不少。我国新疆风能、太阳能资源丰富,是中国清洁能源发展最迅速的地区之一。近年来,随着新能源发电装机容量持续增长,我国新疆地区不少风机、光伏设备长期处于闲置状态,弃风弃光现象严重。2018 年,我国新疆弃风电量 107 亿 kW·h、弃光电量 21.4 亿 kW·h,全国最高;弃风、弃光率分别为 23%、16%,分别约为全国平均水平的 3 倍和 5 倍。风电、光伏发电等新能源具有较大的波动性,在时段分布上与用电负荷存在较大差异。比如,风电一般夜间发电量较大,但此时用电负荷较小;光伏发电在傍晚快速减小,但此时实际用电负荷正迎来晚高峰。目前我国电力系统尚不完全适应如此大规模波动性新能源的接入,电力系统的实时调度运行面临挑战。

如图 6-15 所示,中深部储层地热储能技术是指在白天将太阳能、风能以及工业余热能量以热能的方式换热传递给水形成高温水,或者传递给二氧化碳形成高温二氧化碳,将水或者将经过加压之后达到超临界状态的二氧化碳注入地下中深部储层,夜晚将地下储层中的高温水或者二氧化碳采收后,进行供暖或者发电。部分注入的二氧化碳会滞留在地下储层实现二氧化碳封存。以聚光太阳能发电地热储能为例,该技术包括聚光吸热、热质输运、地层储热、梯级利用 4 个子系统。

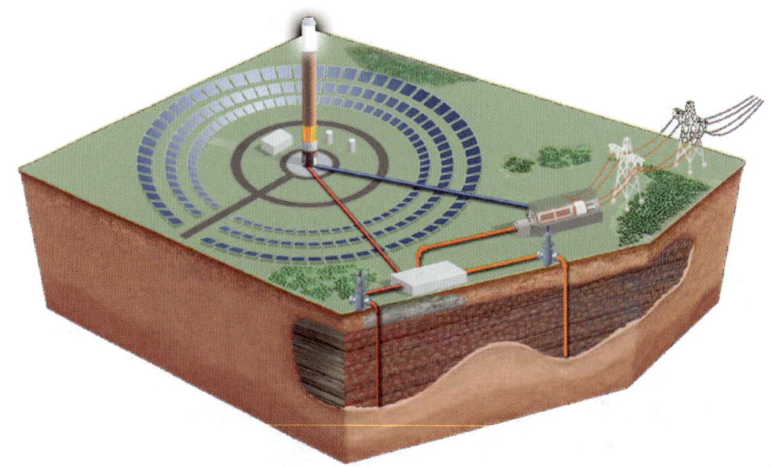

图 6-15 地热储能示意图

如图 6-16 所示,在一天的周期内,250℃的高温热水以 40kg/s 的注入速率(8h 的时间内约 7200 桶)注入 110m 厚的储层中,该储层初始温度为 120℃,渗透率为 $100 \times 10^{-3} \mu m^2$,孔隙度为 15%。高温水注入后,以 32kg/s 的生产速率在 10h 内产出,之后热平衡静置 6h 完成一天 24h 的周期。注入热水和采出热水的过程由同一口井完成。即使完成了 100 个周期的注热采热,地下储层形成的人工高温边界范围为以注入井为中心方圆约 20m 的半径区域。绝大部分地下储层储存的热量可以采出来,储热采热效率接近 95%。影响地下储层储热采热的地质和工程因素需要进一步的研究。此外,地热储能的储热采热也可由多井完成。用于加热的热量来源可以是太阳能或者风能多余的能量转化为热能,然后将该热能传递给水或者二氧化碳(Green et al.,2021)。

此外,美国加利福尼亚州 Geo2Watts 公司开发出 Borehole Battery™(钻孔电池)技术,如图 6-17 所示,其原理是通过在井中填充硅氧化物(沙子),并使用集中式太阳能发电(CSP)抛物面槽来加热沙子,从而储存热能;在太阳能辐射减少时,利用储存的热能产生可调度的电力。这意味着利用太阳能和沙子等原料就可以将废弃闲置的石油和天然气井改造成可再生能源资产(Geo2watts,2024)。

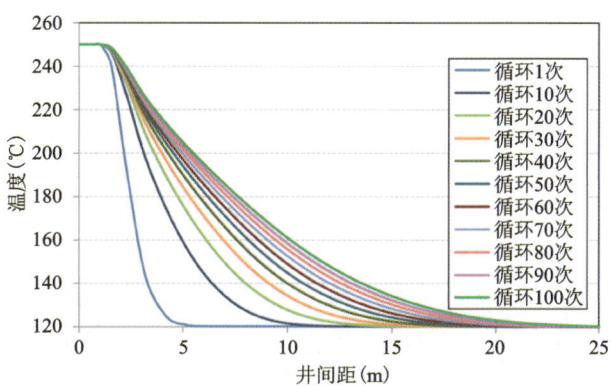

图 6-16　与注入井相距不同距离的温度变化(Green et al.,2021)

图 6-17　钻孔电池技术(Geo2watts,2024)

6.2.3　地热制氢

随着风电、光伏等可再生能源装机容量占比的攀升,其间歇性和波动性给发电高峰与用电高峰的匹配带来挑战。氢能是一种清洁、高效的可再生能源,在新型电力系统中可作为清洁电力介质的载体,实现电—氢—电的灵活转换。此外,在 2015—2020 年的 5 年间,全球地热发电实现了约 3649MW 的增长(约 27%)(马冰等,2021)。随着地热发电需求的逐年增长,利用地热发电然后通过电解水制氢越来越受到关注(Karayel et al.,2022)。氢能可以通过电解水制氢的方式获取。如图 6-18 所示,从中深部地热储层产出地层高温的热水或者蒸汽在地面进行发电,发电换热后的冷水一部分回灌至地下储层,以维持地下热储层的水位及压力。部分水可以经过去离子处理后,可利用发电高峰多余的地热发电电力进行电解水制氢。

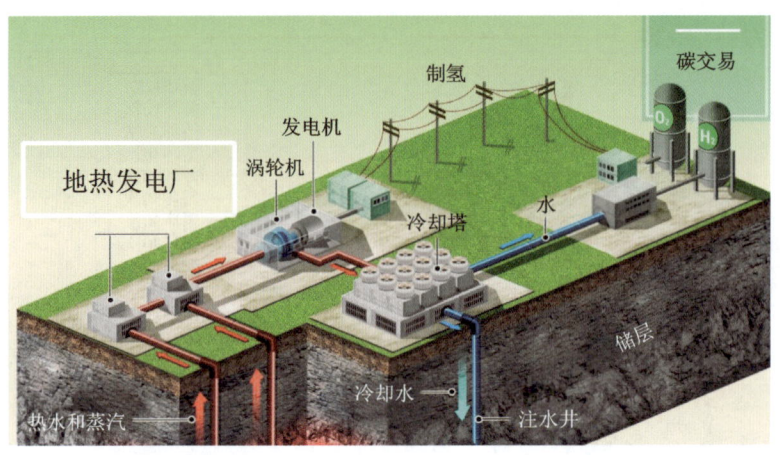

图 6-18　地热制氢示意图(Meager Creek Development Corporation,2024)

2020 年,Halcyon Power 地热制氢项目位于新西兰,计划建设 1.5MW 的地热电站,预计投产初期每年生产 180t 的氢气(Cariaga,2021)。2023 年,Meager Creek 地热制氢项目位于加拿大不列颠哥伦比亚省彭伯顿镇西北方向 70km 处,距离加拿大温哥华 3.5h 车程,在该处钻探 2000m 深度储层时发现 220～240℃的地热资源,最高温度可达 275℃。这些地热资源可以开发用于发电,之后再进行电解水制氢(Meager Creek Development Corporation,2024)。

6.2.4　地热卤水

中深层地热储层地热流体中富含钾、铯、锂和硼等元素,部分地热田中相关元素已富集到工业品位,有些甚至达到矿床级别,形成了地热卤水相关的新型矿床。2023 年,中国地质调查局组织开展青海柴达木盆地钾盐"增储保供"地质调查工作,在前期对柴达木盆地成盐聚钾规律性认识的基础上,于柴西北大浪滩—黑北凹地部署实施了"探采一体化"柴钾 1 井,钻获 1 021.95m(井深 111.54～1 133.49m)巨厚松散砂砾储卤层,全井段抽卤水试验获日稳定涌水量 8586m³/d,水位降深 11.3m、氯化钾平均含量为 0.54%的高产工业品位"砂砾型"卤水钾矿,取得了柴达木盆地陆相深层卤水钾盐找矿新突破,为形成中国新的亿吨级大型钾盐基地夯实了资源基础。此外,美国加州能源局在 2021 年 3 月发布的关于美国 Salton Sea 地热田的相关研究报告中预测,该地热田中碳酸锂的年供应量将超过 60 万 t,具有巨大的经济效益。如图 6-19 所示,2023 年美国斯伦贝谢公司与 Pure Energy Minerals 公司在 Clayton Valley 建设地下卤水提取锂矿试验场地。2024 年,试验场地每分钟产出 1～2 桶地下卤水,卤水中含有 200mg/L 的锂,该试验场地成功提取出 10.5t 的碳酸锂。我国青藏高原西藏高温地热田(如卡乌曲灿沸泉、拉不朗沸泉和拉旺孜热泉等)中锂含量超过 20mg/L 的有数 10 处,初步估算地热流体的锂资源量大约有 4281t(SLB,2024;曹锐等,2022)。

我国地热流体中伴生矿产资源相关开发依然存在着稀有元素分布特征不清、潜力不明、整体开发利用程度不高等问题。针对以上存在问题,应当进一步加强地热卤水中稀有金属形成规律和富集机理研究,并针对性地研发相关勘查和提取技术,在评估地热流体中伴生矿产资源潜力基础上,进一步加强地热流体中伴生矿产资源的综合开发利用(曹锐等,2022)。

图 6-19 美国斯伦贝谢地下卤水提取锂矿试验场地（SLB，2024）

6.3 人工智能在地热勘探开发的应用

人工智能已成功应用于油气勘探开发领域。例如，贝克休斯公司以旋转导向工具为基础，实现了井场与远程控制中心协同作业。随钻测井工具实时采集井下数据，并将其传输至地面和远程控制中心，经过地质导向团队分析决策后，再将指令传送到井场直至井下工具，实现闭环双向控制，通过加速学习和决策优化，实现了单日钻井进尺一英里（mile-a-day，MAD）的目标，即 1609m/d。Noble Energy 公司采用远程定向钻井技术创单日钻进 3133m/d 的纪录。2021 年，贝克休斯公司在 30 多个国家提供了远程服务，72%的钻井工作和 100%的定向钻井及 MWD/LWD 随钻测量工作由远程作业中心完成。Devon 和 BP 公司用无人机进行数据采集和作业监测，花费的时间和费用都是传统方式的 1/10，不仅采集方式更安全、更高效，而且所采集数据的标准化程度更高，质量更高。油气开发过程中会向大气中排放温室气体，人工监测和维护的成本较高，利用新型数字技术可以低成本地进行气体排放监测，通过调整生产过程可以控制温室气体的排放。斯伦贝谢公司提出的 SEES（Schlumberger End-to-end Emission Solution），采用物联网、数字孪生和数据分析等数字化技术对碳排放进行监测并提供解决方案，旨在帮助油气公司快速有效地降低碳排放。地热勘探开发与油气勘探开发之间可以相互借鉴。如表 6-7 所示，大数据、云计算、数值模拟、虚拟现实、数字孪生和机器学习等数字化技术可以应用在地热勘探开发甜点预测与识别、开发方案制定与优化、钻井方案优化设计、井眼轨迹监测与控制、压裂方案优化设计、远程监控与决策优化、温室气体监测与管控等方面(李阳等,2020)。

表 6-7 人工智能在地热勘探开发的应用领域

应用领域	机器学习方法	解决的问题	参考文献
勘探	脉冲神经网络、非负矩阵分解、深度神经网络、K均值聚类、卷积神经网络	地球物理数据分析、地震数据反演、地震和微地震探测	(Holtzman et al.,2018; Tanaka et al.,2021)
钻探	浅层神经网络、多元线性回归	预测钻速、提高钻进效率	(Diaz et al.,2019; Diaz and Kim,2020)
岩石物理	浅层神经网络、K近邻、随机森林、深度神经网络	预测热储孔隙度和渗透率、岩相识别、储层表征	(李阳等,2020; Feng et al.,2020)
热储表征	K均值聚类、人工神经网络、主成分分析、神经网络、多层感知机、支持向量机	井间连通性和裂缝表征、热储温度预测、断层预测、渗透率分布预测	(Wu et al.,2021; Hawkins et al.,2020)
热储工程	人工神经网络、决策树、随机森林、支持向量机、多层感知机、长短期记忆网络、主成分分析	布井方式优选、生产热焓预测、示踪剂预测、代理模型预测注采参数、温度分布预测	(Aydin et al.,2020; Shi et al.,2021; Pandey and Singh,2021)

如表 6-8 所示,机器学习可以应用于水热型和干热型地热系统热储开发,有助于提高中深部地热储层采热效率、优选地热钻探靶区、降低热储开发风险。大数据和人工智能在中深部地热储层勘探开发中发挥的作用会越来越重要。

表 6-8 机器学习用于水热型和干热型热储开发研究

研究文献	研究区块	研究内容
Xue et al.,2023	共和盆地干热岩	使用K-近邻算法、支持向量机、极端梯度增强、人工神经网络等机器学习方法可以使数值模拟在保持运算精度的同时将运算时间缩短2700倍。研究发现井距、注入速率、注入温度、裂缝参数对共和盆地恰卜恰干热岩开发热储温度变化影响较大
Yu et al.,2024	关中盆地水热型地热系统	相较于使用随机森林、自适应增强、类别型特征提升等机器学习方法,轻量级梯度提升、梯度提升决策树、极端梯度增强对于我国关中盆地水热型地热开发预测精度更高。研究发现注采速率、井距和回灌温度对关中盆地地热开发的影响至关重要

续表 6-8

研究文献	研究区块	研究内容
Yang et al.,2022	松辽盆地林甸地热	通过采集 29 个热储水样样本以及 11 个地热温度测井数据，人工神经网络方法对于热储温度预测精度更高，松辽盆地林甸热储温度为 45~85℃
Ben Aoun and Madarász,2022	FORGE 干热岩	FORGE 干热岩钻井研究表明随机森林和人工神经网络可以用于帮助工程师选择最优的钻进参数从而获取最优的钻速
Spichak et al.,2023	Soultz 干热岩	人工神经网络可以用于精确预测 Soultz 干热岩储层岩石热导率
Prezioso et al.,2022	Geysers 地热田	人工神经网络可以用于精确预测 Geysers 地热田诱发地震的地面运动

主要参考文献

蔡博峰,李琦,林千果,等,2020.中国二氧化碳捕集、利用与封存(CCUS)报告(2019) [R].北京:生态环境部环境规划院气候变化与环境政策研究中心.

曹倩,方朝合,李云,等,2021.国内外地热回灌发展现状及启示[J].石油钻采工艺,43 (2):1-9.

曹锐,多吉,李玉彬,等,2022.我国中深层地热资源赋存特征、发展现状及展望[J].工程科学学报,44(10):1623-1631.

陈炫沂,姜振蛟,徐含英,等,2022.共和盆地干热岩体人工裂隙带结构的控热机理与产能优化[J].水文地质工程,49(1):191-199.

陈作,许国庆,蒋漫旗,2019.国内外干热岩压裂技术现状及发展建议[J].石油钻探技术, 47(6):1-8.

程正璞,魏强,连晟,等,2025.青海共和盆地恰卜恰深部花岗岩热储时频电磁法探测及干热岩体预测[J].中国地质,52(2):438-451.

窦斌,田红,郑君,2020.地热工程学[M].武汉:中国地质大学出版社.

多吉,2003.典型高温地热系统-羊八井热田基本特征[J].中国工程科学,5(1):42-47.

冯波,许佳男,许天福,等,2019.化学刺激技术在干热岩储层改造中的应用与最新进展 [J].地球科学与环境学报,41(5):577-591.

高俊,赵源,许志翔,等,2022.西藏羊八井浅层地热资源开发利用规划研究[J].中国化工装备,24(6):7-14.

郭亮亮,2016.增强型地热系统水力压裂和储层损伤演化的试验及模型研究[D].长春:吉林大学.

何淼,龚武镇,许明标,等,2021.干热岩开发技术研究现状与展望分析[J].可再生能源, 39(11):1447-1454.

何治亮,冯建赟,张英,等,2017.试论中国地热单元分级分类评价体系[J].地学前缘,24 (3):168-179.

胡秋韵,高俊,马峰,等,2020.雄安新区容城凸起区地热可采资源量动态预测[J].地质学报,94(7):2013-2025.

胡圣标,何丽娟,汪集旸,2001.中国大陆地区大地热流数据汇编(第三版)[J].地球物理学报,44(5):611-626.

胡志华,高洪雷,万汉平,等,2022.西藏羊八井地热田水热蚀变的时空演化特征[J].地质论评,68(1):359-374.

黄若宸,舒彪,李帝铨,2022.干热岩储层水力压裂改造的电磁法监测评价研究进展[J].科技导报,40(20):83-92.

姜光政,高堋,饶松,等,2016.中国大陆地区大地热流数据汇编(第四版)[J].地球物理学报,59(8):2892-2910.

姜宏,2018.CO_2咸水层封存中流固耦合的数值模拟研究[D].大连:大连理工大学.

蒋恕,张凯,杜凤双,等,2023.二氧化碳地质封存及提高油气和地热采收率技术进展与展望[J].地球科学,48(7):2733-2749.

解经宇,王丹,李宁,等,2022.干热岩压裂建造人工热储发展现状及建议[J].地质科技通报,41(3):321-329.

亢方超,唐春安,李迎春,等,2022.增强地热系统研究现状:挑战与机遇[J].工程科学学报,44(10):1767-1777.

雷宏武,李佳琦,许天福,等,2015.鄂尔多斯盆地深部咸水层二氧化碳地质储存热-水动力-力学(THM)耦合过程数值模拟[J].吉林大学学报(地球科学版),45(2):552-563.

雷玉德,袁有靖,秦光雄,等,2023.基于测井资料的共和盆地贵德扎仓地热田热储特征分析[J].地球学报,44(1):145-157.

李根生,武晓光,宋先知,等,2022.干热岩地热资源开采技术现状与挑战[J].石油科学通报,7(3):343-364.

李皓婷,2021.西藏昂仁县典型地热显示区地下热水化学特征及物源分析[D].石家庄:河北地质大学.

李佳琦,2015.基于示踪技术的增强型地热系统裂隙储层连通性及导热性评价[D].长春:吉林大学.

李静岩,刘中良,周宇,等,2019.CO_2羽流地热系统热开采过程热流固耦合模型及数值模拟研究[J].化工学报,70(1):72-82.

李林果,李百祥,2017.从青海共和—贵德盆地与山地地温场特征探讨热源机制和地热系统[J].物探与化探,41(1):29-34.

李曼,王贵玲,蔺文静,等,2023.采灌均衡条件下地热资源潜力评价方法探讨-以雄安新区碳酸盐岩热储为例[J].地质学报,98(6):1928-1940.

李明礼,2020.西藏典型理疗地热矿泉的成因及功效研究[D].成都:成都理工大学.

李维特,黄保海,毕仲波,2004.热应力理论分析及应用[M].北京:中国电力出版社.

李阳,廉培庆,薛兆杰,等,2020.大数据及人工智能在油气田开发中的应用现状及展望[J].中国石油大学学报(自然科学版),44(4):1-11.

李永革,蔺文静,邢林啸,等,2021.青海省恰卜恰地区深部热储温度估算[J].地质与资源,30(4):479-484.

梁旭,2023.微地震数据约束的干热岩人工裂隙结构特征示踪反演方法体系研究与应用[D].长春:吉林大学.

廖志杰,赵平,1999.滇藏地热带:地热资源和典型地热系统[M].北京:科学出版社.

蔺文静,王贵玲,邵景力,等,2021.我国干热岩资源分布及勘探:进展与启示[J].地质学报,95(5):1366-1381.

刘斌,王江峰,李红岩,等,2024.地热井砂岩热储回灌堵塞机理及解堵研究[J].建筑节能(中英文),52(6):9-15.

刘禄,2020.不同温度压力条件下花岗岩裂隙形成及特征分析[D].石家庄:河北地质大学.

刘夏临,张晟斌,陈佺,等,2022.基于TOUGH2和FLAC3D的流固弱耦合程序开发及验证[J].浙江大学学报(工学版),56(8):1485-1494.

陆川,王贵玲,2015.干热岩研究现状与展望[J].科技导报,33(19):13-21.

罗天雨,秦大伟,2020.考虑温差应力的干热岩压裂裂缝开启压力[J].煤炭学报,45(S2):717-726.

马冰,贾凌霄,于洋,等,2021.世界地热能开发利用现状与展望[J].中国地质,48(6):1734-1747.

马哲民,谭现锋,郝俊杰,等,2020.多种测温方法在青海共和干热岩GR1井中的应用[J].探矿工程(岩土钻掘工程),47(12):42-48.

毛翔,国殿斌,罗璐,等,2019.世界干热岩地热资源开发进展与地质背景分析[J].地质论评,65(6):1462-1472.

孟宪刚,邵兆刚,白嘉启,等,2006.西藏羊八井-林周地区水热成矿系统与模拟[J].地质力学学报,3:329-337.

潘桂棠,肖庆辉,陆松年,等,2009.中国大地构造单元划分[J].中国地质,36(1):1-28.

庞忠和,孔彦龙,庞菊梅,等,2017.雄安新区地热资源与开发利用研究[J].中国科学院院刊,32(11):1224-1230.

秦耀军,李晓东,赵长亮,等,2019.耐240℃高温钻井液在青海共和盆地高温干热岩钻探施工中的应用[J].地质与勘探,55(5):1302-1313.

曲占庆,张伟,郭天魁,等,2019.基于局部热非平衡的含裂缝网络干热岩采热性能模拟[J].中国石油大学学报(自然科学版),43(1):90-98.

饶松,黄顺德,胡圣标,等,2023.中国陆区干热岩勘探靶区优选:来自国内外干热岩系统成因机制的启示[J].地球科学,48(3):857-877.

孙国强,谢迎春,刘军,等,2023.耐高温测井装备的研制及其在西藏高温地热井中的应用[J].自动化与仪表,38(5):115-120.

孙焕泉,毛翔,吴陈冰洁,等,2024.地热资源勘探开发技术与发展方向[J].地学前缘,31(1):400-411.

孙明露,2024.西藏羊八井地区地热资源水化学特征与成因机制研究[D].西藏:西藏大学.

孙知新,李百祥,王志林,2011.青海共和盆地存在干热岩可能性探讨[J].水文地质工程地质,38(2):119-129.

谭现锋,王景广,郭新强,等,2021.螺杆钻进工艺在青海共和干热岩GR1钻井中的应用[J].钻探工程,48(2):49-53.

主要参考文献

唐世斌,唐春安,朱万成,等,2006.热应力作用下的岩石破裂过程分析[J].岩石力学与工程学报,10:2071-2078.

唐显春,王贵玲,马岩,等,2020.青海共和盆地地热资源热源机制与聚热模式[J].地质学报,94(7):2052-2065.

田振环,王厚杰,王威,等,2024.海上地热能开发现状及其对中国的启示[J].海洋地质前沿,40(6):1-12.

汪集暘,胡圣标,庞忠和,等,2012.中国大陆干热岩地热资源潜力评估[J].科技导报,30(32),25-31.

汪集暘,黄少鹏,1988.中国大陆地区大地热流数据汇编[J].地质科学,23(2):196-204.

汪集暘,黄少鹏,1990.中国大陆地区大地热流数据汇编(第二版)[J].地震地质,12(4):351-366.

王斌,李百祥,马新华,2015.青海共和-贵德干热岩勘查评价中热储温度与深度预测[J].地下水,37(3):28-30.

王丹,文冬光,杨用彪,等,2024.干热岩开发循环试验的研究进展和发展建议[J].地质科技通报(1):1-15.

王贵玲,李曼,张明燕,等,2020.地热资源评价方法及估算规程:DZ/T0331-2020[S].北京:中华人民共和国自然资源部.

王贵玲,刘彦广,朱喜,等,2020.中国地热资源现状及发展趋势[J].地学前缘,27(1):1-9.

王贵玲,陆川,2023.碳中和目标驱动下干热岩和增强型地热系统增产技术发展[J].地质与资源,32(1):85-95.

王贵玲,张薇,梁继运,等,2017.中国地热资源潜力评价[J].地球学报,38(4):449-459.

王惠民,2020.裂隙页岩热-湿-流-固多场耦合下的两相流工程理论研究[D].徐州:中国矿业大学.

王丽华,康维海,2017.我国首次在青海共和盆地钻获高温优质干热岩体实现了我国干热岩勘查重大突破,专家认为,共和盆地干热岩体埋藏浅,温度高,规模大[J].青海国土经略,4:55.

王绍亭,陈新民,1999.西藏地热资源及地热发电的现状与发展[J].中国电力,10:81-83.

王社教,康润林,冯学坤,等,2021.基于地热供暖项目经济评价的热泵调峰占比优化方法[J].天然气工业,41(9):152-159.

王晓星,吴能友,苏正,等,2012.增强型地热系统的开发-以法国苏尔士地热田为例[J].热能动力工程,27(6):631-636.

王迎春,周金林,李亮,等,2022.羊八井地热田地热地质条件及其对超临界地热资源勘探的启示[J].天然气工业,42(4):35-45.

王瑜,罗生福,2017.把脉高原"温度"-青海省水文地质工程地质环境地质调查院地热资源勘查纪实[J].青海国土经略,4:16-18.

文冬光,张二勇,王贵玲,等,2023.干热岩勘查开发进展及展望[J].水文地质工程地质,50(4):1-13.

吴珍汉,吴中海,孟宪刚,等,2004.当雄县幅地质调查新成果及主要进展[J].地质通报,23(5):484-491.

吴中海,赵希涛,吴珍汉,等,2006.西藏当雄-羊八井盆地的第四纪地质与断裂活动研究[J].地质力学学报,12(3):305-316.

谢文苹,路睿,张盛生,等,2020.青海共和盆地干热岩勘查进展及开发技术探讨[J].石油钻探技术,48(3):77-84.

谢昕,2020.注采条件下干热岩人工裂缝导流能力研究[D].北京:中国石油大学(北京).

徐琼辉,龚宇烈,骆超,等,2016.太阳能-地热能联合发电系统研究进展[J].新能源进展,4(5):404-410.

徐世光,郭远生,2009.地热学基础[M].北京:科学出版社.

许天福,胡子旭,李胜涛,等,2018.增强型地热系统:国际研究进展与我国研究现状[J].地质学报,92(9):1936-1947.

许天福,袁益龙,姜振蛟,等,2016.干热岩资源和增强型地热工程:国际经验和我国展望[J].吉林大学学报(地球科学版),46(4):1139-1152.

薛建球,甘斌,李百祥,等,2013.青海共和-贵德盆地增强型地热系统(干热岩)地质-地球物理特征[J].物探与化探,37(1):35-41.

荀杨,苏博,翟梁皓,等,2023.干热岩储层改造技术研究进展[J].长春工程学院学报(自然科学版),24(3):81-86.

严维德,王焰新,高学忠,等,2013.共和盆地地热能分布特征与聚集机制分析[J].西北地质,46(4):223-230.

杨淼,2020.新时代西藏天然饮用水产业高质量发展研究[J].西藏民族大学学报(哲学社会科学版),41(3):93-103.

殷肖肖,沈健,赵艳婷,等,2021.集中采灌条件下碳酸盐岩热储群井示踪试验[J].地质学报,95(6):1984-1994.

贠晓瑞,陈希节,蔡志慧,等,2020.青海共和盆地东北部干热岩岩浆侵位结晶条件及深部结构初探[J].岩石学报,36(10):3171-3191.

袁清,刘金侠,2015.常规地热能开发技术应用与实践[M].北京:中国石化出版社.

岳高凡,邓晓飞,邢林啸,等,2015.共和盆地增强型地热系统开采过程数值模拟[J].科技导报,33(19):62-67.

翟海珍,苏正,吴能友,2014.苏尔士增强型地热系统的开发经验及对我国地热开发的启示[J].新能源进展,2(4):286-294.

张保建,雷玉德,赵振,等,2023.共和盆地干热岩形成的地球动力学过程与成因机制[J].地学前缘,30(5):384-401.

张超,胡圣标,黄荣华,等,2022.干热岩地热资源热源机制研究现状及其对成因机制研究的启示[J].地球物理学进展,37(5):1907-1919.

张超,胡圣标,宋荣彩,等,2020.共和盆地干热岩地热资源的成因机制:来自岩石放射性生热率的约束[J].地球物理学报,63(7):2697-2709.

张超,张盛生,李胜涛,等,2018.共和盆地恰卜恰地热区现今地热特征[J].地球物理学报,61(11):4545-4557.

张林友,李旭峰,朱贵麟,等,2025.青海共和盆地温度场特征、干热岩成因及资源潜力[J].中国地质,52(5):399-415.

张倩,马悦,周洪月,等,2024.基于InSAR技术的天津局部地表沉降特征分析[J].测绘通报,2:74-79.

张森琦,付雷,张杨,等,2020.基于高精度航磁数据的共和盆地干热岩勘查目标靶区圈定[J].天然气工业,40(9):156-169.

张森琦,李旭峰,宋健,等,2021.共和盆地壳内部分熔融层存在的地球物理证据与干热岩资源区域性热源分析[J].地球科学,46(4):1416-1436.

张森琦,文冬光,许天福,等,2019.美国干热岩"地热能前沿瞭望台研究计划"与中美典型EGS场地勘查现状对比[J].地学前缘,26(2):321-334.

张森琦,严维德,黎敦朋,等,2018.青海省共和县恰卜恰干热岩体地热地质特征[J].中国地质,45(6):1087-1102.

张盛生,张磊,蔡敬寿,等,2018.共和盆地恰卜恰地区干热岩资源量初步估算及评价[J].青海大学学报,36(4):75-78.

张盛生,张磊,田成成,等,2019.青海共和盆地干热岩赋存地质特征及开发潜力[J].地质力学学报,25(4):501-508.

张松,郝伟林,胡先才,等,2023.地热井温度测井在热储层分析中的应用[J].世界核地质科学,40(3):843-851.

张炜,金显鹏,王海华,等,2024.美国FORGE计划犹他州干热岩开发示范项目进展综述[J].世界科技研究与发展,46(2):263-276.

张志敏,魏小东,杨惠童,等,2018.裂谷火山型地热系统-奥卡瑞地热田基本特征[J].中外能源,23(12):16-21.

张志敏,张军勇,李赫,等,2020.肯尼亚奥卡瑞地热田主要控制因素分析[J].世界地质,39(2):487-494.

张中言,2011.西藏羊八井地区遥感数据地温反演与地热异常探[D].成都:成都理工大学.

赵斌,吕玥,温柔,等,2023.西藏地热能开发利用现状及发展前景[J].热力发电,52(1):1-6.

赵贵福,尉亮,李百祥,等,2016.从青海共和-贵德盆地地热勘查成果探讨干热岩综合地球物理勘查技术[J].甘肃地质,25(2):62-67.

赵平,多吉,谢鄂军,等,2003.中国典型高温热田热水的锶同位素研究[J].岩石学报,3:569-576.

赵悦安,2023.超临界地热系统水和CO_2取热性能分析[D].长春:吉林大学.

赵振,2013.青海省共和盆地恰卜恰地热田热储特征及开发利用[J].地下水,35(5):8-10.

郑克棪,潘小平,2014.拉德瑞罗地热电站可持续开发经验-记拉德瑞罗地热发电100周年[J]. 中外能源,19(2):25-29.

郑宇轩,单文军,赵长亮,等,2018. 青海共和干热岩 GR1 井钻井工艺技术[J]. 地质与勘探,54(5):1038-1045.

周大伟,张广清,2020. 超临界 CO_2 压裂诱导裂缝机理研究综述[J]. 石油科学通报,5(2):239-253.

朱贵麟,刘东林,周殷竹,等,2025. 青海共和盆地干热岩人工储层示踪试验研究[J]. 中国地质,52(2):416-424.

朱桥,张加蓉,周宇彬,2019. 干热岩开发及发电技术应用概述[J]. 中外能源,24(9):19-27.

自然资源部中国地质调查局,国家能源局新能源和可再生能源司,中国科学院科技战略咨询研究院,等,2018. 中国地热能发展报告 2018[R]. 北京:中国石化出版社.

AICHHOLZER C, DURINGER P, ORCIANI S, et al., 2016. New stratigraphic interpretation of the Soultz-sous-Forêts 30-year-old geothermal wells calibrated on the recent one from Rittershoffen (Upper Rhine Graben, France)[J]. Geothermal Energy,4(1):13.

AMEEN M S, BUHIDMA I M, RAHIM Z, 2010. The function of fractures and in-situ stresses in the Khuff reservoir performance, onshore fields, Saudi Arabia[J]. AAPG bulletin,94(1):27-60.

APAK S N, STUART W J, LEMON N M, et al., 1997. Structural evolution of the Permian-Triassic Cooper Basin, Australia: Relation to hydrocarbon trap styles[J]. AAPG Bulletin,81(4):533-555.

ASAI P, PANJA P, MCLENNAN J, et al., 2018. Performance evaluation of enhanced geothermal system (EGS): Surrogate models, sensitivity study and ranking key parameters[J]. Renewable Energy,122:184-195.

ASANUMA H, NOZAKI H, NIITSUMA H, et al., 2005. Interpretation of microseismic events with larger magnitude collected at Cooper basin, Australia[J]. Geothermal Resources Council Transactions,29(193):87-92.

AYDIN H, AKIN S, SENTURK E, 2020. A proxy model for determining reservoir pressure and temperature for geothermal wells[J]. Geothermics,88:101916.

AYLING B F, HOGARTH R A, ROSE P E, 2016. Tracer testing at the Habanero EGS site, central Australia[J]. Geothermics,63:15-26.

BAI L, LI J, ZENG Z, et al., 2023. Analysis of the geothermal formation mechanisms in the Gonghe basin based on thermal parameter inversion[J]. Geophysics,88(5):WB115-WB132.

BAKER B T, WOHLENBERG J, 1971. Structure and evolution of the Kenya Rift Valley[J]. Nature,229(5286):538-542.

BARIA R, BAUMGÄRTNER J, GÉRARD A, et al., 1999. European HDR research programme at Soultz-sous-Forêts (France) 1987-1996[J]. Geothermics,28(4-5):655-669.

BARRIOS L A, QUIJANO J E, ROMERO R E, et al., 2002. Enhanced permeability by chemical stimulation at the Berlin geothermal field, El Salvador[J]. Geothermal Resources Council,26:73-78.

BARRY-HALLEE N,2022. Eavor-Loop™ geothermal for combined heat and power at the University of Calgary: A techno-economic analysis[D]. Calgary: University of Calgary.

BEARDSMORE G,2004. The influence of basement on surface heat flow in the Cooper Basin[J]. Exploration Geophysics,35(4):223-235.

BELLANI S,BROGI A,LAZZAROTTO A,et al.,2004. Heat flow,deep temperatures and extensional structures in the Larderellogeothermal field (Italy): constraints on geothermal fluid flow[J]. Journal of Volcanology and Geothermal Research,132(1):15-29.

BEN AOUN M A,MADARÁSZ T,2022. Applying machine learning to predict the rate of penetration for geothermal drilling located in the Utah FORGE site[J]. Energies,15(12): 4288.

BETT G,YASUHIRO F,2023. Integrated geological assessment and numerical simulation for Olkaria's East and Southeast geothermal fields[J]. Geothermics,109:102652.

BIOT M A,1955. Theory of elasticity and consolidation for a porous anisotropic solid [J]. Journal of Applied Physics,26(2):182-185.

BIOT M A,1956. General solutions of the equations of elasticity and consolidation for a porous material[J]. Journal of Applied Mechanics,23(1):91-96.

BORGIA A,PRUESS K,KNEAFSEY T J,et al.,2012. Numerical simulation of salt precipitation in the fractures of a CO_2-enhanced geothermal system[J]. Geothermics,44: 13-22.

BREEDE K,DZEBISASHVILI K,LIU X,et al.,2013. A systematic review of enhanced (or engineered) geothermal systems: past, present and future[J]. Geothermal Energy,1: 1-27.

BROGI A,LIOTTA D,RUGGIERI G,et al.,2016. An overview on the characteristics of geothermal carbonate reservoirs in southern Tuscany[J]. Italian Journal of Geosciences, 135(1):17-29.

BRUNO M,NAKAGAWA F,1991. Pore pressure influence on tensile fracture propagation in sedimentary rock[J]. International Journal of Rock Mechanics and Mining Sciences & Geomechanics Abstracts,28(4):261-273.

CALÒ M,DORBATH C,FROGNEUX M,2014. Injection tests at the EGS reservoir of Soultz-sous-Forêts. Seismic response of the GPK4 stimulations[J]. Geothermics,52:50-58.

CAMELI G M,DINI I,LIOTTA D,1993. Upper crustal structure of the Larderello geothermal field as a feature of post-collisional extensional tectonics (southern Tuscany, Italy)[J]. Tectonophysics,224(4):413-423.

CELIS V,SILVA R,RAMONES M,et al.,1994. A new model for pressure transient analysis in stress sensitive naturally fractured reservoirs[J]. SPE Advanced Technology

Series,2(1):126-135.

CHEN Z,2007. Reservoir simulation. Mathematical techniques in oil recovery[M]. Calgary:University of Calgary.

CHEN Z,ZHAO F,SUN F,et al. ,2021. Hydraulic fracturing-induced seismicity at the hot dry rock site of the Gonghe basin in China[J]. Acta Geologica Sinica-English Edition,95(6):1835-1843.

CHIN L,RAGHAVAN R,THOMAS L,2000. Fully coupled geomechanics and fluid-flow analysis of wells with stress-dependent permeability[J]. SPE Journal,5(1):32-45.

CUI G,REN S,RUI Z,et al. ,2018. The influence of complicated fluid-rock interactions on the geothermal exploitation in the CO_2 plume geothermal system[J]. Applied Energy, 227:49-63.

CUI Y J,SULTAN N,DELAGE P,2000. A thermomechanical model for saturated clays [J]. Canadian Geotechnical Journal,37(3):607-620.

DIAZ M B,KIM K Y,2020. Improving rate of penetration prediction by combining data from an adjacent well in a geothermal project[J]. Renewable Energy,155:1394-1400.

DIAZ M B,KIM K Y,SHIN H S,et al. ,2019. Predicting rate of penetration during drilling of deep geothermal well in Korea using artificial neural networks and real-time data collection[J]. Journal of Natural Gas Science and Engineering,67:225-232.

DIDANA Y L,HEINSON G,THIEL S,et al. ,2017. Magnetotelluric monitoring of permeability enhancement at enhanced geothermal system project[J]. Geothermics,66:23-38.

DOBSON P,DWIVEDI D,MILLSTEIN D,et al. ,2020. Analysis of curtailment at the Geysers geothermal field,California[J]. Geothermics,87:101871.

EBIGBO A,LANG P S,PALUSZNY A,et al. ,2016. Inclusion-based effective medium models for the permeability of a 3D fractured rock mass[J]. Transport in Porous Media,113:137-158.

EGERT R,KORZANI M G,HELD S,et al. ,2020. Implications on large-scale flow of the fractured EGS reservoir Soultz inferred from hydraulic data and tracer experiments[J]. Geothermics,84:101749.

FAN C,ELSWORTH D,LI S,et al. ,2019. Thermo-hydro-mechanical-chemical couplings controlling CH_4 production and CO_2 sequestration in enhanced coalbed methane recovery[J]. Energy,173:1054-1077.

FENG R,BALLING N,GRANA D,2020. Lithofacies classification of a geothermal reservoir in Denmark and its facies-dependent porosity estimation from seismic inversion[J]. Geothermics,87:101854.

FINSTERLE S,ZHANG Y,PAN L,et al. ,2013. Microhole arrays for improved heat mining from enhanced geothermal systems[J]. Geothermics,47:104-115.

FRANCO A, VACCARO M, 2014. Numerical simulation of geothermal reservoirs for the sustainable design of energy plants: A review[J]. Renewable and Sustainable Energy Reviews, 30: 987-1002.

FREY M, BÄR K, STOBER I, et al., 2022. Assessment of deep geothermal research and development in the Upper Rhine Graben[J]. Geothermal Energy, 10(1): 18.

FRIðLEIFSSON G Ó, ELDERS W A, ZIERENBERG R A, et al., 2017. The Iceland deep drilling project 4.5km deep well, IDDP-2, in the seawater-recharged Reykjanes geothermal field in SW Iceland has successfully reached its supercritical target[J]. Scientific Drilling, 23: 1-12.

FUCHS S J, ESPINOZA D N, LOPANO C L, et al., 2019. Geochemical and geomechanical alteration of siliciclastic reservoir rock by supercritical CO_2-saturated brine formed during geological carbon sequestration[J]. International Journal of Greenhouse Gas Control, 88: 251-260.

GAN Q, CANDELA T, WASSING B, et al., 2021. The use of supercritical CO_2 in deep geothermal reservoirs as a working fluid: Insights from coupled THMC modeling[J]. International Journal of Rock Mechanics and Mining Sciences, 147: 104872.

GARCIA J, HARTLINE C, WALTERS M, et al., 2016. The Northwest Geysers EGS demonstration project, California: Part 1: characterization and reservoir response to injection [J]. Geothermics, 63: 97-119.

GARRISON L E, 1972. Geothermal steam in the Geysers-Clear Lake region, California [J]. Geological Society of America Bulletin, 83(5): 1449-1468.

GAUS I, 2010. Role and impact of CO_2-rock interactions during CO_2 storage in sedimentary rocks[J]. International Journal of Greenhouse Gas Control, 4(1): 73-89.

GENTER A, EVANS K, CUENOT N, et al., 2010. Contribution of the exploration of deep crystalline fractured reservoir of Soultz to the knowledge of enhanced geothermal systems (EGS)[J]. Comptes Rendus Geoscience, 342(7-8): 502-516.

GIANELLI G, MANZELLA A, PUXEDDU M, 1997. Crustal models of the geothermal areas of southern Tuscany (Italy)[J]. Tectonophysics, 281(3-4): 221-239.

GOLA G, BERTINI G, BONINI M, et al., 2017. Data integration and conceptual modelling of the Larderello geothermal area, Italy[J]. Energy Procedia, 125: 300-309.

GRANT M A, BIXLEY P F, 2011. Geothermal reservoir engineering, second edition [M]. New York, USA: Elsevier Inc.

GREEN S, MCLENNAN J, PANJA P, et al., 2021. Geothermal battery energy storage [J]. Renewable Energy, 164: 777-790.

HAN G, DUSSEAULT M B, 2003. Description of fluid flow around a wellbore with stress-dependent porosity and permeability[J]. Journal of Petroleum Science and Engineering, 40

(1-2):1-16.

HAWKINS A J,FOX D B,KOCH D L,et al.,2020. Predictive inverse model for advective heat transfer in a short-circuited fracture:Dimensional analysis,machine learning,and field demonstration[J]. Water Resources Research,56(11):e2020WR027065.

HELD S,GENTER A,KOHL T,et al.,2014. Economic evaluation of geothermal reservoir performance through modeling the complexity of the operating EGS in Soultz-sous-Forêts [J]. Geothermics,51:270-280.

HOGARTH R,HOLL H G,2017. Lessons learned from the Habanero EGS project[J]. Geothermal Resources Council Transactions,41:1-13.

HOLTZMAN B K,PATÉ A,PAISLEY J,et al.,2018. Machine learning reveals cyclic changes in seismic source spectra in Geysers geothermal field[J]. Science Advances,4(5): eaao2929.

HOOIJKAAS G R,GENTER A,DEZAYES C,2006. Deep-seated geology of the granite intrusions at the Soultz EGS site based on data from 5km-deep boreholes[J]. Geothermics, 35(5-6):484-506.

HUECKEL T,BORSETTO M,1990. Thermoplasticity of saturated soils and shales: constitutive equations[J]. Journal of Geotechnical Engineering,116(12):1765-1777.

JANIGA D,KWAŚNIK J,WOJNAROWSKI P,2022. Utilization of discrete fracture network (DFN) in modelling and simulation of a horizontal well-doublet enhanced geothermal system (EGS) with sensitivity analysis of key production parameters[J]. Energies,15 (23):9020.

JIA Y,TSANG C F,HAMMAR A,et al.,2022. Hydraulic stimulation strategies in enhanced geothermal systems (EGS):a review[J]. Geomechanics and Geophysics for Geo-Energy and Geo-Resources,8(6):211.

JIANG S,ZHANG K,MOORE J,et al.,2023. Lessons learned from hydrothermal to hot dry rock exploration and production[J]. Energy Geoscience,4(4):100181.

JOHNSON C W,TOTTEN E J,BÜRGMANN R,2016. Depth migration of seasonally induced seismicity at the Geysers geothermal field[J]. Geophysical Research Letters,43 (12):6196-6204.

JONES C,SIMMONS S,MOORE J,2024. Geology of the Utah Frontier Observatory for Research in Geothermal Energy (FORGE) Enhanced Geothermal System (EGS) site[J]. Geothermics,122:103054.

JONES D L,BLAKE JR M C,BAILEY E H,et al.,1978. Distribution and character of upper Mesozoic subduction complexes along the west coast of North America[J]. Tectonophysics,47(3-4):207-222.

KARAYEL G K,JAVANI N,DINCER I,2022. Effective use of geothermal energy for hydrogen production:a comprehensive application[J]. Energy,249:123597.

KARINGITHI C W, ARNÓRSSON S, GRÖNVOLD K, 2010. Processes controlling aquifer fluid compositions in the Olkaria geothermal system, Kenya[J]. Journal of Volcanology and Geothermal Research, 196(1-2): 57-76.

KHAN M A, TRUSCHEL J, 2010. The Geysers geothermal field, an injection success story[J]. GRC Trans, 34: 1239-1242.

KLEMPERER S L, ZHAO P, WHYTE C J, et al., 2022. Limited underthrusting of India below Tibet: ^{3}He/^{4}He analysis of thermal springs locates the mantle suture in continental collision[J]. Proceedings of the National Academy of Sciences, 119(12): e2113877119.

KONG Y, PAN S, REN Y, et al., 2021. Catalog of enhanced geothermal systems based on heat sources[J]. Acta GeologicaSinica-English Edition, 95(6): 1882-1891.

KULIKOWSKI D, AMROUCH K, BURGIN H B, 2018. Mapping permeable subsurface fracture networks: A case study on the Cooper Basin, Australia[J]. Journal of Structural Geology, 114: 336-345.

KWIATEK G, SAARNO T, ADER T, et al., 2019. Controlling fluid-induced seismicity during a 6.1-km-deep geothermal stimulation in Finland[J]. Science Advances, 5(5): 7224.

LANPHERE M A, 1971. Age of the Mesozoic oceanic crust in the California Coast Ranges[J]. Geological Society of America Bulletin, 82: 3209-3212.

LEDÉSERT B A, HÉBERT R L, 2020. How can deep geothermal projects provide information on the temperature distribution in the Upper Rhine Graben? The example of the Soultz-Sous-Forêts-Enhanced Geothermal System[J]. Geosciences, 10(11): 459.

LEDÉSERT B, HEBERT R, GENTER A, et al., 2010. Fractures, hydrothermal alterations and permeability in the Soultz Enhanced Geothermal System. Comptes Rendus[J]. Geoscience, 342(7-8): 607-615.

LI G, JI J, SONG X, et al., 2022. Research advances in multi-field coupling model for geothermal reservoir heat extraction[J]. Energy Reviews, 1(2): 100009.

LI S, WANG S, TANG H, 2022. Stimulation mechanism and design of enhanced geothermal systems: A comprehensive review[J]. Renewable and Sustainable Energy Reviews, 155: 111914.

LI X, LI G, YU W, et al., 2018. Thermal effects of liquid/supercritical carbon dioxide arising from fluid expansion in fracturing[J]. SPE Journal, 23(6): 2026-2040.

LI X, LI Q, BAI B, et al., 2016. The geomechanics of Shenhua carbon dioxide capture and storage (CCS) demonstration project in Ordos Basin, China[J]. Journal of Rock Mechanics and Geotechnical Engineering, 8(6): 948-966.

LIN W, WANG G, GAN H, et al., 2023. Heat source model for Enhanced Geothermal Systems (EGS) under different geological conditions in China[J]. Gondwana Research, 122: 243-259.

LIOTTA D, RANALLI G, 1999. Correlation between seismic reflectivity and rheology in extended lithosphere: southern Tuscany, inner Northern Apennines, Italy[J]. Tectonophysics,315(1-4):109-122.

LIPMAN S C, STROBEL C J, GULATI M S, 1978. Reservoir performance ofthe Geysers field[J]. Geothermics,7(2-4):209-219.

LIU Q, WU Z, HU D, et al. , 2004. SHRIMP U-Pb zircon dating on Nyainqentanglha granite in central Lhasa block[J]. Chinese Science Bulletin,49:76-82.

LLANOS E M, ZARROUK S J, HOGARTH R A, 2015. Numerical model of the Habanero geothermal reservoir, Australia[J]. Geothermics,53:308-319.

MALATE R C M, O'SULLIVAN M J, 1991. Modelling of chemical and thermal changes in well PN-26 Palinpinon geothermal field, Philippines[J]. Geothermics,20(5-6): 291-318.

MANKINEN E A, 1972. Paleomagnetism and potassium-argon ages of the Sonoma Volcanics,California[J]. Geological Society of America Bulletin,83(7):2063-2072.

MARBLER H, ERICKSON K P, SCHMIDT M, et al. , 2013. Geomechanical and geochemical effects on sandstones caused by the reaction with supercritical CO_2: an experimental approach to in situ conditions in deep geological reservoirs[J]. Environmental Earth Sciences,69:1981-1998.

MARSHALL A, MACDONALD R, ROGERS N W, et al. , 2009. Fractionation of peralkaline silicic magmas: The greater Olkaria volcanic complex, Kenya Rift Valley[J]. Journal of Petrology,50(2):323-359.

MEIXNER A J, KIRKBY A L, HORSPOOL N, 2014. Using constrained gravity inversions to identify high-heat-producing granites beneath thick sedimentary cover in the Cooper Basin region of central Australia[J]. Geothermics,51:483-495.

MENG Z, ZHANG J, WANG R, 2011. In-situ stress, pore pressure and stress-dependent permeability in the Southern Qinshui Basin[J]. International Journal of Rock Mechanics and Mining Sciences,48(1):122-131.

MINKOFF S E, STONE C M, BRYANT S, et al. , 2003. Coupled fluid flow and geomechanical deformation modeling[J]. Journal of Petroleum Science and Engineering,38(1-2): 37-56.

MOORE J N, NORMAN D I, KENNEDY B M, 2001. Fluid inclusion gas compositions from an active magmatic-hydrothermal system: a case study of the Geysers geothermal field, USA[J]. Chemical Geology,173(1-3):3-30.

NIEMZ P, MCLENNAN J, PANKOW K L, et al. , 2024. Circulation experiments at Utah FORGE: Near-surface seismic monitoring reveals fracture growth after shut-in[J]. Geothermics,119:102947.

OGOSO-ODONGO M E, 1986. Geology of the Olkaria geothermal field[J]. Geothermics, 15(5-6):741-748.

PANDEY S N, SINGH M, 2021. Artificial neural network to predict the thermal drawdown of enhanced geothermal system[J]. Journal of Energy Resources Technology, 143(1), 010901.

PANDEY S N, VISHAL V, CHAUDHURI A, 2018. Geothermal reservoir modeling in a coupled thermo-hydro-mechanical-chemical approach: A review[J]. Earth-Science Reviews, 185: 1157-1169.

PANG Z, LI Y, YANG F, et al., 2012. Geochemistry of a continental saline aquifer for CO_2 sequestration: The Guantao formation in the Bohai Bay basin, North China[J]. Applied Geochemistry, 27(9): 1821-1828.

PORTIER S, VUATAZ F D, NAMI P, et al., 2009. Chemical stimulation techniques for geothermal wells: experiments on the three-well EGS system at Soultz-sous-Forêts, France[J]. Geothermics, 38(4): 349-359.

PREZIOSO E, SHARMA N, PICCIALLI F, et al., 2022. A data-driven artificial neural network model for the prediction of ground motion from induced seismicity: The case of The Geysers geothermal field[J]. Frontiers in Earth Science, 10: 917608.

PRUESS K, 2008. On production behavior of enhanced geothermal systems with CO_2 as working fluid[J]. Energy Conversion and Management 49(6): 1446-1454.

PRUESS K, FAYBISHENKO B, BODVARSSON G S, 1999. Alternative concepts and approaches for modeling flow and transport in thick unsaturated zones of fractured rocks[J]. Journal of Contaminant Hydrology, 38(1-3): 281-322.

RAMEY JR H J, 1970. Short-time well test data interpretation in the presence of skin effect and wellbore storage[J]. Journal of Petroleum Technology, 22(1): 97-104.

RAZA A, GHOLAMI R, SARMADIVALEH M, et al., 2016. Integrity analysis of CO_2 storage sites concerning geochemical-geomechanical interactions in saline aquifers[J]. Journal of Natural Gas Science and Engineering, 36: 224-240.

RINALDI A P, RUTQVIST J, 2013. Modeling of deep fracture zone opening and transient ground surface uplift at KB-502 CO_2 injection well, In Salah, Algeria[J]. International Journal of Greenhouse Gas Control, 12: 155-167.

RIZZO E, GIAMPAOLO V, CAPOZZOLI L, et al., 2022. 3D deep geoelectrical exploration in the Larderello geothermal sites (Italy)[J]. Physics of the Earth and Planetary Interiors, 329: 106906.

ROMAGNOLI P, ARIAS A, BARELLI A, et al., 2010. An updated numerical model of the Larderello-Travale geothermal system, Italy[J]. Geothermics, 39(4): 292-313.

ROY P, MORRIS J P, WALSH S D, et al., 2018. Effect of thermal stress on wellbore integrity during CO_2 injection[J]. International Journal of Greenhouse Gas Control, 77: 14-26.

RUTQVIST J, 2012. The geomechanics of CO_2 storage in deep sedimentary formations

[J]. Geotechnical and Geological Engineering,30:525-551.

RUTQVIST J,BIRKHOLZER J,CAPPA F, et al.,2007. Estimating maximum sustainable injection pressure during geological sequestration of CO_2 using coupled fluid flow and geomechanical fault-slip analysis[J]. Energy Conversion and Management,48(6):1798-1807.

RUTQVIST J,JEANNE P,DOBSON P F, et al.,2016. The Northwest Geysers EGS demonstration project, California-part 2: modeling and interpretation[J]. Geothermics,63:120-138.

RUTQVIST J,WU Y S,TSANG C F,et al.,2002. A modeling approach for analysis of coupled multiphase fluid flow, heat transfer, and deformation in fractured porous rock[J]. International Journal of Rock Mechanics and Mining Sciences,39(4):429-442.

SANTILANO A, MANZELLA A, GIANELLI G, et al.,2015. Convective, intrusive geothermal plays:what about tectonics? [J]. Geothermal Energy Science,3(1):51-59.

SAUSSE J,DEZAYES C,DORBATH L, et al.,2010. 3D model of fracture zones at Soultz-sous-Forêts based on geological data, image logs, induced microseismicity and vertical seismic profiles[J]. Comptes Rendus Geoscience,342(7-8):531-545.

SEGALL P,FITZGERALD S D,1998. A note on induced stress changes in hydrocarbon and geothermal reservoirs[J]. Tectonophysics,289(1-3):117-128.

SHI Y,ROP E,WANG Z,et al.,2021. Characteristics and formation mechanism of the Olkaria geothermal system, Kenya revealed by well temperature data[J]. Geothermics,97:102243.

SHI Y,SONG X,SONG G,2021. Productivity prediction of a multilateral-well geothermal system based on a long short-term memory and multi-layer perceptron combinational neural network[J]. Applied Energy,282:116046.

SINGH M,MAHMOODPOUR S,ERSHADNIA R,et al.,2023. Comparative study on heat extraction from Soultz-sous-Forêts geothermal field using supercritical carbon dioxide and water as the working fluid[J]. Energy,266:126388.

SPICHAK V V,GOIDINA A G,ZAKHAROVA O K,2023. Electromagnetic prediction of rock thermal properties beyond boreholes:Soultz-sous-Forets (France) case study[J]. International Journal of Heat and Mass Transfer,216:124579.

TANAKA R,NAOI M,CHEN Y,et al.,2021. Preparatory acoustic emission activity of hydraulic fracture in granite with various viscous fluids revealed by deep learning technique [J]. Geophysical Journal International,226(1):493-510.

TAO J, WU Y, ELSWORTH D, et al., 2019. Coupled thermo-hydro-mechanical-chemical modeling of permeability evolution in a CO_2-circulated geothermal reservoir[J]. Geofluids,1:5210730.

TOMAC I,SAUTER M,2018. A review on challenges in the assessment of geomechanical rock performance for deep geothermal reservoir development[J]. Renewable and Sustainable

Energy Reviews,82:3972-3980.

VANORIO T,DE MATTEIS R,ZOLLO A,et al.,2004. The deep structure of the Larderello-Travale geothermal field from 3D microearthquake traveltime tomography[J]. GeophysicalResearch Letters,31(7):1-4.

VARRE S B,SIRIWARDANE H J,GONDLE R K,et al.,2015. Influence of geochemical processes on the geomechanical response of the overburden due to CO_2 storage in saline aquifers[J]. International Journal of Greenhouse Gas Control,42:138-156.

VILARRASA V,MAKHNENKO R,GHEIBI S,2016. Geomechanical analysis of the influence of CO_2 injection location on fault stability[J]. Journal of Rock Mechanics and Geotechnical Engineering,8(6):805-818.

VILARRASA V,RINALDI A P,RUTQVIST J,2017. Long-term thermal effects on injectivity evolution during CO_2 storage[J]. International Journal of Greenhouse Gas Control,64:314-322.

WANG C L,CHENG W L,NIAN Y L,et al.,2018. Simulation of heat extraction from CO_2-based enhanced geothermal systems considering CO_2 sequestration[J]. Energy,142:157-167.

WANG K,YUAN B,JI G,et al.,2018. A comprehensive review of geothermal energy extraction and utilization in oilfields[J]. Journal of Petroleum Science and Engineering,168:465-477.

WANG X,WANG G,LU C,et al.,2018. Evolution of deep parent fluids of geothermal fields in the Nimu-Nagchu geothermal belt,Tibet,China[J]. Geothermics,71,118-131.

WANG Y,LI L,WEN H,et al.,2022. Geochemical evidence for the nonexistence of supercritical geothermal fluids at the Yangbajing geothermal field,southern Tibet[J]. Journal of Hydrology,604:127243.

WEI C H,ZHU W C,YU Q L,et al.,2015. Numerical simulation of excavation damaged zone under coupled thermal-mechanical conditions with varying mechanical parameters[J]. International Journal of Rock Mechanics and Mining Sciences,75:169-181.

WEINERT S,BÄR K,SCHEUVENS D,et al.,2021. Radiogenic heat production of crystalline rocks in the Gonghebasin complex(Northeastern Qinghai-Tibet plateau,China)[J]. Environmental Earth Sciences,80:1-19.

WHITE D E,MUFFLER L J P,TRUESDELL A H,1971. Vapor-dominated hydrothermal systems compared with hot-water systems[J]. Economic Geology,66:75-97.

WU H,FU P,HAWKINS A J,et al.,2021. Predicting thermal performance of an enhanced geothermal system from tracer tests in a data assimilation framework[J]. Water Resources Research,57(12):e2021WR030987.

WU Y,LI P,2020. The potential of coupled carbon storage and geothermal extraction in a CO_2-enhanced geothermal system:a review[J]. Geothermal Energy,8(1):19.

XU C,DOWD P,LI Q,2016. Carbon sequestration potential of the Habanero reservoir when carbon dioxide is used as the heat exchange fluid[J]. Journal of Rock Mechanics and Geotechnical Engineering,8(1):50-59.

XU T,FENG G,SHI Y,2014. On fluid-rock chemical interaction in CO_2-based geothermal systems[J]. Journal of Geochemical Exploration,144:179-193.

XUE Z,MA H,SUN Z,et al.,2024. Technical analysis of a novel economically mixed CO_2-Water enhanced geothermal system[J]. Journal of Cleaner Production,448:141749.

XUE Z,ZHANG K,ZHANG C,et al.,2023. Comparative data-driven enhanced geothermal systems forecasting models: A case study of Qiabuqia field in China[J]. Energy,280:128255.

YANG F,ZHU R,ZHOU X,et al.,2022. Artificial neural network based prediction of reservoir temperature: A case study of Lindian geothermal field,Songliao Basin,NE China [J]. Geothermics,106:102547.

YANG Y,ZHANG J,WANG X,et al.,2024. Deep structure and geothermal resource effects of the Gonghe basin revealed by 3D magnetotelluric[J]. Geothermal Energy,12 (6):1-20.

YE J L,QIN X W,XIE W W,et al.,2020. The second natural gas hydrate production test in the South China Sea[J]. China Geology,3(2):197-209.

YIN S,DUSSEAULT M B,ROTHENBURG L,2011. Coupled THMC modeling of CO_2 injection by finite element methods[J]. Journal of Petroleum Science and Engineering,80 (1):53-60.

YU R,ZHANG K,RAMASUBRAMANIAN B,et al.,2024. Ensemble learning for predicting average thermal extraction load of a hydrothermal geothermal field: A case study in Guanzhong Basin,China[J]. Energy,296:131146.

YUAN J,GUO Q,WANG Y,2014. Geochemical behaviors of boron and its isotopes in aqueous environment of the Yangbajing and Yangyi geothermal fields,Tibet,China[J]. Journal of Geochemical Exploration,140:11-22.

ZENG Y C,WU N Y,SU Z,et al.,2014. Numerical simulation of electricity generation potential from fractured granite reservoir through a single horizontal well at Yangbajing geothermal field[J]. Energy,65:472-487.

ZENG Y,TANG L,WU N,et al.,2018. Numerical simulation of electricity generation potential from fractured granite reservoir using the MINC method at the Yangbajing geothermal field[J]. Geothermics,75:122-136.

ZHANG C,HUANG R,QIN S,et al.,2021. The high-temperature geothermal resources in the Gonghe-Guide area,northeast Tibetan plateau: A comprehensive review[J]. Geothermics,97:102264.

ZHANG K,JIANG S,CHEN Z,et al.,2023. Geothermal development associated with enhanced hydrocarbon recovery and geological CO_2 storage in oil and gas fields in Canada

[J]. Energy Conversion and Management,288:117146.

ZHANG K,LAU H C,2022. Utilization of a high-temperature depleted gas condensate reservoir for CO_2 storage and geothermal heat mining:A case study of the Arun gas reservoir in Indonesia[J]. Journal of Cleaner Production,343:131006.

ZHANG K,LAU H C,CHEN Z,2022. Extension of CO_2 storage life in the Sleipner CCS project by reservoir pressure management[J]. Journal of Natural Gas Science and Engineering,108:104814.

ZHANG R,WINTERFELD P H,YIN X,et al.,2015. Sequentially coupled THMC model for CO_2 geological sequestration into a 2D heterogeneous saline aquifer[J]. Journal of Natural Gas Science and Engineering,27:579-615.

ZHANG S Q,WEN D G,XU T F,et al.,2019. The U. S. frontier observatory for research in geothermal energy project and comparison of typical EGS site exploration status in China and U. S[J]. Earth Science Frontiers,26(2):321-334.

ZHAO Y,FENG Z,XI B,et al.,2015. Deformation and instability failure of borehole at high temperature and high pressure in hot dry rock exploitation[J]. Renewable Energy,77:159-165.

ZHAO Y,FENG Z,ZHAO Y,et al.,2017. Experimental investigation on thermal cracking,permeability under HTHP and application for geothermal mining of HDR[J]. Energy,132:305-314.

ZHOU C,WAN Z,ZHANG Y,et al.,2018. Experimental study on hydraulic fracturing of granite under thermal shock[J]. Geothermics,71:146-155.

ZHOU H,HU D,ZHANG F,et al.,2016. Laboratory investigations of the hydromechanical-chemical coupling behaviour of sandstone in CO_2 storage in aquifers[J]. Rock Mechanics and Rock Engineering,49(2):417-426.

ZHOU J,TIAN S,XIAN X,et al.,2022. Comprehensive review of property alterations induced by CO_2-shale interaction:Implications for CO_2 sequestration in shale[J]. Energy & Fuels,36(15):8066-8080.

ZHU G,CUI G,ZHANG L,et al.,2023. Hydrogeochemical evidence for the geothermal origin of sedimentary hot dry rock in Gonghe basin,Northwest China[J]. Environmental Earth Sciences,82(23):549.